微生物彩色图谱

一、真菌

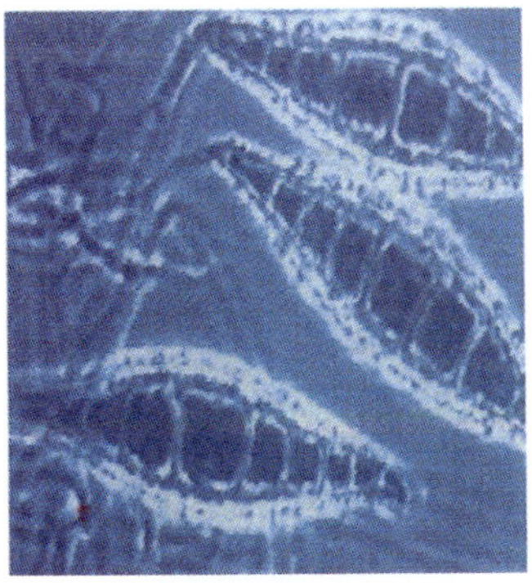

梭状大分生孢子

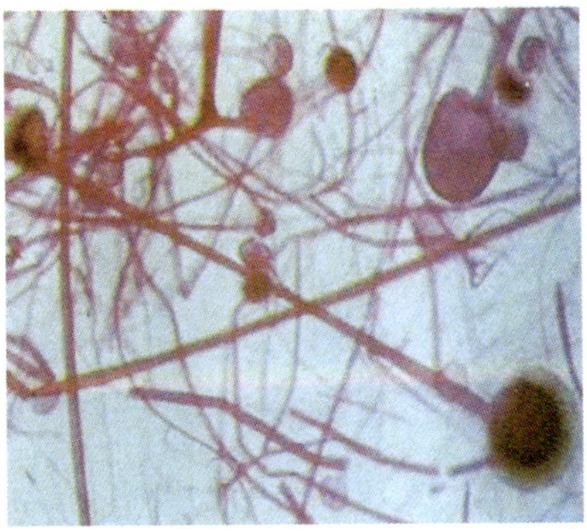

梨状大分生孢子

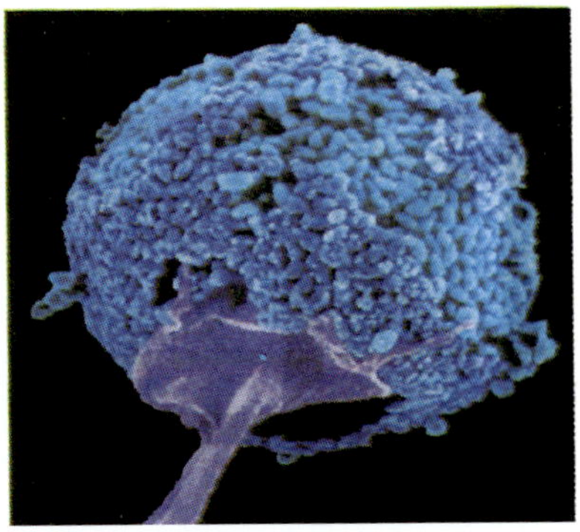

孢子囊孢子

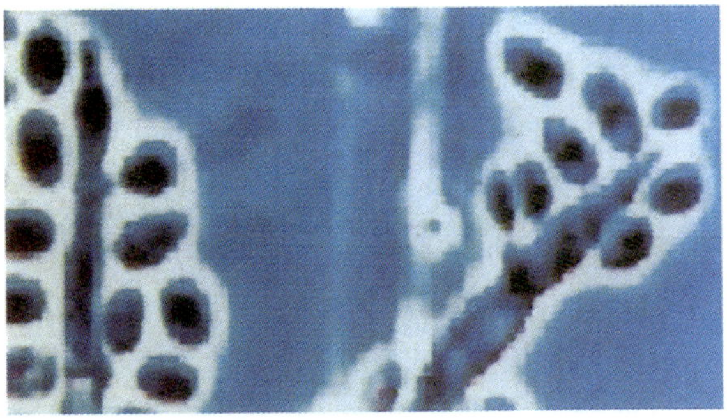

小分生孢子

芽生孢子

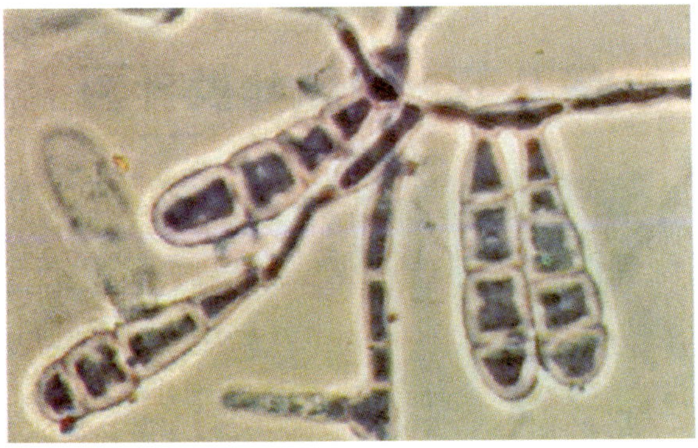

絮状表皮癣菌菌丝体和大分生孢子

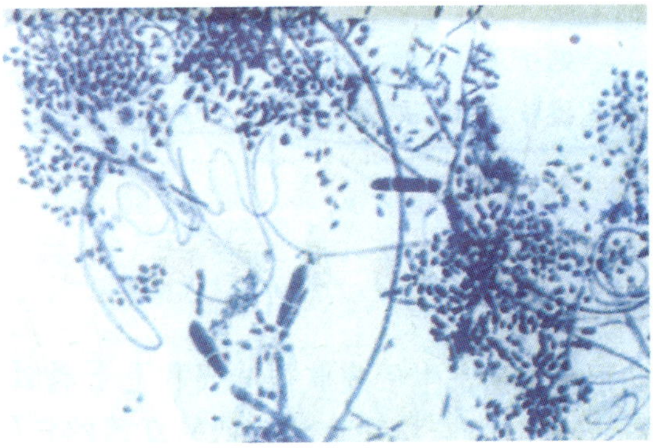

毛癣菌的大分生孢子、小分生孢子和菌丝体

青霉菌

曲霉菌

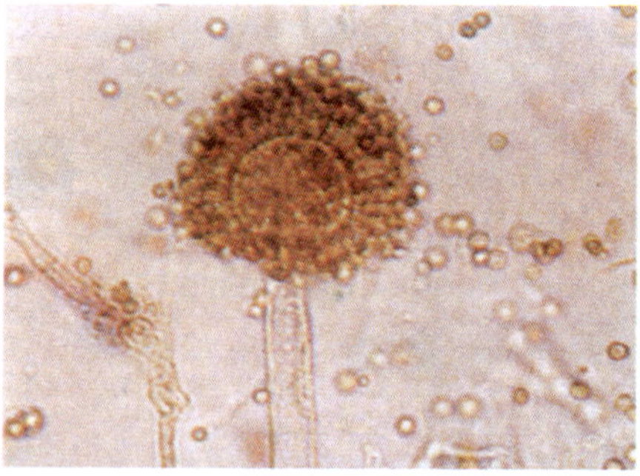

多细胞真菌（黄曲霉菌）

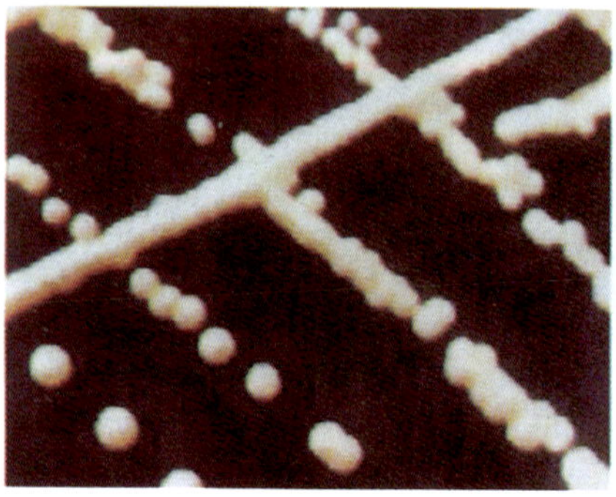

酵母型菌落

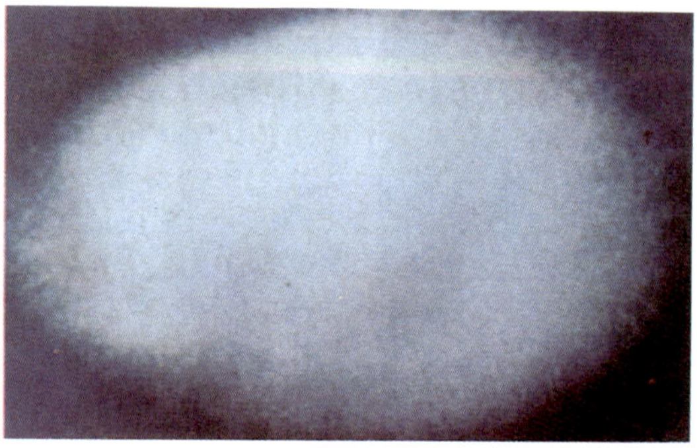

丝状菌落

二、原核微生物

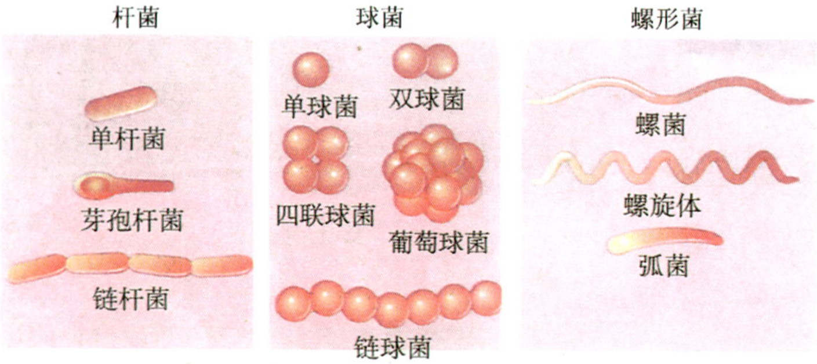

细菌形态模式图

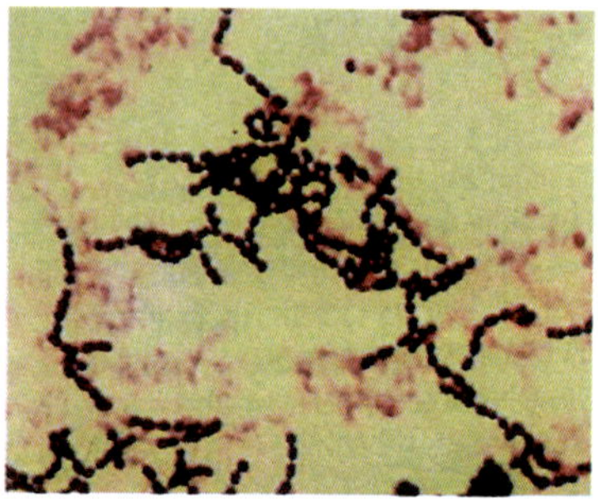

化脓性链球菌

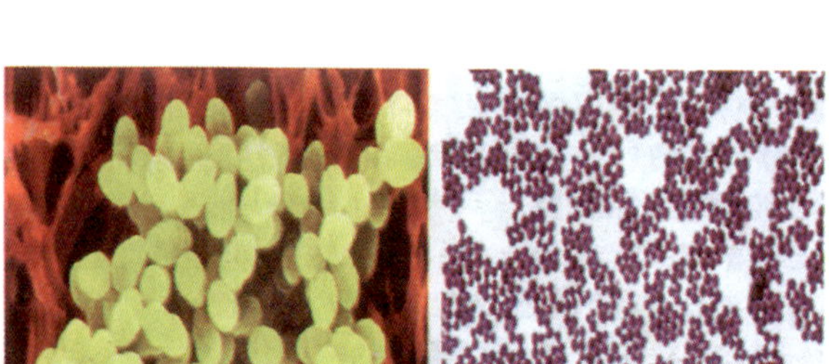

A　　B

葡萄球菌　A 电镜　B 光镜

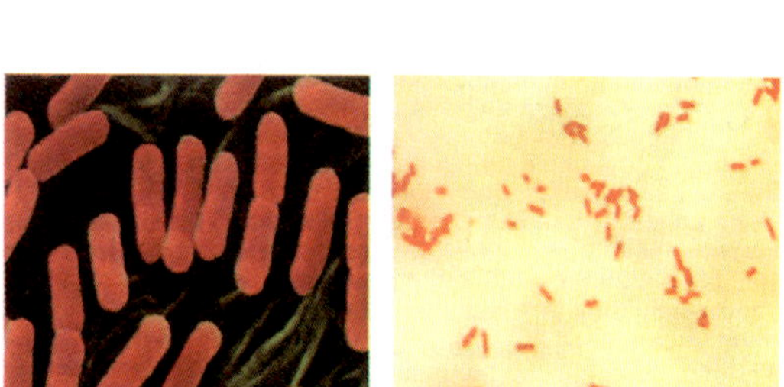

A　　B

大肠杆菌　A 电镜　B 光镜

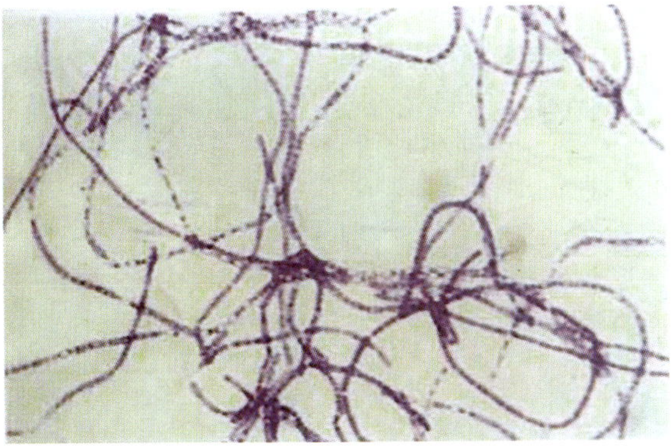

炭疽杆菌（星竹节状）

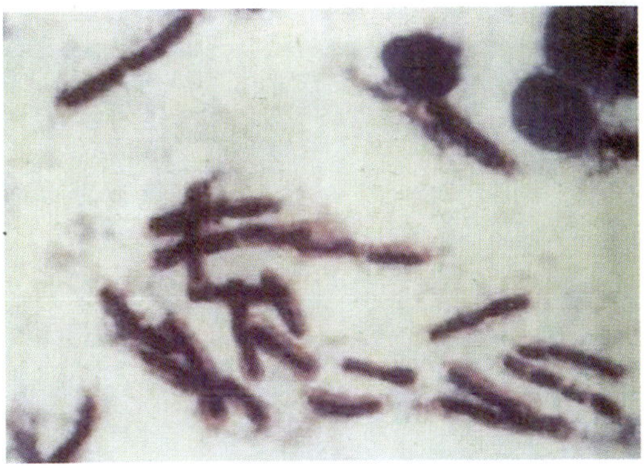

炭疽杆菌荚膜

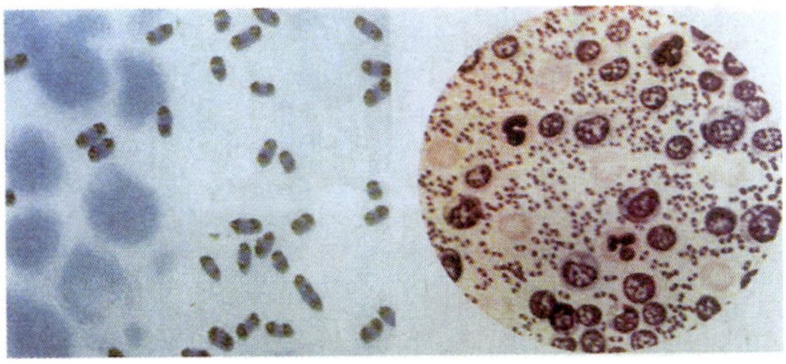

鼠疫耶尔森菌

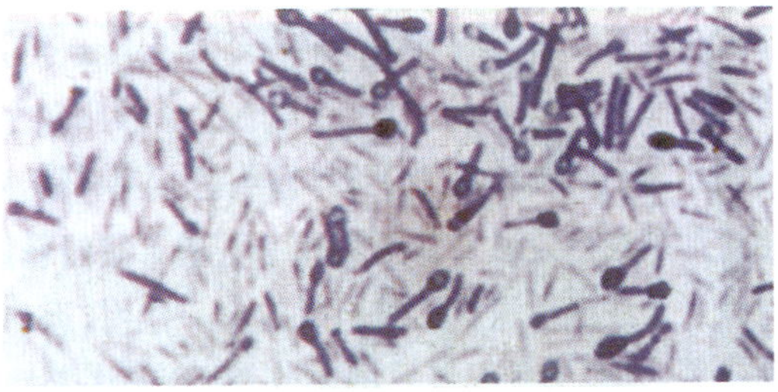

破伤风梭菌

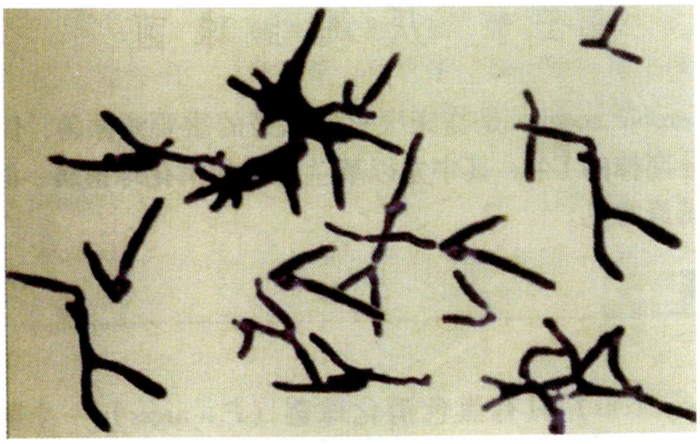

双歧杆菌革兰氏染色

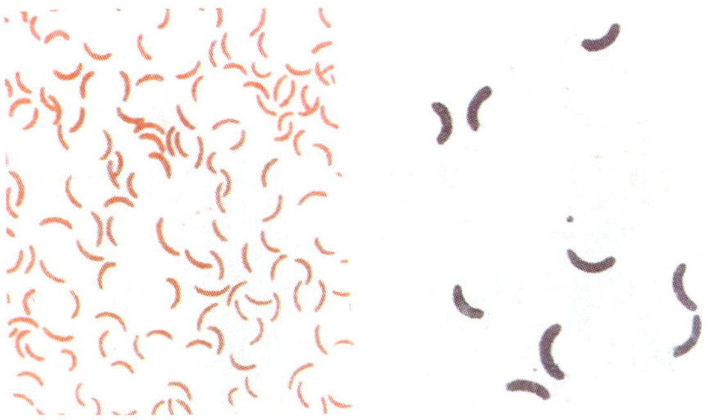

A　　B

霍乱弧菌　A 革兰氏染色　B 鞭毛染色

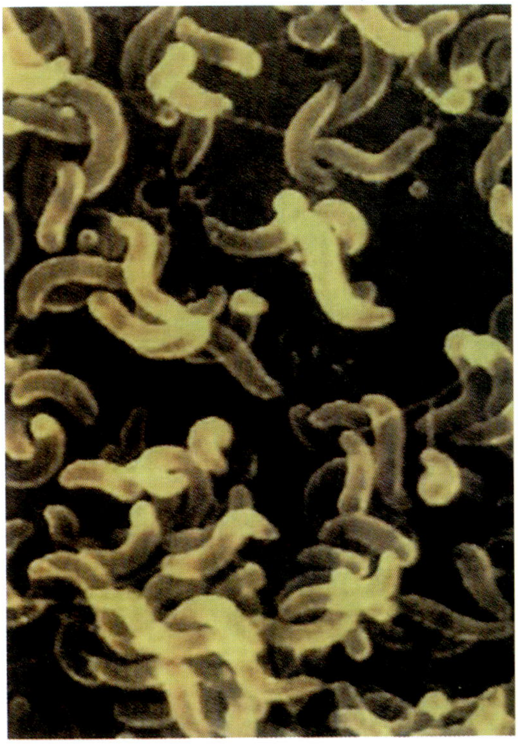

螺旋菌

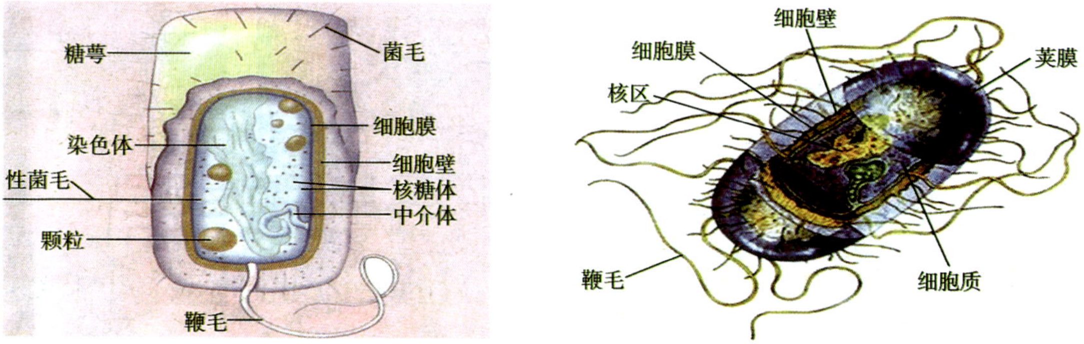

细菌细胞结构示意图

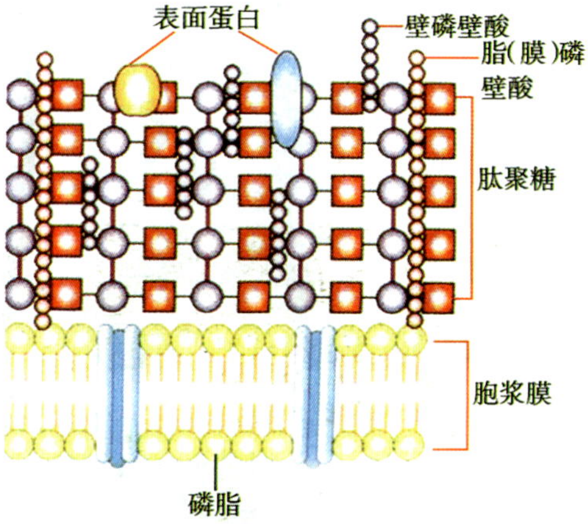

革兰氏阳性菌细胞壁结构

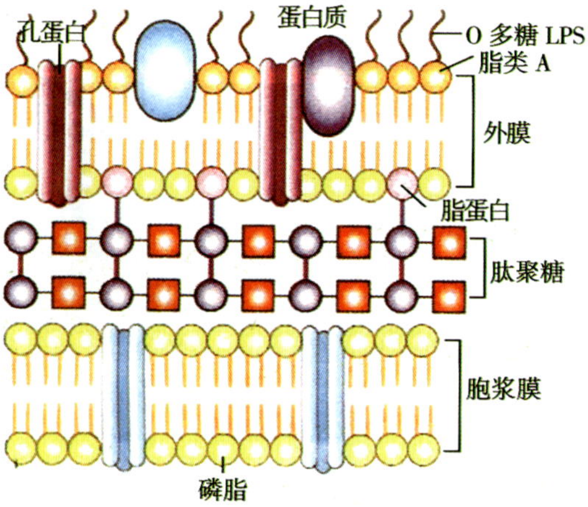

革兰氏阴性菌细胞壁结构

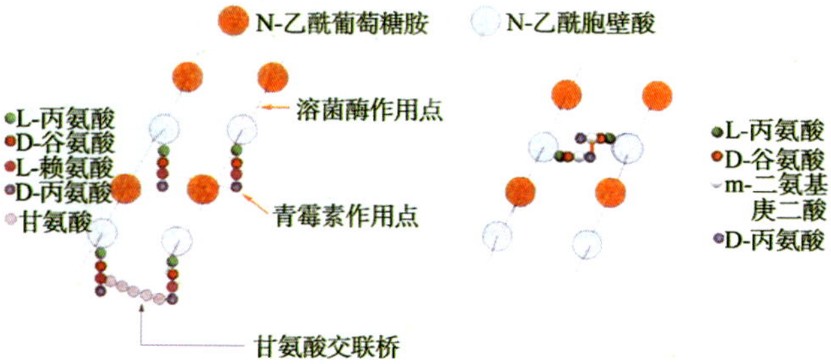

青霉素对肽聚糖的作用位点

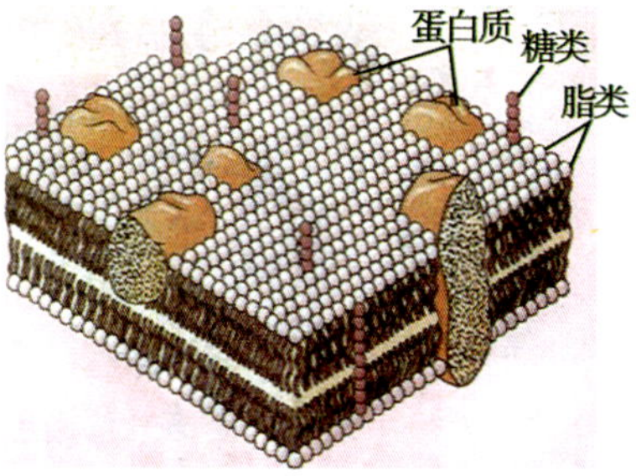

细菌细胞膜结构示意图

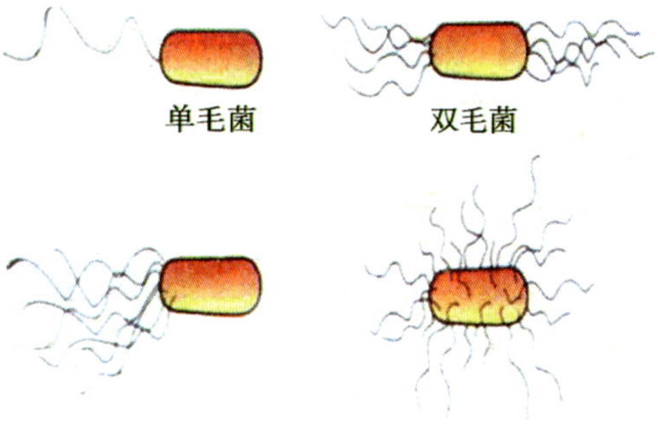

鞭毛类型

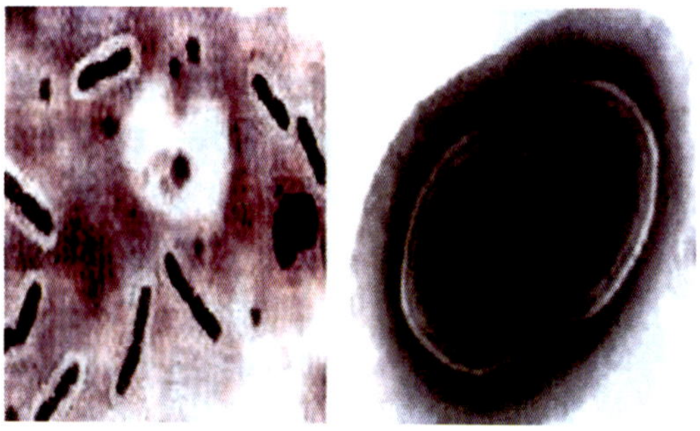

A B

细菌荚膜 A 光镜 B 电镜

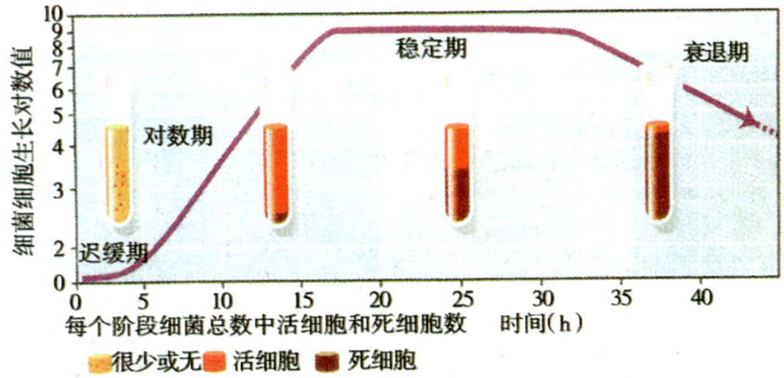

细菌生长曲线

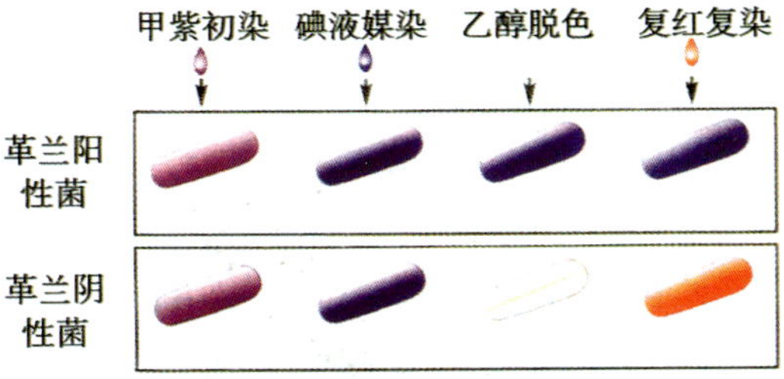

革兰氏染色

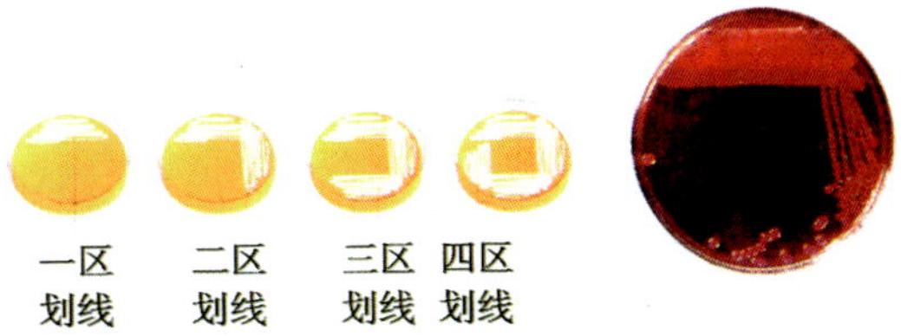

分区划线接种示意图

麦康凯琼脂上大肠杆菌菌落

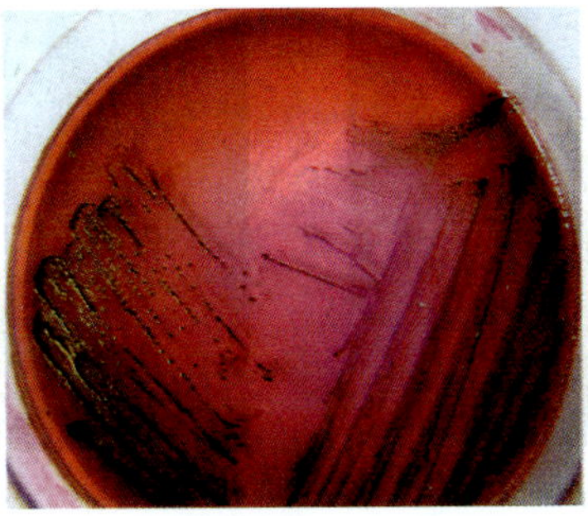

伊红美蓝琼脂上大肠杆菌菌落

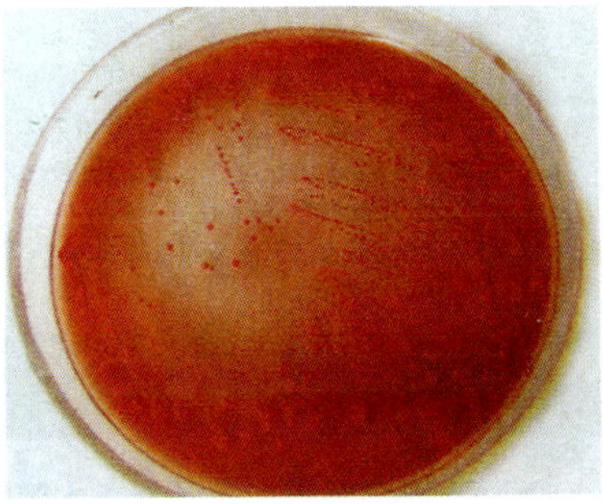

SS 琼脂上大肠杆菌菌落

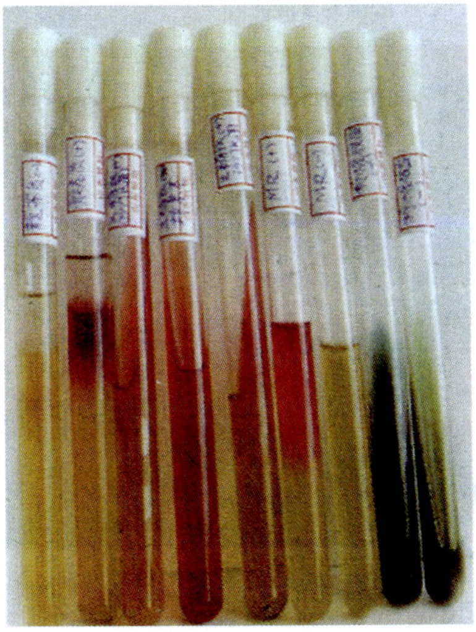

细菌生化试验结果一

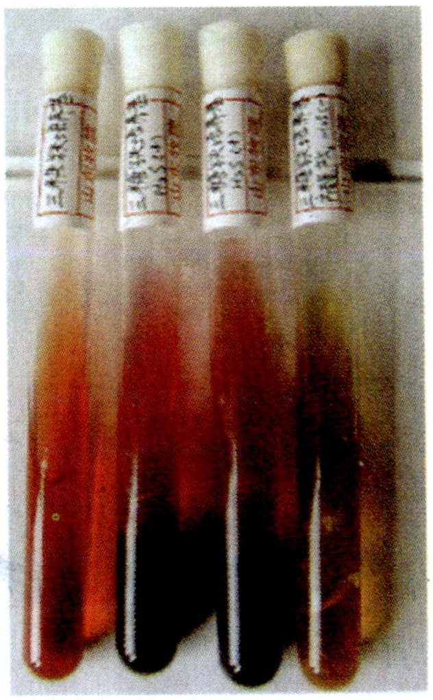

细菌生化试验结果二

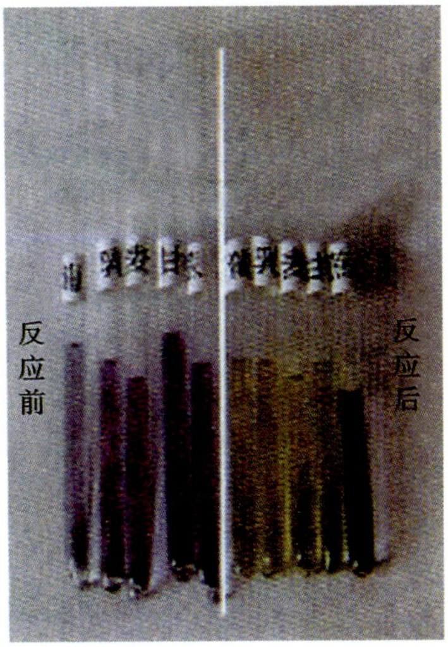

细菌生化试验结果三（糖发酵管）

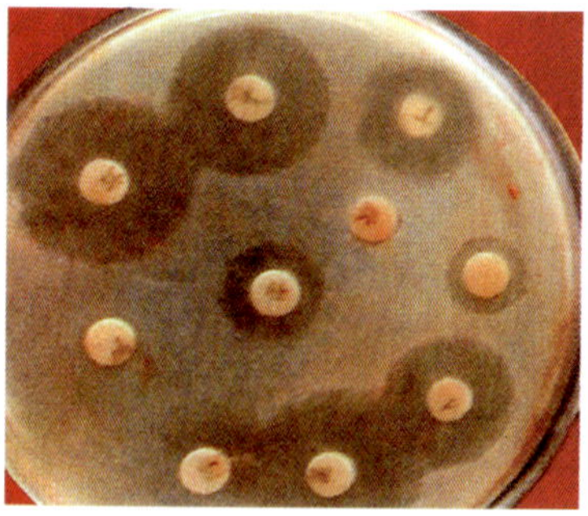

细菌药敏试验结果举例（病料）

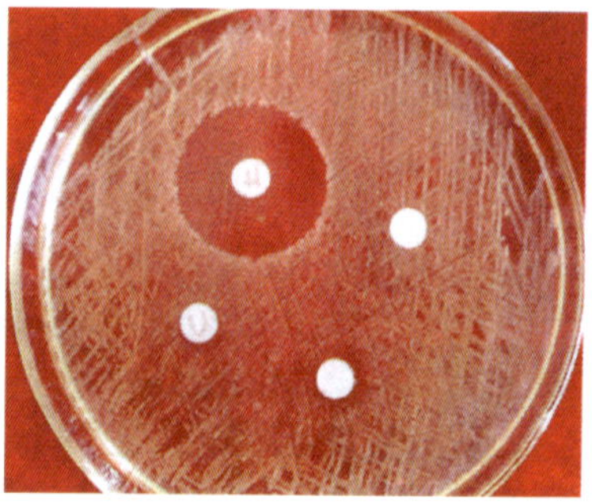

细菌药敏试验结果举例（培养物）

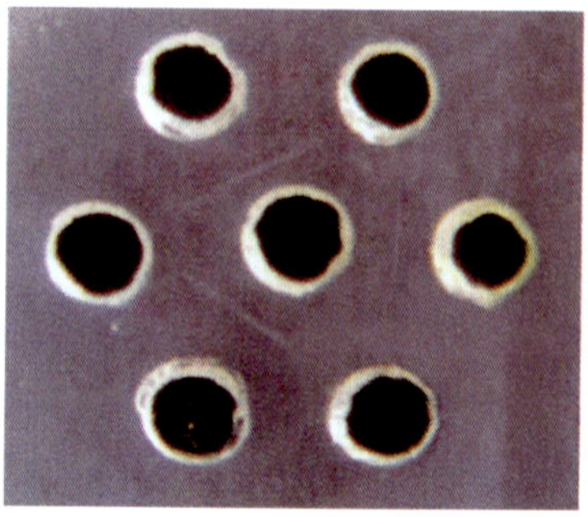

琼脂扩散试验结果

真菌、细菌在自然界物质循环中的作用

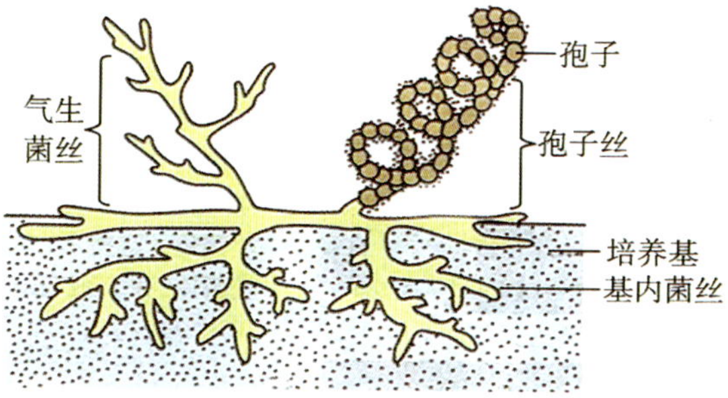

放线菌模式图

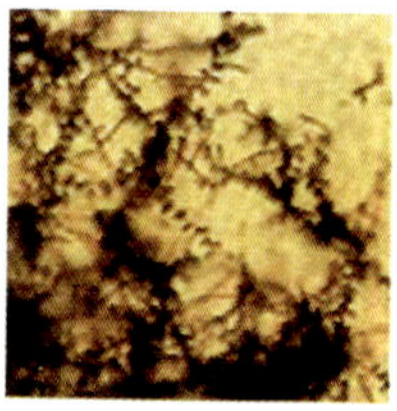

放线菌

伊氏放线菌

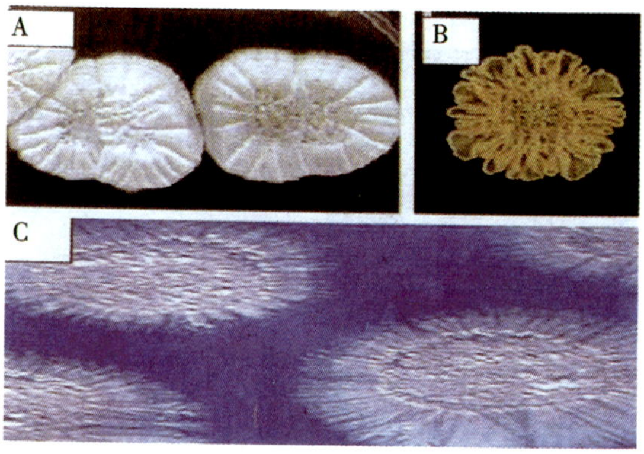

A 诺尔斯氏链霉菌　B 皮疽诺卡氏菌
C 卡特利链霉菌

放线菌菌落形态

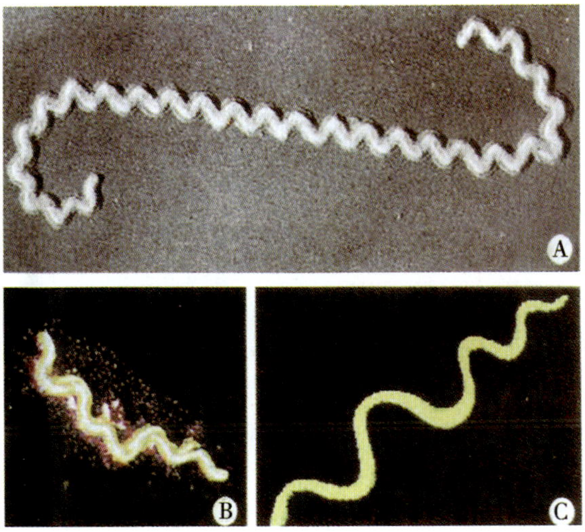

A 钩端螺旋体 B 密螺旋体 C 疏螺旋体

螺旋体模式图

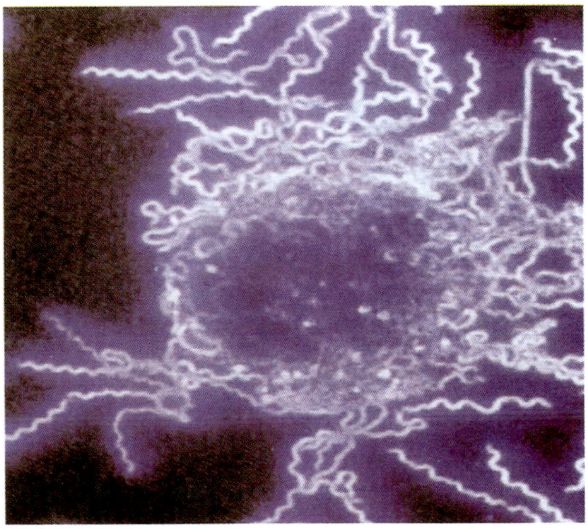

伯氏疏螺旋体（荧光染色）

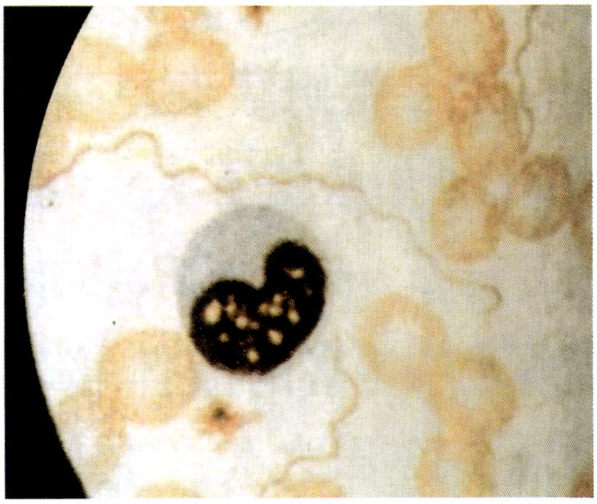

回归热螺旋体

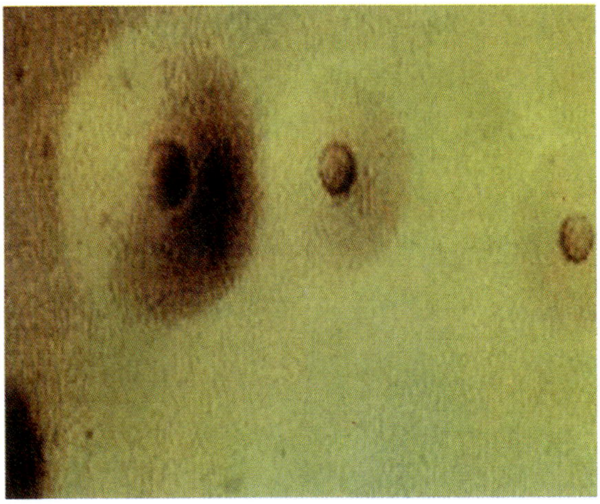

支原体的“荷包蛋”状菌落

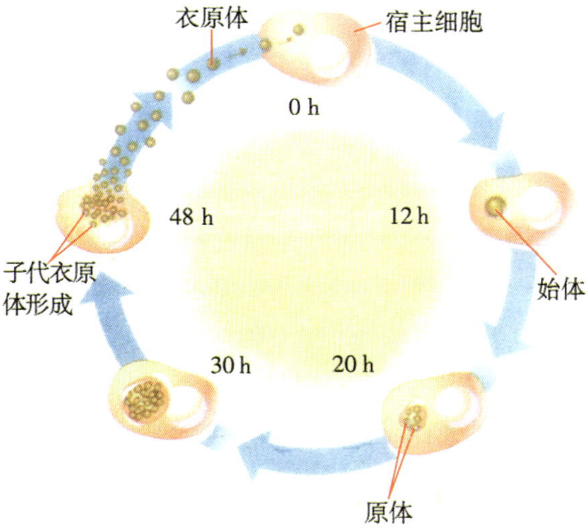

衣原体生活周期

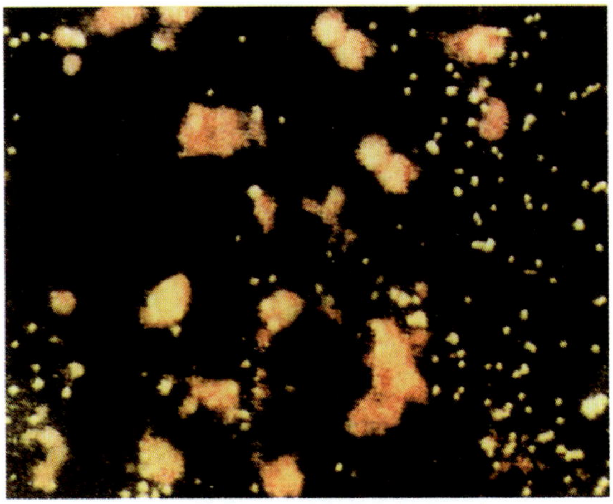

沙眼衣原体原体形态（Giemsa）染色

三、病毒

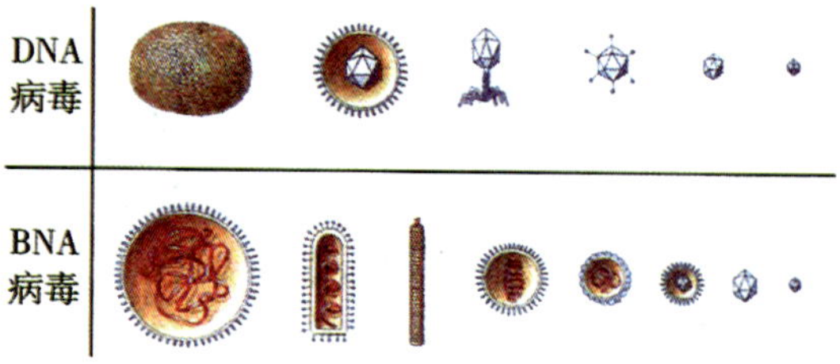

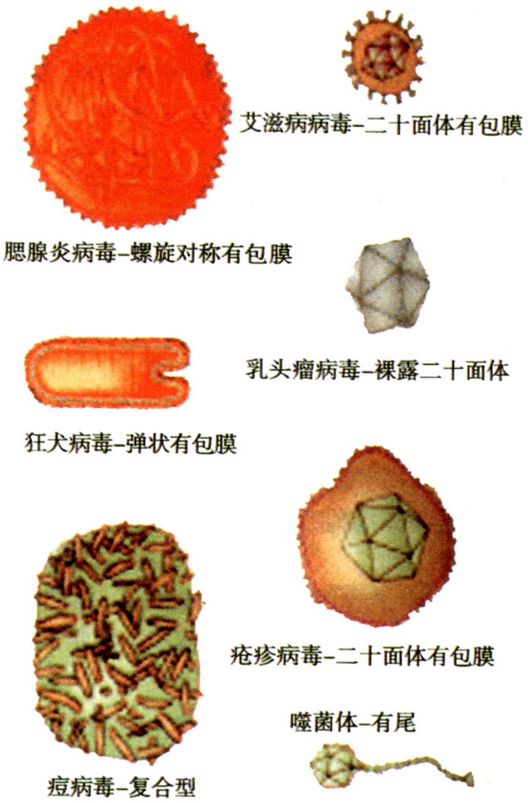

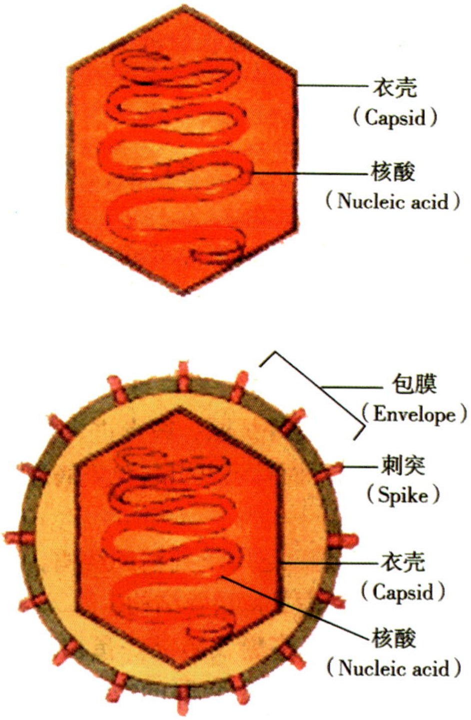

病毒结构模式图

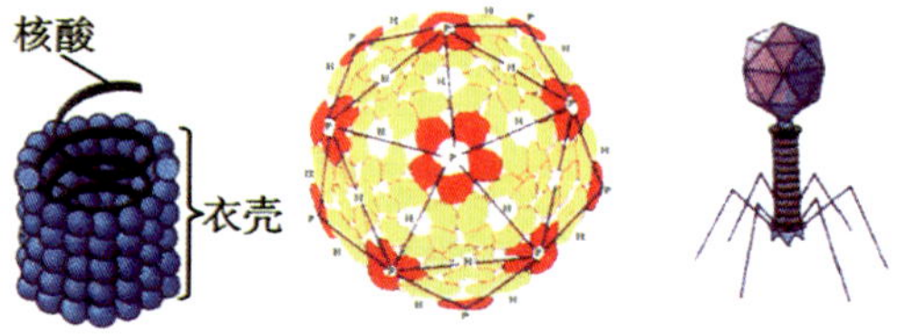

病毒衣壳对称型

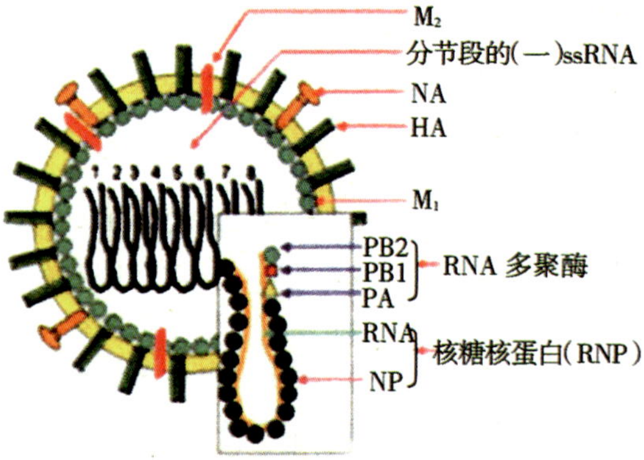

流感病毒模式图

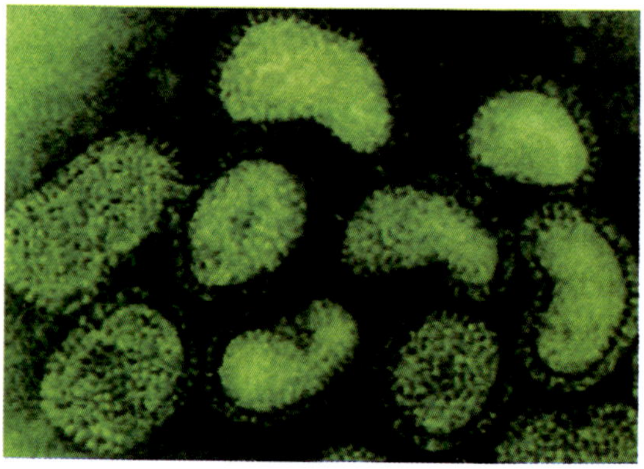

电镜下的流感病毒

国家示范骨干高职院校重点建设专业系列教材

动物微生物与免疫应用

秦春娥　宋国盛　主编

中国农业大学出版社
·北京·

内容简介

本教材为高职高专类畜牧兽医专业教材，内容包括微生物在外界环境中的分布，真菌、原核微生物、病毒及主要病原微生物的特征与致病作用，外界因素对微生物的影响，微生物生态制剂，饲料、肉品、禽蛋中微生物的作用，免疫系统与免疫应答规律，生物制品的预防与诊断等基本知识与实践应用。本教材坚持适用、够用原则，力求兼顾理论与实训等内容的联系。文字精炼，通俗易懂，便于学习。既可作为中职、高职畜牧、兽医、动物防疫检疫等专业的教材，也可作为基层畜牧兽医工作者的自学参考书。

图书在版编目(CIP)数据

动物微生物与免疫应用/秦春娥，宋国盛主编. —北京：中国农业大学出版社，2013.2
ISBN 978-7-5655-0663-5

Ⅰ.①动…　Ⅱ.①秦…②宋…　Ⅲ.①兽医学-微生物学-高等学校-教材 ②兽医学-免疫学-高等学校-教材　Ⅳ.①S852

中国版本图书馆 CIP 数据核字(2013)第 011950 号

书　　名　动物微生物与免疫应用
作　　者　秦春娥　宋国盛　主编

策划编辑　康昊婷　伍　斌　　**责任编辑**　刘耀华
封面设计　郑　川　　**责任校对**　陈　莹　王晓凤
出版发行　中国农业大学出版社
社　　址　北京市海淀区圆明园西路 2 号　　**邮政编码**　100193
电　　话　发行部 010-62818525，8625　　读者服务部 010-62732336
编辑部 010-62732617，2618　　出　版　部 010-62733440
网　　址　http://www.cau.edu.cn/caup　　**E-mail** cbsszs @ cau.edu.cn
经　　销　新华书店
印　　刷　北京鑫丰华彩印有限公司
版　　次　2013 年 2 月第 1 版　2013 年 2 月第 1 次印刷
规　　格　787×1 092　16 开本　13.75 印张　335 千字　彩插 4
定　　价　28.00 元

编写人员

主　编　秦春娥（黄冈职业技术学院）

宋国盛（湖北省武穴市动物防疫站）

（湖北省武穴市佳绿畜牧业有限公司）

副主编　范先超（黄冈职业技术学院）

余亮彬（黄冈职业技术学院）

刘发志（湖北三峡职业技术学院）

曾开红（湖北生物科技职业学院）

参　编　张爱兵（湖北华隆农业科技发展公司）

戴益刚（黄冈职业技术学院）

程喜荣（黄冈职业技术学院）

向金梅（湖北生物科技职业学院）

欧阳艳（湖北三峡职业技术学院）

陈继武（黄冈职业技术学院）

李　宁（黄冈职业技术学院）

石浪涛（黄冈职业技术学院）

前　言

高等职业技术教育的宗旨是为社会培养大量的“高素质、高技能”的专门人才，当前我国高职高专教育的特征与蓬勃发展凸显了高职类教材在内容及其组织上存在着诸多与社会需求不相适应的问题。鉴于此，我们根据工作岗位群对畜牧兽医专业学生在知识、能力和素质上的综合要求，参照执业兽医师、助理执业兽医师、动物防疫员、饲料检验员和畜禽养殖工等相关职业标准，遵循高职高专学生的文化基础与认知特征，在具有丰富动物生产和疫病防控经验的行业专家的参与下，对该课程的内容进行重新组合，编写符合高等职业技术教育培养目标的教材。

微生物学作为一门重要的生物学分支，是当今生命科学领域中研究最活跃、发展最快和应用前景最广阔的重要学科之一，其多种理论与实践方法都正在被广泛应用于其他生命科学研究之中，因而也是备受瞩目的学科之一。

动物微生物与免疫应用是畜牧兽医专业一门重要的专业必修课，本教材通过一定的工作过程确定学习任务，以任务驱动模式开展课程教学，按照“感知→认识→认知”，由简单到复杂的方式设计教学项目，构建“教学做合一”的行动领域课程。整个课程教学坚持以学生为主体，由专任教师与兼职教师共同组织、实施教学，从而将学生由以往的课堂静态学习转变为以实验室为学习环境的动态学习。着重培养学生的方法能力、专业能力与社会能力。同时又根据高职学生形象思维较强和文化基础与专业的需要，适当地降低了理论部分的深度，强化了微生物在动物生产实践中的应用，以力求突出高职教育人才培养的特色。此外，在内容的选择上力求保持一定的综合性和代表性，兼收并蓄，确保概念表达准确清楚，叙述简明扼要，并选用了大量彩色图谱，从而使本教材内容既适用、够用和实用，同时又具备形象直观和通俗易懂等特征。学生通过学习，既掌握一定的微生物基础知识和具备较好的实际应用能力，又能自觉地迈入微生物科学的大门，激发他们对微生物学的兴趣，为今后的相关工作奠定良好的基础。

由于我们的能力与水平有限，加之时间仓促，本书的错误与不妥之处在所难免，在此由衷地希望广大读者和专家不吝指正。

编　者

2012 年 3 月

目　录

绪　言

微生物在自然界中的分布极其广泛，从地底深处到万里高空、从外界环境到动植物机体、从0℃以下到上百度高温、从富盐的海水到干涸的沙漠乃至坚硬的矿石等环境中均不乏微生物的存在。不仅如此，微生物在自然界中的生存时间、种类和数量等均远远超过了人类，同时在地球环境的衍变、物质转化以及人类的生存中均发挥了极其重要的作用。

然而，在遥远的古代，人类并未曾意识到微生物的存在，而是在漫长的生活中由不自觉地利用微生物发展到对微生物充分地认识和更好地利用。

一、人类早期如何认识与利用微生物？

实际上，人类早在发现微生物之前就已经感觉到了它们的存在。据历史记载，我国人民早在8 000年以前就发明了制曲酿酒工艺，酿造过程中所需要的酵母菌种、原料和控制条件等内容在古书中均有详细叙述；在2 500年前的春秋战国时期就已经掌握了制醋和制酱工艺。著名的农业著作《齐民要术》中还详细论述了春秋战国时代，我国在农业上形成了一套制作堆肥和厩肥等有机肥的完整技术，其实质是利用有机质在微生物作用下腐解为可供植物吸收的简单营养；书中还记载了不同的轮作方式，强调豆类和谷类作物的轮作制，实际上是利用根瘤菌与豆科植物的共生固氮作用提高土壤的肥力。而西方直到18世纪30年代才开始使用轮作技术，比中国最少要晚1 000多年。

在认识微生物病原和防治疫病等方面我国也先于西方各国，如在公元前6世纪就已知晓狂犬病来源于疯狗；公元2世纪张仲景提出禁食病死畜禽和不洁食物以防伤寒；名医华佗（约公元141—208年）首创麻醉术和剖腹外科，主张割去腐肉以防传染；公元4世纪葛洪在《肘后方》一书中详述了天花的病症，并注意到天花流行的方式；在宋真宗时期，我国人民广泛应用种人痘预防天花的措施，是当时医学上之伟大创举，也是人类应用免疫方法防治疾病的开端（后来英国人在此基础上发展成为改种牛痘）；我国明末医生吴又可提出“戾气”学说，认为传染病的病因是一种看不见的“戾气”，传播途径以口、鼻为主。此外，我国在微生物与动植物病害的关系上也早有认识。如在2 000多年前就有对鼠疫流行的记载，公元2世纪《神农本草经》中记载了蚕的“白僵”，明朝李时珍所著《本草纲目》中记载了不少植物病害，很早就应用茯苓、灵芝等真菌治疗疾病，历代的劳动者对作物和蚕病也有各种防治措施。

可见，我国古代劳动人民在对微生物认识和利用方面不仅为人类做出了巨大贡献，而且在技术上也处于世界领先地位。但由于当时条件所限，尽管我们的祖先在长期实践中已意识到微生物的存在并加以充分利用，但却无法揭示微生物的本质特征。

二、人类如何进一步认识与利用微生物？

1676年，荷兰人列文虎克（Leeuwenhoek A V，1632—1723年）自制了世界上第一台显微镜，其放大倍数为50～300倍，仅有一个透镜安装在两片金属薄片中间，在透镜前有一根金属短棒，棒的尖端放上需要观察的样品，利用中部的调焦螺旋调节焦距。他先后观察、描绘了雨水、污水、血液和牙垢等环境中的细菌与原生动物等形态与活动方式，从而首次发现了神奇的微小生物世界，在微生物学发展史上具有划时代的意义。由于他的杰出贡献，1680 年当选为英国皇家学会会员。

19 世纪中期，当时在欧洲一些国家中占有重要经济地位的酿酒工业和蚕丝业发生了酒变质和蚕病危害等问题，以法国人巴斯德（Pasteur L，1822—1895 年）和德国人科赫（Koch R，1843—1910 年）为代表的科学家们为了解决实际生产问题，着力研究了微生物的生理活动，并将之与生产和预防疾病联系起来，从而奠定了微生物学的理论和技术基础。

巴斯德的卓越贡献之一是彻底否定了"自然发生"学说。该学说认为一切生物是自然发生的，可以从一些没有生命的材料中产生。1857 年，巴斯德根据曲颈瓶实验证实空气中确实含有微生物，可引起有机物浸汁腐败。由于曲颈瓶弯曲的瓶颈挡住了空气中微生物的到达，因此，若将浸汁中的微生物加热杀死后再置于瓶内，即使将瓶口敞开也能避免有机物腐败；而一旦将瓶颈打断或将瓶内浸汁倾湿管壁后再倒回去，则空气中微生物可进入瓶内引起有机物的腐败变质。

巴斯德的贡献之二是证实了发酵是由微生物引起的。当时巴斯德所工作的法国里尔大学位于盛产啤酒和葡萄酒的城市，酒类腐败变质问题干扰着生产的发展。他的研究证明了糖在酵母菌作用下可以转变为酒精，而在其他细菌作用下转变成乳酸和醋酸等。不同微生物所需条件不同，发酵过程不同产物也各不相同。他还发现丁酸发酵和酵母菌的发酵作用是在缺氧条件下进行的，因此，提出了发酵作用不需氧气参加。在研究各种物质发酵的同时，为防止产品腐败，巴斯德又提出了一种可以消灭产品中其他微生物的办法——采用 50～65℃的温度处理产品一定时间以达到防腐的目的，这就是著名的巴氏消毒法。从而解决了当时法国葡萄酒变质等实际问题。直到今天，巴氏消毒法在乳制品和酒制品等食品工业上仍被广泛采用，但在设备和具体条件上都有所改进。此外，巴斯德还成功地将病原菌减毒制成了鸡霍乱疫苗、牛羊炭疽病疫苗和狂犬病疫苗等。

1876 年以来的一段时期内，科赫作为细菌学的奠基人，在病原菌研究及细菌分离、培养等方面做出了杰出贡献。主要表现在配制固体培养基和建立了通过固体培养分离纯化微生物的技术；用自创方法分离到许多病原菌，如炭疽芽孢杆菌（1877 年）、结核分枝杆菌（1882 年）、链球菌（1882 年）、霍乱弧菌（1883 年）等；提出了科赫法则，即证明某种微生物为某种疾病病原体所必须具备的条件；创立了许多显微镜观察技术，如细菌鞭毛染色法、悬滴培养法、显微摄影技术等。而在微生物培养方面，科赫的助手 Petri 和 Hesse 也做出了重要贡献。Petri 所设计的玻璃培养皿（Petri 皿）既便于容纳培养基，又便于观察细菌等微生物菌落，同时还可以达到通气而不易污染杂菌的目的。最初固体培养基中使用的凝固剂为明胶，但明胶在 28℃以上会熔化，无法用于培养人类的病原菌（最适温度为 35～37℃）；另外，有些细菌还可以分解明胶，使之失去作为培养基支撑物的作用。为此，Hesse 在妻子的启发下，用做果冻的洋菜作为固体培养基支撑物。洋菜是从一种海藻中提取的，在 100℃左右熔化为液体，42℃以下则凝固为固体，同时又不为微生物所分解，因而是一种优良的凝固剂。

1897 年，布赫纳（Buchner E，德国，1860—1917 年）用酵母菌无细胞压榨汁将葡萄糖进行酒精发酵获得成功，发现了微生物酶的重要作用，从此将微生物学推进到了生化研究阶段。

随着对微生物研究的进一步深入，人类又相继分离到了固氮菌、烟草花叶病毒以及口蹄疫病毒等，并从微生物代谢产物中寻找到了青霉素、链霉素等重要的抗菌物质，从而使微生物在工业、农业和医药等方面的应用得到了迅速发展。人们日常生活中使用的食用酒、酸乳、醋、酱油、味精、抗生素、激素和疫苗等均为微生物发酵工业产物。现代发酵工业自1929年弗莱明(Fleming S A,英国)发现青霉素至今已取得了长足的进展,并从作坊式的混菌、厌氧和固体发酵走向了纯种、大罐通气与液体深层发酵的阶段。

三、微生物将有哪些更广泛的应用前景?

在现代科学技术的推动和渗透下,微生物学的研究不断向纵深和分子生物学的方向发展。同时,微生物学与其他学科的交叉产生了许多新的边缘学科,如海洋微生物学、极端环境微生物学、细菌冶金学、微生物生态工程学以及宇航微生物学等。这一发展趋势还将继续下去。

近年来,一些在历史上已被征服的疾病(如结核病、霍乱等)又死灰复燃。据统计,目前全球有约32%的人口(约18.6亿人)患有结核病;到2001年底,全世界艾滋病病毒感染者在快速上升。一些新的病原(如军团菌、大肠杆菌 O_{157} 型和朊病毒等)的出现又给人类带来了新的威胁。对上述严重威胁人类健康和新出现的病原微生物的研究已成为微生物学的研究热点。

世界各国正普遍面临着粮食、人口、能源和环境等问题的困扰,而微生物学的研究成果已经渗透和应用到以上各个领域,用于解决与人类生活休戚相关的问题。如在微生物发酵工业发展中,重组DNA技术、细胞融合技术等新技术新方法的问世使工业菌种的选育由随机走向定向,大大拓展了人类对微生物的利用;在分子生物学技术的推动下,各种新的工程菌不断出现,发酵工业发生了质的变化,成为现代生物技术的重要组成部分。在农业微生物学的研究方面,以苏云金杆菌为代表的微生物农药、固氮微生物等的研究成为热点。在苏云金杆菌杀虫晶体蛋白的转基因研究方面,迄今已有近百种不同的杀虫晶体蛋白基因转入植物并获得抗虫转基因植物的报道,许多已进入大田试验和商品化生产阶段,如转基因抗虫棉等一些农作物已在国内外广泛种植,应用领域还在不断增加。苏云金杆菌高效杀虫工程菌、高固氮效率遗传工程菌等的构建也有报道。

此外,微生物的应用领域也在不断拓宽,如近年来出现的微生物塑料、微生物传感器、微生物燃料电池、微生物生态修复剂及病原微生物诊断的DNA芯片等,微生物工程产业已显现出诱人的前景。

四、微生物对动物生产有何作用与影响?

我国兽医微生物学随着各门科学的高度发展,在理论研究和实际应用方面都获得很大的进展,我国在世界上首先发现了小鹅瘟病毒、兔出血症病毒,并成功地研制了猪瘟疫苗等十几种疫苗,其中有些弱毒活疫苗达到或超过国际先进水平,如牛瘟兔化弱毒疫苗、猪瘟兔化弱毒疫苗、羊痘鸡胚化疫苗、牛肺疫兔化疫苗等。创造应用了饮水免疫、饲喂免疫和气雾免疫法,这些为进一步控制和消灭畜禽传染病创造了有利条件。猪瘟、猪丹毒、猪肺疫三联苗、猪瘟和猪水疱病二联苗、鸡马立克氏病弱毒疫苗、猪瘟荧光抗体、猪传染性胃肠炎荧光抗体等。

我国在动物微生物学方面虽然取得不少的成就,但与国际先进水平相比还有很大的差距。至今仍有一些传染病的病原体尚未认识,有的传染病还缺乏有效的防治方法。因此,今后要加强对病原微生物的生物学性状和致病性研究,建立特异快速、早期诊断方法;研制新疫苗和改进原有疫苗,提高防制效果;应用先进技术,特别是应用分子生物学手段,加快基因工程苗的研究,为控制和消灭危害人畜健康的传染病做出更大的贡献。

动物微生物与免疫应用是畜牧、兽医、动物防疫检疫专业的一门重要专业必修课，是为学习家畜养殖与疫病防治、动物性食品卫生检验、兽医技术基础等课程提供必要的理论知识和操作技能，故在畜牧、兽医、动物防疫检疫等专业教学中占有重要的地位。

◆复习思考题

1. 人类为什么会去寻找与发现微生物？
2. 谈谈你对微生物与人类关系的认识。
3. 谈谈你对微生物与动物养殖关系的认识。

探索与发现

打磨“一面镜子”

列文虎克出生在荷兰一个贫困的家庭，才上了几年学，便独自外出谋生，后来经人介绍了一个看门的工作。有一天，列文虎克从别人那里得知，当地有一家眼镜店，刚进了一批放大镜。这在300多年前，可是个新鲜事。于是他想买一个放大镜来玩玩。但到眼镜店一问，价钱贵得吓人。列文虎克觉得，与其花钱买放大镜，还不如自己磨。从那时起他便耐心地磨制起镜片来。经过一段时间的辛勤打磨，他终于磨制出了一个小小的透镜。这就是列文虎克制作的第一架显微镜，它的放大能力相当大，竟超过了当时世界上所有的放大镜。

有了显微镜后，列文虎克便了解到了许多不为人知的东西。他发现，原来就是人们赖以生存的空气，以及人们的指甲里，都藏着大量能令人生病的微生物。今天看来很简单的常识，在那时就连赫赫有名的英国皇家学会也全然不知。由于人们无法用肉眼看见它们，因而几千年来，人类竟然不知道世界上还有微生物这种东西的存在。而第一个发现这些微生物的人，竟然是一个没读过什么书的看门人。

1673年的一天，英国皇家学会收到了一封厚厚的来信。打开一看，原来是一份用荷兰文书写的、字迹工整的记录，其标题是：《列文虎克用自制的显微镜观察皮肤、肉类以及蜜蜂和其他虫类的若干记录》。当时，在场的学者们看了标题后，都觉得滑稽可笑。不料，他们读着读着，一下便被其中的内容吸引住了。列文虎克这样写道：“一个粗糙沙粒中有100万个这种小东西；而一滴水中，能够寄生大约270万个微生物……”

1675年，他又将观察记录送往了皇家学会：“我用4天的时间，观察了雨水中的小生物，这些小生物比直接用肉眼看到的东西要小万分之一，在运动的时候，头部会伸出两只小角，并不断地活动，角与角之间是平的，如果把这些小生物放在蛆的旁边，它就像是一匹高头大马旁边的一只小蜜蜂，在一滴雨水中，这些小生物要比我们全荷兰的人数还多出许多倍……”

1723年，英国皇家学会收到了91岁高龄的列文虎克的一封信和一大包东西。信上详细地写了显微镜的制作方法。包袱里装的则是大小不同的显微镜共26台和好几百个放大镜。列文虎克从此被誉为微生物科学巨匠。

项目一　检测与识别微生物

任务一　环境中微生物的检测

◈**知识目标**

认识微生物的分布特点

◈**能力目标**

学会环境微生物的测定

◈**主要应用**

养殖环境卫生状况监测

一、边做边学　如何测定环境中的微生物?

(一)空气中微生物的测定

空气中微生物的测定方法有沉降法、气流撞击法和滤过法等,其中以沉降法最为简单实用,也是最常用的方法。

沉降法是根据含有微生物的尘粒或液滴因重力作用自然下落,将琼脂平板培养基开启放置于室内一定部位、一定时间,然后培养、计算菌落数进行测定。按奥梅梁斯基的计算法,面积为 100 cm^2 的培养基在空气中暴露 10 min 后,生长的菌落数相当于 20 L 空气中所含的微生物数。此法所测得的微生物称为沉降菌。

$$每立方米微生物数=50\ 000\ N/(A\times t)$$

式中:N 为培养后平板上的菌落数;A 为所用平板面积,cm^2;t 为平板暴露于空气中的时间,min。

1. 目的

学会测定环境中的微生物,通过测定使学生对微生物产生感性认识。

2. 材料

培养皿若干套、细菌培养箱、真菌培养箱、菌落计数器、牛肉膏蛋白胨琼脂培养基、查氏培养基、高氏 1 号培养基。

3. 方法

(1)灭菌　将培养皿包扎好于 160～170℃灭菌 1～2 h 备用。

(2)制平板　将 3 种培养基用 100℃水浴加热熔化,冷却至 50℃左右,每种培养基选择 6

个平皿，每个平皿倒入培养基约 20 mL，使冷凝制成平板。

(3)检测　将每种培养基的平板分别编号为 0、1、2、3、4、5；将 0 和 3 号平板置于室内中央，1、2、4 和 5 号分别放于室内四角；除 0 号平皿不打开皿盖外，其他平皿打开皿盖暴露 10 min。

(4)培养　将各平皿盖上皿盖，将牛肉膏蛋白胨培养基平板倒置于细菌培养箱(37℃)内培养 24 h，将查氏培养基平板和高氏 1 号培养基平板倒置于真菌培养箱(28℃)内培养 48 h。

(5)菌落计数　根据菌落特点判断出微生物类型(细菌、放线菌、真菌)，用菌落计数器数出每只平板上各类微生物的菌落数。

(6)计算　计算出每类微生物在平皿上的平均菌落数，根据计算公式算出每立方米空气中活菌数。

4. 注意事项

①倒置平板时培养基的温度不能太高，以免皿盖上形成太多冷凝水，造成污染。

②培养时将平皿倒置于培养箱内，以免皿盖上的冷凝水滴在平板上，不能形成清晰的菌落。

③菌落计数时，注意边缘重叠菌落要分开计算。

(二)土壤中微生物的测定

参见项目二任务二微生物培养与鉴定。

(三)水中微生物的测定

水中微生物的含量和种类对该水源的饮用价值影响很大。在饮用水的微生物学检验中，不仅要检查其总菌数，还要检查其中所含的病原菌数。由于水中病原菌数比较少，所以通常采用与其有相同来源的大肠菌群的数量作为指标，来判断水源被人、畜粪便污染的程度，从而间接推测其他病原菌存在的概率。根据我国有关部门所规定的饮用水标准，自来水细菌总数不可超过 100 个/mL，若每毫升超过 500 个则不可作为饮用水了(37℃，培养 24 h)，大肠菌群数不能超过 3 个/mL。

1. 目的

了解水中菌落总数和大肠菌群的检验方法和报告方法。

2. 材料

普通营养琼脂、乳糖胆盐发酵管、伊红美蓝培养基、麦康凯培养基、远藤氏培养基、量筒、灭菌吸管、玻璃瓶、被检材料(水)、温箱等。

3. 采取水样

(1)自来水　先将自来水龙头用火焰灼烧 3 min 灭菌，再开放水龙头使水流 5 min 后，以无菌容器接取水样，以待检验。

(2)池水、河水或湖水　取距水面 10～15 cm 的深层水样，先将无菌带玻塞小口瓶口朝下浸入水中，然后翻转过来，除去玻塞，水即流入其中，盛满后，将瓶塞盖好后再从水中取出，将水样经 1∶10 稀释后立即检查。

4. 水中菌落总数测定

(1)自来水

①用灭菌吸管吸取 1 mL 水样，注入灭菌培养皿中，做 3 个培养皿。

②分别注入约 15 mL 已溶化并冷却到 45℃左右的普通琼脂培养基并立即在平面旋转，使水样与培养基充分混合均匀。

③另取一空的灭菌培养皿，注入普通琼脂培养基 15 mL 做空白对照。待上述培养基凝固后，倒置于 37℃温箱中培养 48 h，进行菌落计数。2 个培养皿的平均菌落数即为 1 mL 水样中的菌落总数。

(2)池水、河水或湖水

①吸取 1 mL 水样注入盛有 9 mL 灭菌水的试管内摇匀，再由此试管吸取 1 mL 至下一个含 9 mL 灭菌水的试管，连续稀释至 10^{-4}(若水污浊，则继续稀释)。每递增稀释 1 次，即换用 1 支 1 mL 灭菌吸管。

②从最后 3 个稀释度试管中各取 1 mL 稀释水，加入灭菌培养皿中，每个稀释度做 3 个培养皿。

③在上述平皿中，分别注入 15 mL 已溶化并冷却到 46℃左右的普通营养琼脂培养基，立即放在桌上摇匀。凝固后置于 37℃温箱中培养 48 h，然后进行菌落计数。

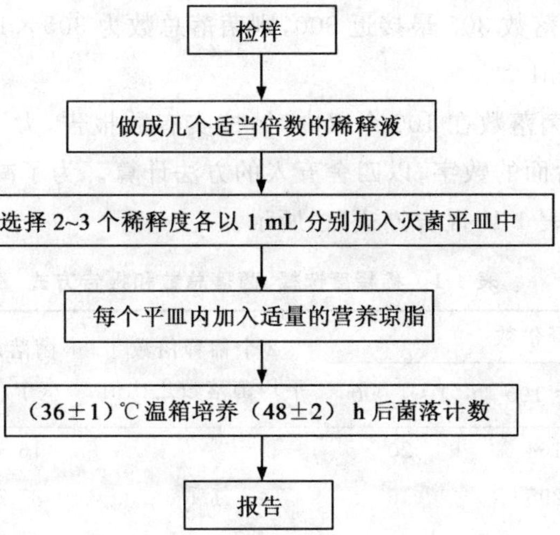

图 1-1　菌落总数检验程序

④菌落计数方法　先计算同一稀释度的平均菌落数，若其中一个培养皿有较大片状菌苔生长时，不应采用，而应以无片状菌苔生长的培养皿的菌落数作为该稀释度的平均菌落数。若片状菌苔的面积不到培养皿的 1/2，而其余的 1/2 菌落分布又很均匀时，可将此 1/2 的菌落数乘以 2 代表全培养皿的菌落数，然后再计算该稀释度的平均菌落数。

首先选择平均菌落数为 30～300 的稀释度，乘以稀释倍数报告之。如表 1-1 中例 1 应选1∶100 的稀释度，即菌落总数为 164×100＝16 400(个/mL)，报告 16 000 或 1.6×10^4 个/mL。

若有 2 个稀释度，其平均菌落数均为 30～300，则按两者平均菌落数之比值来确定。若比值小于或等于 2，应报告其平均数，如表 1-1 中例 2，100 倍和 1 000 倍稀释的检样，平均菌落数均为 30～300，而两者平均菌落数的比值小于 2，菌落总数取平均值(295×100+46×1 000)/2=37 750(个/mL)，即报告 38 000 或 3.8×10^4 个/mL；若两者平均菌落数的比值大于 2，则报告其中稀释度较小的平均菌落数，如表 1-1 中例 3，平均菌落数为 271×100=27 100(个/mL)，报告 27 000 或 2.7×10^4 个/mL。

若所有稀释度的平均菌落数均大于 300，则按稀释度最高的平均菌落数乘以稀释倍数报告之。如表 1-1 中例 4，所有平均菌落数均大于 300，它的最高稀释度的平均菌落数是 513，乘以稀释倍数 1 000 报告，即菌落总数为 513×1 000=513 000(个/mL)，报告 510 000 或 5.1×10^5 个/mL。

若所有稀释度的平均菌落数均小于 30，则应按稀释度最低的平均菌落数乘以稀释倍数报告之。如表 1-1 中例 5，3 个稀释度的平均菌落数都小于 30，它的最低稀释倍数的平均菌落数是 27，则菌落总数为 27×10=270(个/mL)，报告 270 或 2.7×10^2 个/mL。

若所有稀释度的平均菌落数均不为 30～300，其中一部分稀释度的平均菌落数大于 300 或小于 30 时，则以最接近 30 或 300 的平均菌落数乘以稀释倍数报告之，如表 1-1 中例 6，1∶10、1∶100 倍稀释度的平均菌落数大于 300，而 1 000 倍稀释度的平均菌落数小于 30，而以 1∶100 稀释度的平均菌落数 305 最接近 300，则菌落总数为 305×100=30 500(个/mL)，报告 31 000 或 3.1×10^4 个/mL。

⑤菌落数的报告　菌落数在 100 个以内时，按实有数报告，大于 100 个时，采用二位有效数值，在二位有效数值后面的数字，以四舍五入的方法计算。为了减少数字后面零的个数也可用 10 的指数来表示，如表 1-1“报告方式”栏所示。

表 1-1　稀释度选择、菌落总数和报告方式

项目	稀释倍数			2 个稀释倍数平均菌落数之比值	菌落总数/(个/mL)	报告方式/(个/mL)
	1∶10	1∶100	1∶1 000			
例 1	多不可计	164	20	—	16 400	16 000 或 1.6×10^4
例 2	多不可计	295	46	1.6	37 750	38 000 或 3.8×10^4
例 3	多不可计	271	60	2.2	27 100	27 000 或 2.7×10^4
例 4	多不可计	多不可计	513	—	513 000	510 000 或 5.1×10^5
例 5	27	11	5	—	270	270 或 2.7×10^2
例 6	多不可计	305	12	—	30 500	31 000 或 3.1×10^4

5. 水中大肠菌群的测定

大肠菌群是指一群在 37℃经 24 h 能发酵乳糖产酸产气、需氧或兼性厌氧的革兰氏阴性无芽孢杆菌。大肠菌群数在食品及水中有不同的含义。食品中大肠菌群数是以每 100 mL(g)检样中大肠菌群的最近似数(most possible number，MPN)表示，水中大肠菌群数是以每 1 000 mL 检样中大肠菌群的最近似数表示。通过对水中菌落总数和大肠菌群的测定，可以了解水质的污染情况。我国《生活饮用水卫生标准》卫生学标准规定，生活用水的菌落总数每毫升不得超过 100 个，大肠菌群数每 1 000 mL 水中不得超过 3 个。水中大肠杆菌的检验方法如图 1-2 所示。

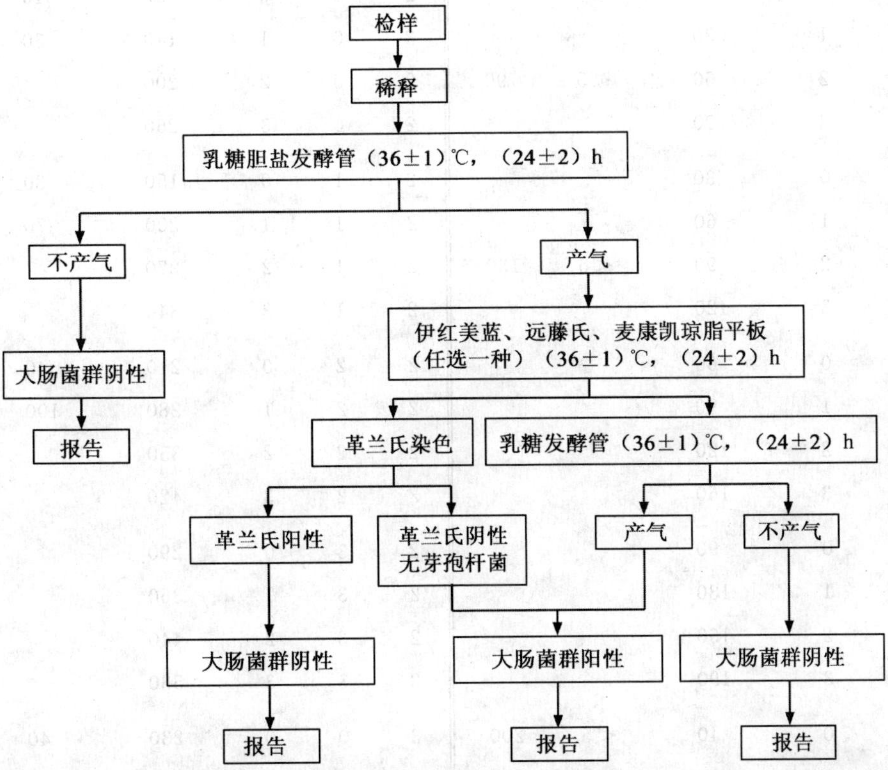

图 1-2 大肠菌群检验程序

①初发酵试验。样品的采取及稀释方法与水中菌落总数的测定相同。根据水样的卫生学标准或对污染情况的估计，选择适宜的 3 个稀释度无菌操作采取稀释样品，将其接种于乳糖胆盐发酵管内，接种量在 1 mL 以上者，用双料乳糖胆盐发酵管；接种量在 1 mL 及其以下者，用单料乳糖胆盐发酵管，每一稀释度接种 3 管。置 37℃温箱中培养 24 h，如所有乳糖胆盐发酵管都不产气，可报告大肠菌群阴性。如有产气者，则按下列程序进行。

②分离培养。将产气的发酵管分别接种于伊红美蓝琼脂平板（麦康凯或远藤氏琼脂平板）上，置于 37℃温箱中培养 24 h，做菌落特征观察及革兰氏染色镜检和乳糖发酵试验。

③复发酵试验。在上述平板上，挑取大肠菌群可疑菌落 1～2 个，接种于乳糖发酵管，置 37℃温箱中培养 24 h，观察产气情况。凡乳糖管产酸产气、革兰氏阴性、无芽孢杆菌，即可报告大肠菌群阳性；如乳糖管不产气或革兰氏阳性则报告大肠菌群阴性。

④报告。根据证实为大肠菌群阳性的管数，按表 1-2 报告大肠菌群的最近似数。各种乳制品中大肠菌群 MPN 的国家标准分别是巴氏杀菌奶≤90 个/100 mL、酸牛奶≤90 个/100 mL、甜炼乳≤90 个/100 mL、全脂奶粉≤90 个/100 mL。

表 1-2　大肠菌群最近似数(MPN)检索表

阳性管数			MPN/	95%可信限		阳性管数			MPN/	95%可信限	
1	0.1	0.01	(个/100 mL)	下限	上限	1	0.1	0.01	(个/100 mL)	下限	上限
0	0	0	<30			2	0	0	90	10	360
0	0	1	30			2	0	1	140	30	370
0	0	2	60	<5	90	2	0	2	200		
0	0	3	90			2	0	3	260		
0	1	0	30			2	1	0	150	30	440
0	1	1	60			2	1	1	200	70	890
0	1	2	90	<5	130	2	1	2	270		
0	1	3	120			2	1	3	340		
0	2	0	60			2	2	0	210	40	470
0	2	1	90			2	2	1	280	100	1 500
0	2	2	120			2	2	2	350		
0	2	3	160			2	2	3	420		
0	3	0	90			2	3	0	290		
0	3	1	130			2	3	1	360		
0	3	2	160			2	3	2	440		
0	3	3	190			2	3	3	530		
1	0	0	40	<5	200	3	0	0	230	40	1 200
1	0	1	70	10	210	3	0	1	390	70	1 300
1	0	2	110			3	0	2	640	150	3 800
1	0	3	150			3	0	3	950		2 100
1	1	0	70	10	230	3	1	0	430	70	2 300
1	1	1	110	30	360	3	1	1	750	140	3 800
1	1	2	150			3	1	2	1 200	300	
1	1	3	190			3	1	3	1 600		
1	2	0	110	30	360	3	2	0	930	150	3 800
1	2	1	150			3	2	1	1 500	300	4 400
1	2	2	200			3	2	2	2 110	350	4 700
1	2	3	240			3	2	3	2 900		
1	3	0	160			3	3	0	2 400	360	13 000
1	3	1	200			3	3	1	4 600	710	24 000
1	3	2	240			3	3	2	11 000	1 500	48 000
1	3	3	290			3	3	3	≥2 400		

二、微生物更喜欢在哪里居住?

微生物在自然界中的分布是由其对环境的适应性决定的，不同环境中微生物的分布具有一定的规律性。

(一)空气中的微生物

空气中由于既缺乏微生物生长繁殖所需要的营养物质与水分，同时又存在光、电和射线等不利理化因素的影响，因而不适合微生物生长。但空气中仍含有相当数量的微生物。

空气中的微生物主要来自悬浮于其中的尘埃、水面吹起的小水滴以及人与动植物体表脱落物或呼吸道分泌物等。它们附着在尘埃或短暂悬浮于空气中的液滴内，随气流的扩散传播。因此，空气中微生物的数量与一定环境内人口密度、植物数量、气温、空气湿度以及风力等因素对尘埃含量的影响有关。一般而言，空气中微生物的数量随距离地面高度的升高或气温的降低而减少、随人类活动的频率增加而增加。如在畜舍、公共场所、医院、宿舍、城市街道的空气中微生物含量高；海洋、高山、高空、森林地带、终年积雪的山脉或极地上空的空气中微生物含量少(表 1-3)。

表 1-3　各种环境条件下空气中细菌的含量　　个/m^3

环境	细菌含量	环境	细菌含量
畜舍	$(1\sim2)\times10^6$	市区公园	200
宿舍	20 000	海洋上空	1～2
城市街道	5 000	北极北纬 80°	0

空气中微生物的存活时间因空气温度、湿度、阳光、尘埃大小以及微生物自身对新环境的适应性不同而不同。其中存活时间较长的主要为对新环境敏感性弱或抵抗力强的微生物，如大多数霉菌孢子、细菌中的芽孢杆菌等(表 1-4)。

表 1-4　高空分离到的细菌和霉菌

高度/in	细菌	霉菌
1 500～4 500	产碱杆菌属、芽孢杆菌属	曲霉属、格孢(菌)属、青霉菌属
4 500～7 500	芽孢杆菌属	曲霉属、枝孢属
7 500～10 500	八叠球菌属、芽孢杆菌属	曲霉属、单胞枝霉属
10 500～13 500	芽孢杆菌属、冠氏杆菌属	曲霉属、单胞枝霉属
13 500～16 500	小球菌属、芽孢杆菌属	青霉属

由于空气中存在大量的微生物，特别是一些病原微生物，因此，医院病房、手术室、药品仓库、制药企业与食用菌菌种生产车间等环境均需经常进行空气消毒。目前较常用的消毒方法是采用紫外线照射或化学消毒剂喷雾、熏蒸等。此外，也可采用“层式-气流系统”进行空气过滤，该系统空气经穿过高效率空气滤器后可滤去 0.3 μm 的微小颗粒，从而形成相对密封的无菌环境。

(二)土壤中的微生物

1. 土壤是微生物最适宜的环境

自然界中,由于土壤具有微生物所需要的一切营养物质和进行生长繁殖与生命活动的各种条件,因而是微生物生活最适宜的环境。大多数微生物细胞中不含叶绿素,不能进行光合作用,需要依靠有机物生存。土壤中的有机物,如动植物遗体以及其他微生物的代谢产物,为微生物提供了良好的碳源、氮源和能源;土壤中矿物质含量一般为 1.10～2.50 g/L,因而适于微生物生长;土壤中水分的含量虽然变化较大,但基本上可以满足微生物的需要;土壤的酸碱度接近中性,缓冲性较强,适合大多数微生物生长;土壤的渗透压大都不超过微生物的渗透压;土壤空隙中充满空气与水分,为好氧和厌氧微生物的生长提供了良好的环境;土壤的保温性能好,与空气相比,昼夜温差和季节温差变化不大。通常在表土几毫米以下,微生物便可免于被阳光直射致死。因此,土壤有"微生物天然培养基"之称,其中的微生物数量最大,类型最多,是人类最丰富的"菌种资源库"。

2. 土壤中微生物及其分布

根据对不同土壤的分析统计,每克肥土中通常含有几亿到几十亿个微生物,贫瘠土壤每克也含有几百万至几千万个微生物。一般主要有细菌、放线菌、霉菌、藻类和原生动物等类群。其中细菌最多,占土壤微生物总量的 70%～90%,放线菌、霉菌次之,藻类和原生动物等较少。土壤微生物通过其代谢活动改变土壤的理化性质和进行物质转化,因此,土壤微生物是构成土壤肥力的重要因素。

土壤的营养状况、温度和 pH 等对微生物的分布影响较大。在有机质含量丰富的黑土、草甸土、磷质石灰土和植被茂盛的暗棕壤中,微生物数量较多;而在西北干旱地区的棕钙土,华中、华南地区的红壤和砖红壤以及沿海地区的滨海盐土中,微生物数量较少。

由于不同层次土壤中的水分、养分、通气、温度等环境因子的差异和土壤及微生物的特性不同,不同深度微生物的分布也不相同。表面土因缺水和受紫外线照射,微生物数量相对较少;在 5～20 cm 土壤层中微生物数量最多,若是植物根系附近,微生物数量更多;自 20 cm 以下,微生物数量随土层深度增加而减少;至 1 m 深处,减少约 20 倍;至 2 m 深处,因缺乏营养和氧气每克土中仅有几个。

土壤中微生物数量的季节变化是温度、水分和有机残体综合影响的表现。一般冬季气温低,有些地区土壤数月均呈冰冻状态,微生物数量明显减少。春季因气温回升,随着植物的生长,根系分泌物增加,微生物数量迅速上升。有的地区因夏季炎热干旱,微生物数量也随之下降,至秋天雨水来临,加上秋收后大量植物残体进入土壤,微生物数量又急剧上升。因此,1 年内土壤中会出现 2 个微生物数量高峰。

(三)水中的微生物

水中溶解或悬浮着多种无机与有机物质,能为微生物生长繁殖提供营养需要,因此,水体是微生物栖息的第二大天然场所。天然水体可大致分为淡水与海水 2 类。

1. 淡水中的微生物

淡水主要存在于陆地上的江河、湖泊、池塘、水库和小溪中,因此淡水中微生物多来自土壤、空气、污水或动植物尸体等。尤其是土壤中的微生物常随土壤被雨水冲刷进入江河、湖泊中。来自土壤中的微生物,一部分生活在营养稀薄的水中,一部分附着在悬浮于水体中的有机物上，或随着泥沙与较大的有机物残体沉淀到湖底淤泥中，成为水体中的栖息者。另外，也有很多微生物因不能适应水体环境而死亡。因此，水体中的微生物种类与数量一般要比土壤中少得多。

微生物在淡水中的分布常受多种环境因素的影响，其中首要因素是营养物质，其次是温度和溶解氧等。因此，若水体有机物含量高，则微生物数量大；中温水体微生物数量比低温水体多；表层水好氧微生物较多，深层水中厌氧微生物较多。

在远离人类居住地区的湖泊、池塘和水库中，有机物含量少，微生物也少，且以自养型为主，如硫细菌、铁细菌和球衣细菌以及含有光合色素的蓝细菌、绿硫细菌和紫细菌等。另外，还有有色杆菌属、无色杆菌属和微球菌属等腐生型细菌、霉菌、藻类与一些原生动物等。这些微生物通常被认为是清洁水体中的微生物。

位于城镇等人口密集区的湖泊、河流以及下水道的沟水中，由于流入了大量人畜排泄物、生活污水和工业废水等，有机物的含量大增，微生物的数量可高达 $10^7 \sim 10^8$ 个/mL，且大多数是腐生型细菌和原生动物。其中数量较多的是无芽孢革兰氏阴性细菌，如变形杆菌属、大肠杆菌、产气肠杆菌和产碱杆菌属等，有时甚至还含有伤寒、痢疾、霍乱及传染性肝炎等病原体。这些微生物通常被称为腐败水体中的微生物。此类污水如不经净化处理，则不能饮用，也不宜做养殖用水。

2. 海水中的微生物

海水中含有相当高的盐分，一般为 3.2%～4%。因含盐量越高，渗透压越大，故海洋中的微生物多为嗜盐菌，能够耐受高渗透压，如盐生盐杆菌。此外，在深海中的微生物还能耐受低温和很高的静水压，少数微生物可以在 60.795 MPa 下生长，如水活微球菌和浮游植物弧菌。

水体中的有机物含量越丰富，含菌量越高。因此，接近海岸和海底淤泥表层的海水与淤泥中菌数较多，离海岸越远，菌数越少。一般在河口及海湾的海水中，细菌数约有 10^5 个/mL，而远洋的海水中只有 10～250 个/mL。许多海洋细菌能发光，称为发光细菌。它们能在有氧存在时发光，对一些化学药剂与毒物也较敏感，可用于监测环境污染物。

(四)正常动物体内的微生物

动物体表皮肤、黏膜及与外界相通的腔道，如口腔、鼻咽腔、肠道、泌尿生殖道等均有微生物存在。有些只做暂时停留，有些与动物体长期相互适应的则长期寄居。

正常微生物群：正常条件下对宿主无害甚至有益。如皮肤表面的葡萄球菌，上呼吸道的巴氏杆菌、肠道大肠杆菌等。

1. 正常动物体微生物的分布

(1)体表　动物皮毛上常见的微生物有葡萄球菌、链球菌、大肠杆菌、绿脓杆菌等，主要来源于空气、土壤和粪便的污染。当皮肤受到损伤时可造成皮肤化脓。

(2)呼吸道　健康动物支气管末梢和肺泡内无菌，但上呼吸道中经常存在葡萄球菌、链球菌、肺炎球菌、巴氏杆菌等，当动物抵抗力降低时，可成为原发或继发性感染的病原体。

(3)泌尿生殖道　通常无菌。但尿道口经常发现有葡萄球菌、链球菌、非病原性螺旋体、大肠杆菌。母畜阴道内主要是阴道杆菌(乳酸杆菌类)。

(4)消化道中的微生物　口腔中有食物残渣和适宜的温湿度，种类较多；食道中无食物停留，微生物很少；胃内胃酸有杀菌作用，微生物较少，但反刍动物瘤胃内微生物种类及数量很多，对瘤胃进行复杂的消化代谢起重要作用，常见的有厌氧性纤毛虫和细菌两大类，可消化饲料中70%～85%可消化物和50%粗纤维；十二指肠因胆汁杀菌作用微生物最少，但肠道后段的微生物逐渐增多，常见的有大肠杆菌、肠球菌及各种芽孢杆菌。哺乳期幼畜的肠道内乳酸杆菌居多，至成年减少，成年动物肠道中大肠杆菌可占细菌总数的75%以上。

在正常情况下，普通动物肠道内大约有200种正常菌群，其中主要是非致病的厌氧菌，如拟杆菌、真杆菌、双歧杆菌等，占总数的90%以上，其次是肠球菌、大肠杆菌、乳杆菌等。宿主受到日粮突然变化、环境变化、患病、手术等应激，或是在滥用抗菌药物等情况下，正常菌群中的微生物种类、数量发生改变，菌群平衡受到破坏，即称为菌群失调。因为消化道正常菌群失去平衡，使某些潜在的致病菌得以迅速繁殖而引起的疾病称为菌群失调症。

在畜牧业生产中，早期断奶仔猪，经常出现消化不良、腹泻、生长缓慢等早期仔猪断奶综合征，诱发这种疾病的主要原因是消化道正常菌群平衡受到破坏。反刍动物在采食含蛋白质或糖类过多的饲料，或突然改变饲料后，常常使瘤胃正常菌群发生改变，引起严重的消化机能紊乱，导致前胃疾病。畜禽长期连续或大量服用广谱抗菌药物，可引起胃肠道正常菌群失调，导致消化道疾病，临床表现为肠炎和维生素缺乏症。为避免菌群失调症，应注意科学喂养和不滥用抗菌药物。

动物其他组织器官内在一般情况下是无菌的，只是在术后、传染病的隐性传染等特殊情况下才会带菌。有的细菌能从肠道经过门静脉侵入肝脏，或由淋巴管侵入淋巴结，特别是在动物死亡前夕，抵抗力极度衰退，细菌可由上述途径侵入体内。侵入的细菌常常会造成细菌学检查的误诊。

2. 正常菌群的有益作用

正常菌群与动物体保持平衡状态，对机体具有益生作用。

(1)拮抗作用　如动物肠道内正常寄居的大肠杆菌产生大肠菌素抑制其他致病性大肠杆菌的生长。

(2)营养作用　肠道大肠杆菌等能合成维生素B及维生素K。

(3)免疫作用　正常微生物群中各类型细菌均为特异性抗原，能刺激机体产生相应的天然抗体。

三、识病原、助防疫

(一)大肠杆菌

大肠杆菌是人和温血动物肠道内正常菌群成员之一，人和动物出生后数小时即可经口进入消化道后定居，终生伴随，并经粪便不断散播于周围环境，故大肠杆菌在环境卫生和食品中被用做粪便直接或间接污染的检测指标。本菌还是分子生物学和基因工程中重要的研究对象。

1. 主要特性

大肠杆菌为革兰氏阴性无芽孢的直杆菌，大小(0.4～0.7) μm×(2～3) μm，两端钝圆，散在或成对，大多数菌株以周生鞭毛运动，但也有无鞭毛或丢失鞭毛的无动力变异株，有菌毛，少数菌株兼具性菌毛，多数对人和动物致病的菌株还常有与毒力相关的特殊菌株，通常无可见荚膜，但常有微荚膜。碱性染料对本菌有良好的着色性。

本菌为兼性厌氧菌，在普通培养基上生长良好，最适生长温度为37℃，pH 7.2～7.4。S

形菌株在肉汤中培养 18～24 h，呈均匀浑浊，管底有黏性沉淀，上有菌环。在营养琼脂上生长 24 h 后形成圆形凸起、光滑、湿润、半透明、灰白色菌落，直径 2～3 mm；麦康凯琼脂上形成红色菌落；在伊红美蓝琼脂上产生黑色带金属闪光的菌落；一般不生长或生长较差，生长者呈红色。一些致病性菌株在绵羊血平板上呈β溶血。可分解多种碳水化合物产酸产气。大多数菌株可迅速发酵乳糖，仅极少数迟发酵或不发酵。几乎均不产生硫化氢，不分解尿素。吲哚和甲基红试验均为阳性。

2. 类型

大肠杆菌抗原主要有 O、K 和 H 3 种，它们是本菌血清型鉴定的依据。迄今，已确定的大肠杆菌 O 抗原有 173 种，K 抗原有 80 种，H 抗原有 56 种。因此，有人认为自然界中可能存在的大肠杆菌血清型可高达数万种，但致病性大肠杆菌的血清型数量有限。

O 抗原是 S 型菌的一种耐热菌体抗原，121℃加热 2 h 不破坏其抗原性。它的抗原特异于 LPS 的特异多糖侧链的结构。当 S 型菌体丢失该部分结构时，即变成 R 型菌，O 抗原丢失。这种菌株无法做分型鉴定。每个菌株只含有一种 O 抗原，其种类以阿拉伯数字表示。

K 抗原是一种热不稳定抗原，多存在于被膜或荚膜中，个别位于菌毛中。具有 K 不被相应的抗 O 血清凝集，称为 O 不凝集性。1 个菌落可含 1～2 种不同 K 抗原，也有无 K 抗原的菌株。在 80 种 K 抗原中，除 K_{88}、K_{99} 为蛋白质 K 抗原外，其余均属多糖 K 抗原。

H 抗原为一种不耐热的鞭毛蛋白抗原，加热至 80℃或经乙醇处理后即可破坏其抗原性。每一有动力的菌株仅含有一种 H 抗原，且无两相变异。无鞭毛菌株或丢失鞭毛的变种则不含 H 抗原，它产生高效价凝集抗体。

根据对抗原的鉴定可用 O:K:H 排列表示其血清型。如 O_5:K_{23}(L):H_{19}，即表示该型 O 抗原为 5，K 抗原为 23，H 抗原为 19。致人和幼畜腹泻的产肠毒素大肠杆菌除含酸性多糖 K 抗原外，还可含有蛋白质性黏附素抗原。故这类菌株的黏附素抗原应并列写于酸性多糖 K 抗原之后。如 O_8:K_{87}:K_{88}:H_{19} 中 K_{88} 即为黏附素抗原 F_4。

3. 致病性

大肠杆菌在人和动物的肠道内，大多数在正常条件下是不致病的共栖菌，在特定条件下（如移位侵入肠外组织或器官）可致大肠杆菌病。但少数大肠杆菌与人和动物的大肠杆菌病相关，它们是病原性大肠杆菌，正常情况下极少存在于健康机体内。根据毒力因子与发病机制不同，可将与动物疾病有关的病原性大肠杆菌分为 5 类：产肠毒素大肠杆菌（ETEC）、产类志贺毒素大肠杆菌、致病性大肠杆菌、败血性大肠杆菌及尿道致病性大肠杆菌。

4. 检查

对败血症病例可无菌操作采集其病变的内脏组织，直接在血琼脂平板或麦康凯平板上划线分离培养。对幼畜腹泻及猪水肿病例应取其各段小肠内容物或黏膜刮取物以及相应肠段的肠系膜淋巴结，分别在麦康凯平板和血琼脂平板上分离培养。挑取麦康凯平板上的红色菌落或血琼脂平板上呈β溶血（仔猪黄痢与猪水肿病菌株）的典型菌落几个，分别转种三糖铁培养基（TSI）和普通琼脂斜面做初步生化鉴定和纯培养。将 TSI 琼脂反应符合大肠杆菌的生长物或其相应的普通斜面纯培养物做 O 抗原鉴定，与此同时进行大肠杆菌常规生化试验的鉴定，以确定分离株是否为大肠杆菌。在此基础上，通过对毒力因子的检测便可确定其属于何类致病性大肠杆菌。

5. 防制

预防本病要做到加强饲养管理，搞好卫生消毒工作，避免诱因的存在。抗菌药物虽然可减轻患病畜禽疫情或暂时控制疫情发展，但停药后常可复发。特别是耐药菌株的大量出现，以往许多有效药物变得无效或低效，所以最好选用经药物敏感试验确定为高效的抗菌药物进行治疗，方能取得良好效果。目前国内外已有多种预防幼畜腹泻的实验性或商品化疫苗。大体上包括以抗黏附素免疫为基础的含单价或多价菌毛抗原的灭活全菌苗或亚单位苗；以抗肠毒素免疫为主的类毒素苗或 TL 亚单位苗；表达 1 种或 2 种黏附素以及同时表达 1 种黏附素和 TL 的基因工程菌苗等。用这些菌苗免疫怀孕母畜后，均能使其后代从初乳中获得抗 ETEC 感染的被动保护力。

(二)口蹄疫病毒

口蹄疫病毒(foot and mouth disease virus)能感染牛、羊、猪、骆驼等偶蹄动物，使患畜的口腔黏膜、舌及蹄部，间或乳房发生特征性的水疱。本病极易感染，传播迅速，自然感染死亡率虽低，但发病率极高。患畜采食困难，给畜牧生产带来巨大的损失，是当前各国最注意的家畜传染病之一。也可感染人。

1. 主要特性

口蹄疫病毒是单股 RNA 病毒，属于微小核糖核酸病毒科中口疮病毒科中的口疮病毒属。二十面体立体对称，近似球形，直径为 21～25 nm，无囊膜，耐乙醚、在细胞浆内复制。有 7 个血清学上的主型，即 A 型、O 型、C 型、南非(SAT)1 型、南非(SAT)2 型、南非(SAT)3 型和亚洲 1 型。各型之间无交互免疫力。每个主型又有若干亚型，共 65 个亚型。每年还会有新的亚型出现。同一主型之间的亚型有交互免疫力，但免疫性亦有不同程度的差异，从而给疫苗的制备及免疫带来了很多困难。

直射日光能迅速使口蹄疫病毒灭活，但污染物品，如饲草、被毛和木器上的病毒却可存活几周之久。厩舍墙壁和地板上的干燥分泌物中的病毒至少可以存活 1(夏季)～2(冬季)个月。最常用的消毒液是火碱。病毒 70℃经 10 min、80℃经 1 min、1% NaOH 经 1 min 即被灭活，在 pH 3 的环境中失去感染性。最常用的消毒法是以 1%烧碱水或沸水来消毒车、船等运输工具或饲槽等用具。

2. 致病性

在自然条件下，牛、猪、山羊和绵羊等偶蹄动物对口蹄疫病毒易感，水牛、骆驼、鹿等偶蹄动物也能感染，而马和禽类不感染。实验动物中豚鼠最易感，但大部分可耐过，因此常用其做病毒定型试验。乳鼠对本病毒亦很易感，可用以检出组织中的微量病毒。皮下注射 7～10 日龄乳鼠，数日后出现后肢痉挛性麻痹，最后死亡，其敏感性比豚鼠足掌注射高 10～100 倍，甚至比牛舌下接种更敏感。其他动物如猫、犬、仓鼠、野鼠、大鼠、小鼠、家兔等均可人工感染。人类偶能感染，多发生于与患畜密切接触的或实验室工作人员，且多为亚临床感染，也可发热、食欲差及口、手、脚产生水疱。

3. 检查

世界动物卫生组织(OIE)把口蹄疫列为 A 类疫病，我们国家也把口蹄疫定为 14 个一类疫病之一。诊断必须在指定的实验室进行。送检的样品包括水疱液、剥落的水疱、抗凝血或血清等。死亡动物则可采淋巴结、扁桃体和心脏。样品应冷冻保存，或置于 pH 7.6 的甘油缓冲液中。

口蹄疫的检测有多种方法，OIE推荐使用商品化及标准化的ELISA试剂盒诊断，如果样品中病毒的滴度较低，可用BHK-21细胞培养分离病毒，然后通过ELISA或中和试验加以鉴定。对口蹄疫的诊断必须确定其血清型，这对本病的防制是极为重要的，只有同型免疫才能起到良好的保护作用。此外，口蹄疫病毒与猪水疱病毒是2种完全不同的病毒。但当猪发生口蹄疫和水疱病时，临床所见典型症状极为相似，即2种病在蹄部均出现水疱，破溃后形成烂斑，肉眼可见，无法区别，只有靠血清学试验才能鉴别，如用反向间接血凝和血凝抑制试验，或选用病毒中和试验、琼脂扩散试验等进行确诊。

4. 防制

本病康复后获得坚强的免疫力，能抵抗同型强毒的攻击，免疫期至少1年，但可被异型病毒感染。自动免疫可用弱毒疫苗或灭活疫苗。弱毒疫苗有鼠化苗、兔化苗、鸡胚苗以及细胞苗等。给牛羊注射弱毒疫苗时应特别注意，这种弱毒对猪有致病力，故应严格防止散毒。猪仅能用口蹄疫灭活疫苗进行免疫接种，推荐使用浓缩的灭活疫苗进行免疫。

◈复习思考题

1. 空气中的微生物数量测定操作要点有哪些?
2. 为什么说土壤是微生物的“天然培养基”?
3. 如何检测水中微生物的分布状况?
4. 什么是正常菌群? 试分析反刍动物瘤胃微生物与其生长的关系。
5. 正常菌群对动物生长有何影响?

探索与发现

传染病发生原因的探索

罗伯特·科赫1843年12月11日出生于德国哈茨附近的克劳斯特尔城，是一名矿工的儿子，从小热爱生物学。在科赫7岁那年，克劳斯特尔城的一位牧师因病去世，小科赫向前往哀悼的母亲提出了一连串的问题:“牧师得了什么病?”“难道绝症就治不好吗?”母亲无法回答小科赫的提问。这件事在年幼的科赫心中留下了深刻的印象，并使他立志将来献身于征服病魔的医学事业，治好母亲认为是无法医治的绝症。

1870年，科赫到东普鲁士一个小乡村沃尔施泰因当外科医生，在那建立了一个简陋的实验室，并多年在此从事病原微生物的研究。科赫在没有科研设备，也无法与图书馆联系，更无法与其他科研人员接触的情况下开始研究炭疽病。在罗伯特·科赫30岁生日那天，他的夫人用全部积蓄买了一台显微镜送给他作为生日礼物，从此科赫把业余时间全部花在显微镜上，潜心研究细菌与疾病的关系。1876年，他分离出炭疽杆菌，这是人类第一次证明一种特定的细菌是引起一种特定的传染病的病因。

1883年后，科赫到埃及和印度去调查那里的霍乱暴发流行情况。他和他的同事一起发现了霍乱病原菌是形如逗号的霍乱弧菌，并发现该菌可以经过水、食物、衣服等途径传播。根据他对霍乱弧菌的生物学知识以及其传播方式的了解，科赫提出控制霍乱流行的法则，这些法则于1893年被许多国家批准并形成至今仍沿用的控制霍乱方法的基础。科赫因对霍乱研究做出的贡献而获10万德国马克奖金。此外还分离出了结核杆菌，并在柏林的一次医学年会上宣布了分离出结核杆菌，这在医学上是一次伟大的发现，当时他只有39岁。后又发明了结核菌素，为危害人类健康最甚的结核病的防治做出了宝贵的贡献。

1905年，伟大的德国医学家、大名鼎鼎的罗伯特·科赫以举世瞩目的开拓性成绩，问心无愧地摘走了诺贝尔生理学及医学奖。

任务二　显微镜的使用

◆知识目标

了解微生物概况

◆能力目标

学会使用显微镜

◆主要应用

病原体的形态鉴定

一、边做边学　如何看到单个微生物?

微生物个体微小，通常必须借助显微镜才能观察到。显微镜下的微生物大小、形态千差万别、丰富多彩，因而也是区别各类微生物的主要依据之一。掌握光学显微镜的使用及各类微生物显微样品的制备与观察技术，是认识和研究微生物不可缺少的基本技能。

显微镜主要可分为光学显微镜和电子显微镜。光学显微镜包括普通光学显微镜、暗视野显微镜、相差显微镜、荧光显微镜等；电子显微镜包括透射电子显微镜、扫描隧道显微镜、扫描电子显微镜等。其中普通光学显微镜应用最为广泛。

(一)目的

学会使用显微镜，特别是油镜的使用。

(二)材料

显微镜、微生物标本片、香柏油、二甲苯、擦镜纸等。

(三)方法

1. 普通光学显微镜的构造

普通光学显微镜的构造可分为机械装置与光学系统两大部分。只有将二者合理地组合，才能发挥显微镜良好的显微作用(图1-3)。

(1)显微镜机械装置　显微镜的机械装置包括镜座、镜筒、物镜转换器、载物台、推动器、粗动螺旋、微动螺旋等部件。

①镜座：显微镜的基本支架，由底座和镜臂2部分组成。其上连接载物台和镜筒，是用于安装光学放大系统部件的基础。

②镜筒：其上接接目镜，下接转换器。因为物镜的放大率是对一定的镜筒长度而言的，镜筒长度改变，不仅放大倍率随之变化，而且成像质量也受到影响。因此，使用显微镜时不能任

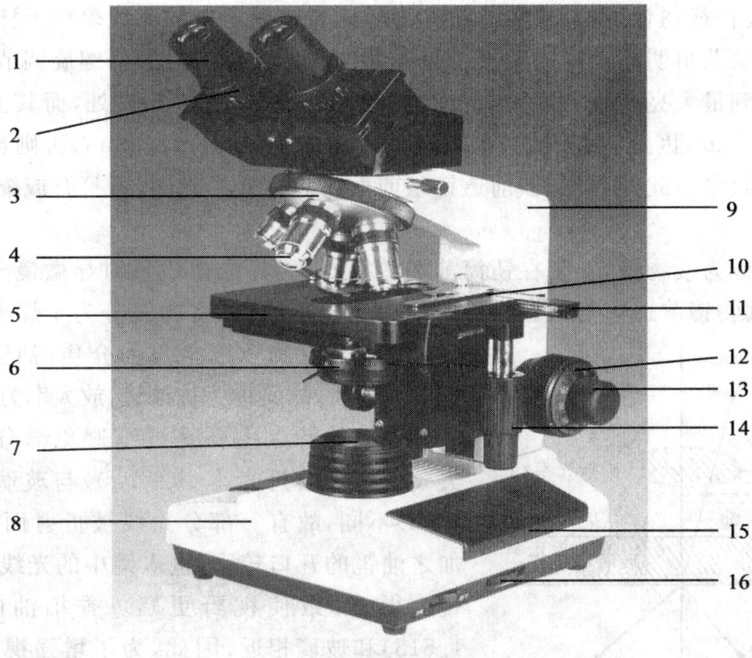

图 1-3 普通光学显微镜结构示意图

1. 目镜 2. 镜筒 3. 物镜转换器 4. 物镜 5. 载物台 6. 聚光器 7. 光源 8. 底座 9. 镜臂 10. 玻片夹 11. 刻度标尺 12. 粗动螺旋 13. 微动螺旋 14. 推动器旋钮 15. 电流调节旋钮 16. 电源开关

意改变镜筒长度。国际上将显微镜标准筒长定为 160 mm,此数字标在物镜的外壳上。

③物镜转换器:其上可安装 3～4 个接物镜,转动转换器,可按需要将其中的任何一个接物镜和镜筒接通,与镜筒上面的接目镜构成一个放大系统。

④载物台:中央有一圆孔,为光线通路。在台上装有弹簧标本夹和推动器,其作用为固定或移动标本的位置,使镜检对象恰好位于视野中心。

⑤推动器:是移动标本的机械装置,由一横一纵 2 个推进齿轴的金属架构成。在纵横架杆上刻有刻度标尺,构成精密的平面坐标系。如要重复观察标本某一部分,在第 1 次检查时可记下纵横标尺的数值,以后按数值移动推动器即可找到标本原来的位置。

⑥粗动螺旋:是调节接物镜和标本间距离的机件。老式显微镜是镜筒移动式,粗螺旋向前扭,镜头下降接近标本;新近出产的显微镜是载物台移动式,粗螺旋向前扭,载物台上升,标本接近物镜,反之则下降,标本脱离物镜。

⑦微动螺旋:用粗动螺旋只可以粗放地调节焦距,要得到最清晰的物象需要用微动螺旋做进一步调节。微动螺旋每转 1 圈,镜筒(或载物台)移动 0.1 mm。

(2)显微镜光学系统 显微镜光学系统由反光镜、聚光器、接物镜、接目镜等部分组成,光学系统使物体放大,形成物体放大像。

①反光镜:新型显微镜镜座上一般都装有光源,并有电流调节螺旋,可通过调节电流大小调节光照强度。

②聚光器:聚光器在载物台下面,由聚光透镜、虹彩光圈和升降螺旋组成。

聚光器安装在载物台下，其作用是将光源经反光镜反射来的光线聚焦于样品上，以得到最强的照明，使物象获得明亮清晰的效果。聚光器的高低可以通过升降螺旋调节，使焦点落在被检物体上，以得到最大亮度。一般聚光器的焦点在其上方 1.25 mm 处，而其上升限度为载物台平面下方 0.1 mm，因此，要求使用的载玻片厚度应为 0.8～1.2 mm，否则被检样品不在焦点上，影响镜检效果。此外，聚光器前透镜组前面还装有虹彩光圈，可打开或缩小，以调节视野亮度。

③物镜：又称为接物镜，安装在镜筒前端转换器上，其成像质量对显微镜分辨力有着决定性的影响。根据物镜前透镜与被检物体之间的介质不同，可将物镜分为干燥系物镜和油浸系物镜。干燥系物镜以空气为介质；油浸系物镜常以香柏油为介质，故又称为称油镜，放大率为 90×～100×。

油镜的特点主要是可以避免部分光线折射的损失。因空气的折光率（$n=1.0$）与玻璃的折光率（$n=1.52$）不同，故有一部分光线被折射而不能射入镜头。加之油镜的开口较小，进入镜中的光线比低倍镜、高倍镜少得多，致使视野更暗。香柏油的折光率（$n=1.515$）和玻璃相近，因此，为了增强视野亮度，使镜头和载玻片间充填香柏油以保证绝大部分光线能够射入镜头，从而使视野明亮、物像清晰(图 1-4)。

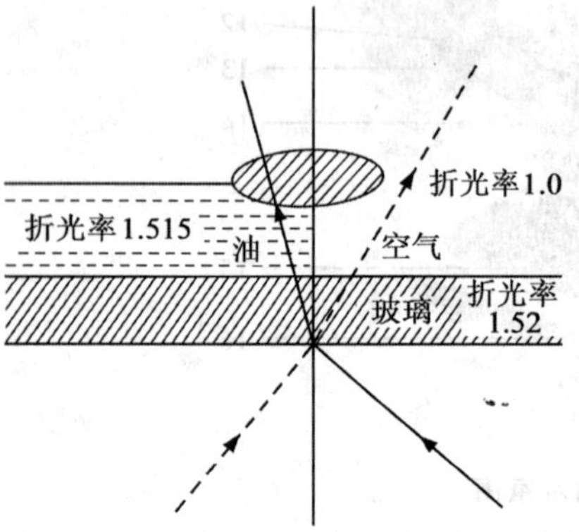

图 1-4　油镜应用原理

④目镜：又称为接目镜，安装于镜筒上端。其作用是把物镜放大了的实像再放大一次，并把物像映入观察者眼中。

2. 基本操作方法

显微镜结构精密，使用时必须细心。其基本操作步骤如下。

(1)观察前的准备

①取镜。取用显微镜时，右手紧握镜臂，左手托住镜座，保持镜身直立，放在实验桌上自己身体的左前方，离桌子边缘 10 cm 左右，右侧可放记录本或绘图纸。

②调节光照。首先将 10×物镜转入光孔，将聚光器上的虹彩光圈打开到最大位置，用左眼观察目镜中视野亮度，转动反光镜，使视野的光照达到最明亮、最均匀为止。光线较强时用平面反光镜，较弱时用凹面反光镜。

③调节光轴中心。使用显微镜时，必须使其光学系统中的光源、聚光器、物镜和目镜光轴及光阑中心与显微镜的光轴在同一直线上。

④装片。将标本片置于载物台，用标本夹夹住，移动推动器，使被观察的标本处在物镜正下方。

(2)低倍镜观察　镜检任何标本都要养成必须先用低倍镜观察的习惯。因为低倍镜视野较大，易于发现目标和确定检查的位置。

转动粗动螺旋，使物镜调至接近标本处，用目镜观察并同时用粗动螺旋慢慢升起镜筒（或下降载物台），直至物像出现，再用微动螺旋使物像清晰为止。

除少数显微镜外，聚光镜的位置都要放在最高点。如果视野中出现外界物体的图像，可以将聚光镜稍微下降，图像就可以消失。聚光镜下的虹彩光圈应调到适当的大小，以控制射入光线的量，增加明暗差。

(3)高倍镜观察　显微镜的设计一般是共焦点的。低倍镜对准焦点后，转换到高倍镜基本上也能对准焦点，只要稍微转动微动螺旋即可使物象清晰。有些简易的显微镜不是共焦点的，或者是由于物镜的更换而达不到共焦点，就要采取将高倍物镜下移，再向上调准焦点的方法。虹彩光圈要放大，使之能形成足够的光锥角度，稍微上下移动聚光镜，使亮度适当。

(4)油镜观察　油镜的工作距离很小，一般在0.2 mm以内，因此使用油镜时要特别细心，对没有弹簧装置的物镜，尤其要避免由于“调焦”不慎而压碎标本片并使物镜受损。使用油镜应按下列步骤操作。

①先用粗动螺旋将镜筒提升(或将载物台下降)约2 cm，并将高倍镜转出。

②在玻片标本的镜检部位滴上一滴香柏油。

③从侧面注视，用粗动螺旋将载物台缓缓上升(或镜筒下降)，使油浸物镜浸入香柏油中，使镜头几乎与标本接触。

④从接目镜内观察，放大聚光镜上的虹彩光圈(带视场光阑的油镜要开大视场光阑)，上调聚光器使光线充分照明。用粗动螺旋将载物台徐徐下降(或镜筒上升)，当出现物像一闪后改用微动螺旋调至最清晰为止。如油镜已离开油面而仍未见到物象，必须再从侧面观察，重复上述操作。

⑤观察完毕，下降载物台，将油镜头转出，先用擦镜纸擦去镜头上的油，再用擦镜纸蘸少许二甲苯或乙醚酒精混合液(2∶3)擦去镜头上残留的油迹，最后再用擦镜纸擦拭2～3下即可(注意向一个方向擦拭)。

(5)使用注意事项

①凡是显微镜的光学部分，只能用特殊的擦镜纸擦拭，不能乱用他物擦拭，更不能用手指触摸透镜，以免汗液污染透镜。

②不得任意拆卸显微镜上的零件，特别是物镜镜头，以免损伤转换器螺口或使之松动。

③在使用显微镜观察期间，不能随意移动显微镜的位置。

④使用高倍物镜和油镜时勿用粗动调焦手轮调节焦距，以免移动距离过大损伤物镜和玻片。

⑤用毕应检查并将物镜镜头、载物台等擦拭干净，盖上防尘罩后归还原位。

二、如何认识荧光显微镜?

荧光显微镜是用短波长光线照射经荧光素染色过的被检物体，使之受激发后产生长波长的荧光后再进行观察。荧光显微镜广泛应用于生物、医学等领域。

(一)类型

1. 透射式荧光显微镜

激发光来自被检物体的下方，聚光镜为暗视野聚光镜，以使激发光不进入物镜，而荧光进入物镜。此类显微镜在低倍情况下明亮，高倍则暗，因而在油镜调节时较难操作，尤以低倍镜的照明范围难于确定，但能得到很暗的视野背景。透射式不用于非透明的被检物体。

2. 落射式荧光显微镜

透射式目前几乎被淘汰，新型的荧光显微镜多为落射式。光源来自被检物体的上方，在光路中具有分光镜，所以对透明和不透明的被检物体都适用。由于物镜起了聚光镜的作用，不仅便于操作，而且从低倍到高倍，可以实现整个视野的均匀照明。

(二)使用注意事项

①激发光长时间地照射，会发生荧光的衰减和淬灭现象，因此尽可能缩短观察时间，暂时不观察时，应用挡板遮盖激发光。

②作油镜观察时，应用“无荧光油”。

③荧光几乎都较弱，应在较暗的室内进行。

④电源最好装稳压器，否则因电压不稳不仅会降低汞灯的寿命，也会影响镜检的效果。

三、自然界中的微生物在干什么？

我们人类通常对细菌“视而不见”，因为人类的眼睛通常只能看见 0.2 mm 以上的物体，而细菌仅 0.2～20 nm 大小，须借助光学显微镜或电子显微镜放大才能观察。普通光学显微镜以可见光为光源，细菌经放大 100 倍的物镜和放大 10 倍的目镜联合放大 1 000 倍后达到 0.2 mm 便可用肉眼看见。

(一)微生物的主要作用

微生物无处不在，我们无时无刻不生活在“微生物的海洋”中。以下是一串惊人的数字。

人体体表及体内存在大量的微生物：皮肤表面细菌平均 10 万个/cm^2、口腔细菌种类超过 500 种、肠道微生物总量达 100 万亿个、粪便干重的 1/3 是细菌，每克粪便的细菌总数为 1 000 亿个。

一般人每个喷嚏的飞沫含有 4 500～150 000 个细菌，感冒患者一个喷嚏含有多达 8 500 万个细菌，每克新鲜植物叶子表面附生着大约 100 万个微生物，每克土壤中存在着数以亿计的细菌。

在自然界中，微生物的生命活动能直接或间接给人类生产实践带来许多益处，但也有些是危害人类和动植物的病原微生物。自然界中的植物能利用光能，把空气中的 CO_2 和水合成为碳水化合物，从土壤和水中吸取无机氮和矿物质合成蛋白质，而动物则又将植物性有机物同化为动物性有机物。动植物的有机物最后又转化为无机物。该过程主要依靠微生物的参与，才使得对生物生命有重大关系的各种元素，尤其是碳素和氮素能够完成其循环，在自然界中达到平衡，周而复始，无穷无尽。

现代医学认为，动物体内或体表存在的大量正常微生物是动物体的组成部分，参与了动物体的生长、发育、消化、吸收、营养、免疫、生物拮抗及其各种功能和结构的发生、发展和衰退的全过程，是一个与呼吸、循环、消化一样的系统，因此被称为微生态系统。

(二)微生物的基本特性

1.基本概念

(1)微生物　是一群体积微小、结构简单，必须借助光学显微镜或电子显微镜才能看到的微小生物(通常直径<0.1 mm)。其广泛存在于自然界和动植物体中，单一个体通常不能用肉眼观察，但聚集成“群体”时，眼睛就可以看得到，如单个细菌生长后形成的群体集落肉眼可见，墙壁上、馒头上的霉点就是单个细菌或霉菌生长后形成的群体集落(菌落)。

(2)病原微生物　是指对人和动植物具有致病性的微生物，即病原体。

(3)条件性病原微生物　是指有些在正常情况下不致病，只有在特定条件下才引起疾病的微生物。

2. 特点与分类

微生物具有体积微小，结构简单，繁殖迅速，容易变异，种类多、数量大、分布广的特点。

微生物的种类繁多，主要包括细菌、真菌、放线菌、螺旋体、支原体、衣原体、立克次氏体、病毒等八大类。根据其结构特点，可依据大小简单地分为3种类型。

(1)真核细胞型微生物　细胞核分化程度较高，有核膜、核仁和染色体，胞浆内有完整的细胞器。真菌属此类。

(2)原核细胞型微生物　仅有核质，无核膜和核仁，缺乏完整的细胞器。包括细菌、放线菌、螺旋体、支原体、立克次氏体和衣原体。

(3)非细胞型微生物　此类微生物个体最小，必须在电子显微镜下才能看到，不具备细胞结构，必须在活的细胞内才能增殖。病毒属此类。

四、识病原、助防疫

(一)葡萄球菌

广泛分布于自然界，如空气、水、土壤及人畜皮肤上，80%以上的化脓性疾病由本菌引起，其次引起败血症。

1. 主要特性

球形如葡萄，但在脓汁或液体培养物中常形成双球形或短链状，易被误以为是链球菌。革兰氏阳性。

本菌在普通培养基上生长良好，在营养培养基上生长旺盛，菌落圆形隆起，湿润、边缘整齐，表面光滑有光泽，但不透明。因能产生脂溶性色素而使菌落呈不同颜色，如金黄色、柠檬色或白色。根据产生的色素和生化反应，本菌可分为金黄色葡萄球菌、表皮葡萄球菌和腐生葡萄球菌3种。其中金黄色葡萄球菌多为致病菌，表皮葡萄球菌偶尔致病，而腐生葡萄球菌一般不致病。致病的金黄色葡萄球菌产生金黄色色素、溶血素、甘露醇分解酶及血浆凝固酶。一般来说，凝固酶阴性者无致病性。

抵抗力较强，在干燥脓汁、痰液中可存活2～3周，80℃经30 min才被杀死，对青霉素极为敏感，但现今耐药菌株增多。

2. 类型

抗原构造复杂，达30种以上，较重要的有蛋白质抗原和多糖抗原2类。蛋白质抗原主要为A蛋白(SP)，是大多数金黄色葡萄球菌共有的一种特异表面抗原，存在于细胞壁表面，具有与人和动物血清IgG的Fc段牢固结合的特性。此种结合是非特异性的，该特性已被广泛应用于免疫实验诊断技术。多糖类抗原可用于葡萄球菌的定型。

3. 致病性

其致病力主要是毒素和酶，如溶血素、蛋白细胞素、肠毒素及血浆凝固酶等，引起化脓性炎及皮炎、关节炎、乳腺炎与食物中毒等。

4. 检查

应根据疾病的类型采取不同病料，如化脓性病灶中取脓汁或渗出物，败血症取血液，乳腺炎取乳汁，食物中毒取可疑食物、呕吐物及粪便等。

(1)直接涂片镜检　将采集的病料直接涂片，经美蓝或瑞特氏染色后镜检，根据细菌形态、排列和染色特性，可初步诊断。

(2)分离培养与生化试验　将病料接种于血液琼脂平板，培养后观察其菌落特征、色素形成、有无溶血等，菌落涂片染色进行镜检。确定其致病力可做甘露醇发酵试验、血浆凝固酶试验、耐热核酸酶试验，阳性者多为致病菌，必要时可做动物接种试验。

5. 防制

对皮肤创伤应及时处理。青霉素是防治葡萄球菌病的首选药物。葡萄球菌易形成耐药性，必要时可通过药敏试验来选择药物。

(二)禽流感病毒

禽流感病毒能使家禽发生禽流感(又称为欧洲鸡瘟或真性鸡瘟)。高致病性禽流感(HPAI)已被OIE定为A类传染病，并被列入国际生物武器公约动物类传染病名单，我国将其列为一类动物疫病。

1. 主要特性

禽流感病毒(AIV)属于正黏病毒科、甲型流感病毒属。典型病毒粒子呈球形，也有的呈杆状或丝状，直径80～120 nm 。含单股RNA，核衣壳呈螺旋对称。外有囊膜，囊膜表面有许多放射状排列的纤突。纤突有2类，一类是血凝素(H)纤突，现已发现15种，分别以H_1～H_{15}命名；另一类是神经氨酸酶(N)纤突，已发现有9种，分别以N_1～N_9命名。H和N是流感病毒2个最为重要的分类指标，亦是其极易变异的重要因素。二者以不同的组合产生多种不同亚型毒株，不同的H抗原或N抗原之间无交互免疫力。H_5N_1、H_5N_2、H_7N_1、H_7N_7及H_9N_2是引起鸡禽流感的主要亚型。不同亚型的毒力相差很大，高致病力的毒株主要是H_5和H_7的某些亚型毒株。禽流感病毒能凝集鸡、牛、马、猪和猴的红细胞。

禽流感病毒抵抗力较弱，不耐热，55℃经60 min或60℃经10 min即可失去活力。对紫外线及大多数消毒药和防腐剂敏感。但在干燥的尘埃中能存活14 d，0～4℃存活数周，－70℃以下或冻干后能长期存活。

2. 致病性

AIV除感染鸡和火鸡外，也可感染鸭、鸽、鹅、鹌鹑和麻雀等，脑内接种小鼠可使其发病，并可形成包涵体。禽流感发病急，致死率高达40%～100%。血及组织液中病毒滴度高，直接接触或间接接触均可传染。高致病力AIV可引起禽类的大批死亡而造成极大的经济损失，历史上造成高致病性的禽流感大暴发的毒株都属于H_5或H_7亚型毒株。有些毒株感染虽然发病率高，但死亡率较低，主要引起呼吸道感染、产蛋下降或呈隐性感染，只引起少量死亡或不死亡。甲型流感病毒自1933年首次分离以来已发生过多次重大变异，每次重大变异都形成了新亚型在人群中引起较大流行。

3. 检查

禽流感病毒的分离和鉴定应在指定的实验室进行。病毒的分离对病毒的鉴定和毒力测定至关重要。

分离病毒时，可用棉拭子从病禽(或尸体)气管及泄殖腔采取分泌物，接种于8～10日龄鸡胚尿囊腔，0.1 mL/只。采取尿囊液，做HA-HI或ELISA等试验，对该病毒进行诊断检测。毒力测定可将分离病毒株接种鸡，或用分离株做空白试验。

另外，直接荧光法、间接荧光法与PCR等均可有效地检测出AIV。胶体金免疫层析法是近几年正在逐渐应用于禽流感病毒快速检测的一种新方法。

4. 防制

预防措施应包括在国际、国内及局部养禽场 3 个不同水平。高致病性禽流感被 OIE 列为 A 类疫病，一旦发生应立即上报。国内措施主要为防止病毒传入及蔓延。养禽场还应侧重防止病毒由野禽传给家禽，要有隔离设施阻挡野禽。一旦发生高致病性禽流感，应采取断然措施防止扩散。灭活疫苗可用做预防，但接种疫苗能否防止带毒禽经粪便排毒，能否防止病毒的抗原性变异均有待研究。

◈复习思考题

1. 镜检标本片时，为什么要先用低倍镜？
2. 若使视野明亮，除光源外还可采取哪些措施？
3. 油镜的原理是什么？怎样正确使用油镜？
4. 用油镜观察时应注意哪些问题？
5. 简述你对禽流感病毒的认识？

探索与发现

超级细菌的来历

超级细菌是对所有抗生素有抗药性的细菌的统称，更为科学的称谓应该是“产 NDM-1 耐药细菌”，即携带有 NDM-1 基因，能够编码Ⅰ型新德里金属 β-内酰胺酶，对绝大多数抗生素（替加环素、多黏菌素除外）不再敏感的细菌。能在人身上造成脓疮和毒疱，甚至逐渐让人的肌肉坏死。这种病菌的可怕之处并不在于它对人的杀伤力，而是它对普通杀菌药物——抗生素的抵抗能力，对这种病菌，人们几乎无药可用。与传统的超级细菌相比，新近发现的“产 NDM-1 耐药细菌”的耐药性已经不再是仅仅针对数种抗生素具有“多重耐药性”，而是对绝大多数抗生素均不敏感——“泛耐药性”。

2007 年的某日，美国斯汤顿河高中的一面黑板上写着“怀念阿斯顿”的字样。阿斯顿是一名 17 岁的学生，他感染了一种被称为“超级病菌”的 MRSA 细菌而死。MRSA 传染正在美国蔓延，它每年造成 9 万人严重感染，因此致死的人数甚至超过艾滋病。

弗吉尼亚州贝德福德县校区主管比利维斯决定关闭该县的全部 21 所学校。10 月 16 日，斯汤顿河高中的学生把他带到自己的学校，要他亲眼看看这学校滋生了多少细菌。当地人心惶惶，许多人在工作中途溜回家，用消毒药水喷涂墙壁，打扫房间以消灭细菌。同一天，美国发出了 MRSA 病菌蔓延警示。密西西比、北卡罗来那、弗罗里达、加利福尼亚等五六个州已经同时发现了感染 MRSA 病菌的学生和运动员。詹姆斯·沃勒考特是另一位病人，他大部分时间只能躺在沙发上，连跟孩子们玩都有困难。当他晚上躺在床上睡觉需要移动他的左腿时，他必须用手抬，有时就直接用右腿推。这一切始于 2 年前，他因为膝盖脱臼来医院做手术，但 MRSA 却通过术后留在膝盖中的钛钉侵入了他身体，坏死的肌肉几乎让他瘫痪。在美国，像沃勒考特这样在住院时遭遇 MRSA 的每年有近 10 万人。

MRSA 即为一种耐甲氧西林金黄葡萄球菌（methicillin-resistant staphylococcus aures）的缩写。1961 年，MRSA 在英国首次被发现，其致病机理与普通金黄葡萄球菌没什么两样，但危险的是对多数抗生素不起反应，感染体弱的人后会造成致命炎症。

任务三　识别真核微生物

◆知识目标

认识真菌的分类与结构

◆能力目标

学会制作真菌标本片

◆主要应用

饲料检测、诊断真菌病

一、边做边学　怎样制作真菌标本片？

以霉菌水浸制片法为例。霉菌的营养体是分枝的丝状体，个体比细菌和放线菌大得多，在低倍镜下即可观察。有些霉菌的基内菌丝还分化出假根、匍匐菌丝、吸器等特殊形态；由气生菌丝分化出的繁殖丝在不同霉菌中可以形成不同的无性或有性孢子。观察时要注意细胞的大小、菌丝构造和繁殖方式。

霉菌菌丝较粗大，细胞易收缩变形，且孢子容易飞散，所以制标本时常用乳酸石炭酸棉蓝染色液。此染色液制成的霉菌标本片的特点是细胞不变形和具有杀菌防腐作用；不易干燥，能保持较长时间；染液本身的蓝色还有一定的染色效果。

利用培养在玻璃纸上的霉菌作为观察材料可以得到清晰、完整和保持自然状态的霉菌形态，也可以直接挑取生长在平板中的霉菌菌体制成水浸片观察。

（一）目的

学会微生物标本片的简单制作。

（二）材料

动植物发霉材料、乳酸石炭酸棉蓝染色液（见附录）、50%酒精（V/V）、蒸馏水以及剪刀、镊子、载玻片、盖玻片、解剖针、显微镜等。

（三）方法

在载玻片上滴加一滴乳酸石炭酸棉蓝染色液或蒸馏水，用解剖针从生长有霉菌的平板中挑取少量带有孢子的霉菌菌丝，用50%的乙醇浸润，再用蒸馏水将浸过的菌丝洗一下，然后放入载玻片上的液滴中。仔细用解剖针将菌丝分散开来，盖上盖玻片（勿使产生气泡，且不要再移动盖玻片）。先用低倍镜，必要时转换高倍镜镜检并记录观察结果。

应注意观察以下特征：青霉菌丝有无隔膜，分生孢子梗及其分枝方式、梗基、小梗及分生孢子的形状；曲霉菌丝有无隔膜、足细胞、分生孢子梗、顶囊、小梗及分生孢子着生状况和形状；根霉的无隔菌丝、匍匐枝、假根、孢子囊柄、孢子囊及孢囊孢子、孢子囊破裂后可观察到囊托和囊轴；毛霉的无隔菌丝、假根、孢子囊柄、孢子囊及孢囊孢子等。

二、为什么叫真菌？

真核微生物的特点是细胞中有完整的细胞核。真菌、藻类和原生动物都属于真核微生物。其中真菌在自然界中分布广泛，参与了纤维素、半纤维素和木质素等的分解及自然界的物质转化。除少数病原性真菌外，许多真菌都已在医药、化工、纺织、皮革和食品等方面得到广泛的应用。

真菌界在分类学上大体可分为真菌门和黏菌门。其中真菌门又依次分为鞭毛菌、接合菌、子囊菌、担子菌和半知菌等多个亚门。真菌一般不含光合色素，不能进行光合作用，因而属异养型。大多数真菌均为多细胞分枝丝状体，少数为单细胞个体。因而习惯上通常将真菌分为酵母菌、霉菌和蕈菌 3 类。其中霉菌是指外形疏松、呈绒毛状菌丝体的真菌，如毛霉、根霉、青霉、曲霉等；酵母为单细胞真菌；由大量菌丝紧密结合形成大型子实体的真菌称为蕈菌，如蘑菇、木耳、银耳、灵芝和茯苓等，有较高的食用和药用价值，少数有毒。

迄今已发现了 10 万余种真菌，绝大多数对人类生活是有益的，仅有 100 多种真菌对人与动物有致病作用，这类真菌称为病原性真菌。

真菌病有浅表真菌病，由寄生于畜禽的毛、羽、爪、蹄等角质化组织及皮肤表面的皮酶类真菌引起，深部真菌病，有寄生性真菌引起皮下组织、内脏，甚至全身感染，如烟曲霉菌引起曲霉菌病，这类真菌病有一定的传染性；真菌中毒病，由一些真菌产生的毒素引起，如黄曲霉素中毒、镰刀霉毒素中毒、甘薯黑斑病霉毒素中毒等。

烟曲霉存在于稻草、秸秆、谷壳、木屑及发霉的饲料中，造成对笼舍、墙壁、地面、用具及空气的污染。烟曲霉主要引起鸡、鸭、鹅、鸽及鹦鹉等发生曲霉病或曲霉性肺炎，尤以雏禽敏感。

黄曲霉通常寄生于各种粮食、花生、棉籽、鱼粉及肉制品上，如在饲料、粮食收获、加工和储藏过程中处理不当，黄曲霉更易大量繁殖。黄曲霉毒素是黄曲霉在粮食和饲料中繁殖而形成的代谢产物，其毒性相当于氰化物的 100 倍，比已知的致癌物“二甲基亚硝胺”的毒性强 76 倍，能引起多种畜禽如猪、鸡、火鸡、雏鸡、犬、牛、兔等发生真菌毒素中毒症，并能导致癌症，也严重危害人类的健康。预防黄曲霉菌症的根本措施在于防止饲料发霉，要严格控制畜禽食入霉败饲料。

(一)酵母菌

酵母菌是一群单细胞真核微生物。早在殷商时代，我国古代劳动人民就利用酵母菌酿酒，现在酵母菌可用来酿酒以及发酵生产维生素、有机酸(柠檬酸、反丁烯二酸)、脂肪酸、甘油、甘露醇等，此外，还可从酵母中提取辅酶 A、细胞色素 C、凝血素、核甘酸等和用于石油发酵与脱蜡。少数酵母菌还可引起人和动植物病害。

1. 酵母菌的形态大小

(1)形态　酵母菌的形态与其种属、培养条件(固态或液态)及时间有关。通常的基本形态有球形、腊肠形、卵圆形、菌丝形、柠檬形等，如图 1-5 中 A 所示。

(2)大小　(1～5) μm×(5～30) μm，最长可达 100 μm。工业发酵用的酵母平均大小为 4～6 μm，酵母菌的大小随菌龄和环境条件变化。一般来说野生酵母较小，生产用的酵母较大。

2. 酵母菌细胞结构

酵母细胞具有一般真核细胞的结构，即有完整的细胞核、线粒体与内质网等细胞器。其构造中突出的特征是膜中含有固醇，细胞壁由葡聚糖、蛋白质和甘露聚糖（最外层）3 层结构组成，如图 1-5 中 B 所示。

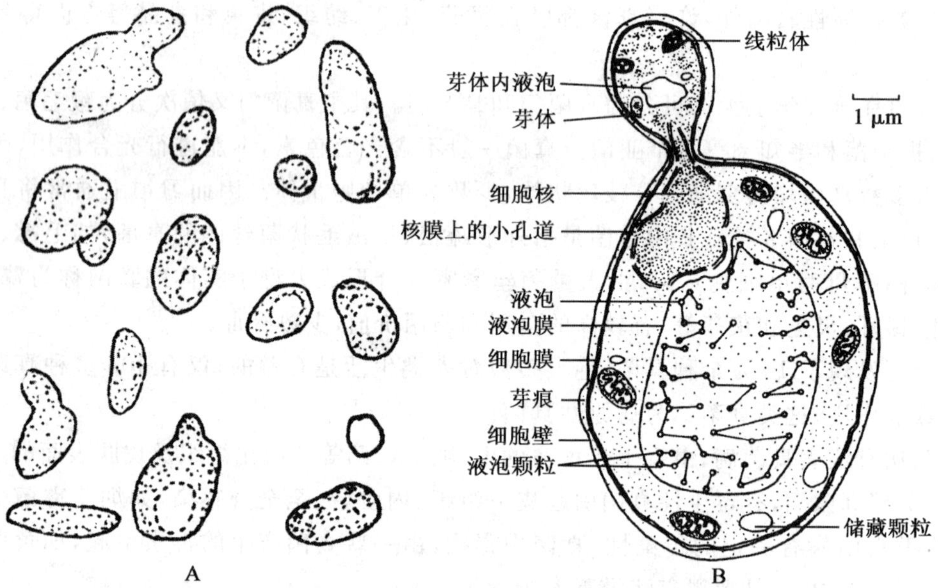

图 1-5 酵母菌基本形态(A)和电镜下正在芽殖的酿酒酵母细胞(B)

3. 酵母菌的代表种类

(1)酵母属　细胞圆形、椭圆形或腊肠形，少数种类有不发达的假菌丝。通过多边出芽进行无性繁殖，有性繁殖产生 1～4 个圆形或卵形的子囊孢子。主要用于酿酒、酒精与面包制造及提取生化药品，如核酸、麦角醇、谷胱甘肽、细胞色素 C、凝血质、CoA 和 ATP 等。亦能引起水果、蔬菜腐败。代表种有酿酒酵母、葡萄汁酵母等。

(2)汉逊酵母属　细胞圆形、椭圆形、卵形、腊肠形，有假菌丝，少数有真菌丝。通过多边出芽进行无性繁殖，有性繁殖产生 1～4 个帽形、土星形或圆形的子囊孢子。因产乙酸乙酯，主要用于无盐酱油中增香。本属也是酿酒工业中的常见污染菌。代表菌种如异常汉逊氏酵母异常变种。

(3)假丝酵母属　细胞圆形、卵形或长形，形成假菌丝，也有真菌丝。靠多边出芽进行无性繁殖，无有性繁殖。主要用于农副产品或碳氢化合物生产蛋白质供食用或饲用；有的种类能产脂肪酶，用于绢纺原料的脱脂。代表种有热带假丝酵母（条件致病菌）和产朊假丝酵母等。

(4)红酵母属　细胞圆形、卵形或长形，一般不形成假菌丝，有红色或黄色色素。靠多边出芽进行无性繁殖，无有性繁殖。本属不具酒精发酵能力，少数种可致病。代表种如黏红酵母，可产生脂肪和多种氨基酸。几种常见的酵母如图 1-6 所示。

(二)霉菌

霉菌是一些“丝状真菌”的统称，不是分类学上的名词。霉菌广泛分布于土壤、水域、空气及动植物体内外，与人类生产、生活关系密切，也是人类最早认识和利用的一类微生物。早在远古时期，我国劳动人民就使用霉菌来做釉、制酱；现在发酵工业上广泛用于生产酒精、抗生素、有机酸、酶制剂、维生素、真菌多糖、甾体激素等；农业上用于饲料发酵、植物生长刺激素、杀虫菌剂、除草剂等。腐生型霉菌在自然界物质转化中也有十分重要的作用。

然而，霉菌也可给人类带来极大的损害，如能引起农副产品、食品、衣物、器材等发霉变质，造成严重的经济损失。据统计，全世界平均每年由于霉变而不能食(饲)用的谷物约占2%。不少霉菌会引起动植物病害或产生毒素引起食物中毒，其中黄曲霉产生的黄曲霉毒素还具有致癌作用，镰刀霉毒素可能与克山病有关。

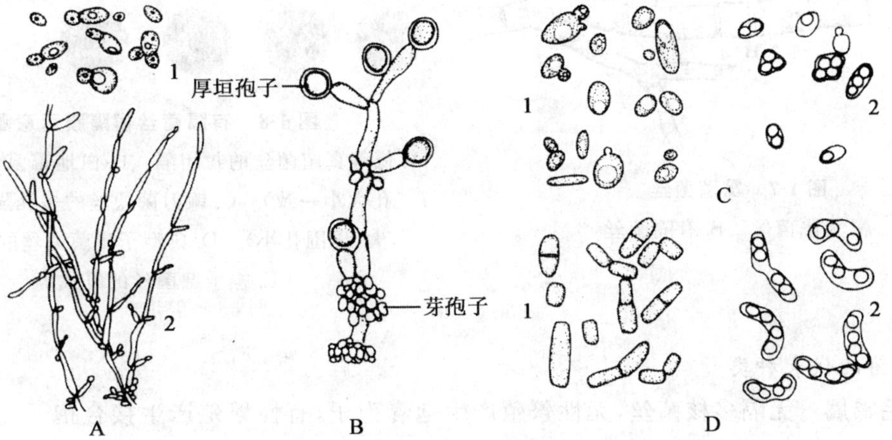

图1-6　几种常见的酵母

A 热带假丝酵母　1.营养细胞　2.假菌丝　B 白假丝酵母

C 酿酒酵母　1.营养细胞　2.子囊孢子　D 粟酒裂殖酵母　1.营养细胞　2.子囊孢子

1.霉菌的形态与大小

霉菌营养体由分枝或不分枝的菌丝构成，许多菌丝交织在一起形成菌丝体。菌丝在光学显微镜下呈管状，直径为2～10 μm，与酵母菌直径相当，比一般细菌和放线菌的菌丝大几倍到几十倍。

2.菌丝和菌丝体

(1)菌丝　是组成丝状真菌的基本单位。它是一根管状的细丝，由细胞壁包被，里面充满原生质，幼时通常无色透明，衰老后呈各种颜色。菌丝也是繁殖单位，任何一小段菌丝都可以发育成一个新的个体。霉菌的菌丝有无隔菌丝和有隔菌丝2种(图1-7)。

①无隔菌丝。整个菌丝为长管状单细胞，细胞质内含有多个核。其生长过程表现为菌丝的延长、细胞核的裂殖增多和细胞质的增加。如根霉、毛霉、犁头霉等。

②有隔菌丝。菌丝由横隔膜分隔成多个细胞，每个细胞内含有1个或多个细胞核。有些菌丝从外观看像多细胞，但横隔膜上具有小孔使细胞质和细胞核可以自由流通，而且每个细胞的功能也都相同。如青霉、曲霉、白地霉等绝大多数真菌菌丝均属此类。有隔菌丝的隔膜有4种：封闭隔、单孔隔、多孔隔和复式隔(图1-8)。

(2)菌丝体　当真菌孢子落在适宜的固体培养基上后发芽生长，产生菌丝，许多菌丝相互交织而成的菌丝集团即为菌丝体。

在固体培养基上，菌丝体包括营养菌丝和气生菌丝2种结构，营养菌丝伸入培养基内吸收营养，气生菌丝向空中生长。有的气生菌丝发育到一定阶段分化形成繁殖菌丝，产生孢子。

此外，有些霉菌菌丝还可以聚集并分化为各种特殊形态，如吸器、假根、菌索、菌核、子座、子实体等，与其营养摄入、休眠或繁殖等有关。

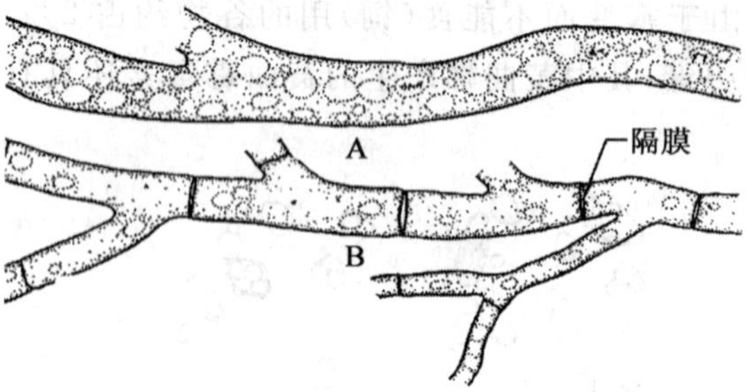

图1-7　霉菌菌丝

A. 无隔菌丝　B. 有隔菌丝

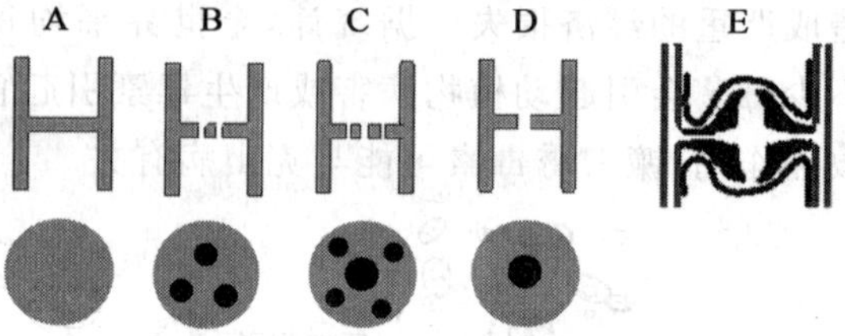

图1-8　有隔菌丝横隔膜示意图

A. 低等真菌菌丝的封闭隔　B. 白地霉菌丝的多孔隔（孔大小一致）　C. 镰刀菌菌丝的多孔隔（中央孔大，周围孔小）　D. 典型子囊菌菌丝的单孔隔　E. 担子菌菌丝的复式隔

3. 霉菌的代表种类

（1）毛霉属　无隔多核菌丝，无性繁殖产生孢囊孢子，有性繁殖产生接合孢子。形态与根霉类似，但在基质上蔓延无假根和匍匐菌丝。囊轴与孢囊梗相连接处无囊托，但有菌环。能够产生蛋白酶，用于生产腐乳；糖化淀粉用于酒曲中；可以产生草酸、乳酸、甘油等，但产量较低。本属霉菌菌丝发达，生长生长迅速，能引起食品、药品霉变。

（2）根霉属　无隔多核菌丝，无性繁殖产生孢囊孢子，有性繁殖产生接合孢子（同宗或异宗接合，有性根霉为同宗接合）。在工业上主要作为糖化菌（产淀粉酶），用于米酒曲中；因产蛋白酶，可用于制作豆腐乳；可引起果蔬、食物与药品的腐烂或霉变。此外，黑根霉因产生反丁烯二酸而成为转化甾体化合物的重要真菌。

（3）脉孢霉属　即链孢霉属。菌丝有隔，无性繁殖产生分生孢子，有性繁殖产生子囊孢子。为实验室常见杂菌，可污染食品，在玉米轴上形成粉红色发霉斑点；菌体含有丰富的蛋白质和维生素，用稻草培养可产生丰富的维生素 B_{12}，常用作饲料；也可用作遗传学研究材料。

（4）赤霉属　无性过程产生2种分生孢子，大型分生孢子为镰刀形；小型分生孢子呈卵圆形，无隔或只有1个横隔；有性繁殖产生子囊和子囊孢子，子囊着生于子囊壳内，呈长棒状，内含8个子囊孢子。此属包括许多寄生于植物的病原菌，其中水稻恶苗病菌的代谢产物赤霉素能促使稻苗疯长，也可作为植物生长刺激素促使各种作物和蔬菜等的生长。

（5）曲霉属　菌丝有隔，无性繁殖产生分生孢子，除匍匐曲霉外都未发现有性世代。曲霉菌能产生淀粉酶、蛋白酶、果胶酶等，主要用于酿酒、制酱、制醋和生产酶制剂、抗生素及柠檬酸等有机酸；农业上用做糖化饲料菌种；可引起皮革、衣服、食物和药品霉变；有的曲霉，如黄曲霉能使人和动物致病或产生具致癌性的黄曲霉毒素。代表种有黑曲霉、米曲霉。

（6）青霉属　菌丝有隔，无性繁殖产生分生孢子，尚未发现有性繁殖方式。产黄青霉用于生产青霉素;某些青霉可用于生产柠檬酸、葡萄糖酸和纤维素酶;可造成皮革、谷物、水果、衣物与药品的霉腐。

(7)白僵菌属 菌丝有隔、分枝、无色或有不同颜色,分生孢子梗瓶状,孢子为球形。白僵菌是常见的昆虫寄生菌,我国著名的中药僵蚕就是白僵菌寄生于家蚕所致。由于白僵菌可引起昆虫病害,农业上用于防治玉米螟虫、松毛虫、甘薯象虫、大豆食心虫和苹果食心虫等多种害虫。此外,白僵菌还可产生抗真菌抗生素——卵孢霉素。代表种有球孢白僵菌和卵孢白僵菌。

(8)木霉属 菌丝有隔、分枝,有厚垣孢子。分生孢子梗呈对生或互生分枝,分枝顶端着生瓶状小梗,分生孢子球形或椭圆形。常寄生于某些真菌子实体上,栽培蘑菇时造成污染;有的木霉可产生纤维素酶分解纤维素;有的能合成核黄素和转化甾体或产生抗生素。

(9)头孢霉属 菌丝有隔、分枝、无色或有色,分生孢子梗短,互生、对生或轮生于气生菌丝上。分生孢子由分生孢子梗尖端生出后推至一旁,继续产生多个分生孢子,由黏液粘成假头状,遇水即散开。成熟孢子近圆形或圆柱形。只有少数菌种具有有性繁殖阶段并产生子囊孢子,此类霉菌均有产生头孢菌素的能力。主要可产生抗革兰氏阳性和革兰氏阴性细菌的抗生物质,产生较强的脂肪酶和淀粉酶,寄生于昆虫体内防治介壳虫和蚜虫病害。头孢菌素 C 即是由黄头孢霉、顶孢头孢霉产生的抗生素。常见霉菌的形态如图 1-9 所示。

三、真菌会致病吗?

(一)真菌的致病性

不同的真菌致病形式不同,有些真菌是寄生性致病作用,有些真菌是条件性致病作用,有些真菌则通过产生毒素引起中毒而产生致病作用。真菌性疾病大致包括以下几种。

1. 致病性真菌感染

此类感染主要是外源性真菌感染,包括皮肤、皮下组织真菌感染和全身或深部真菌感染。

2. 条件性致病性真菌感染

此类感染主要是内源性真菌感染,某些非致病性或致病性极弱的真菌在机体免疫功能低下或菌群失调时引起的感染。通常发生于长期应用广谱抗生素、激素及免疫抑制剂的过程中,如念球菌、曲霉菌感染均为条件性真菌感染。

3. 真菌变态反应性疾病

真菌变态反应具有 2 种类型,一种是感染性变态反应,属于迟发型变态反应,是在感染病原性真菌基础上发生的;另一种是接触性变态反应,其发生形式较为复杂且很常见。通常是由于吸入或食入真菌孢子或菌丝引起,分别属于Ⅰ～Ⅳ型变态反应。真菌性变态反应所致疾病的表现有过敏性皮炎、湿疹、荨麻疹和瘙痒症,过敏性胃肠炎,哮喘和过敏性鼻炎等。

4. 真菌毒素性中毒

有些真菌在农作物、食物或饲料上生长,人及动物食用后可导致急性或慢性中毒。引起中毒的可以是本身有毒性的真菌或真菌在代谢过程中产生的毒素。目前已发现的真菌毒素有上百种,引起的病变也多种多样,有的引起肝脏、胰腺、肾脏损害;有的引起神经系统功能障碍,出现抽搐、昏迷等症状;也有的可导致造血机能损伤。

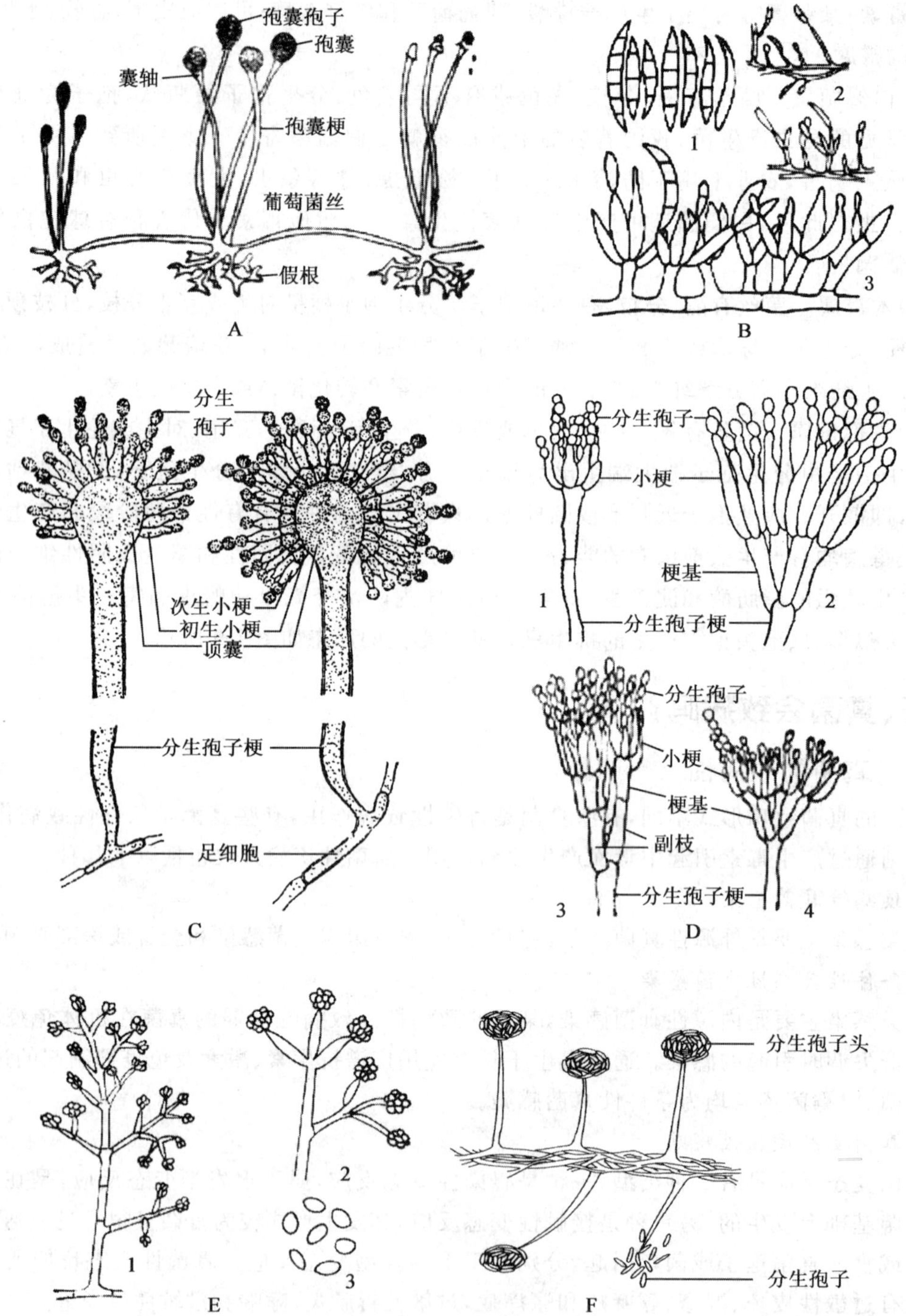

图 1-9　常见霉菌的形态

A 根霉　B 赤霉 1. 大型分生孢子　2. 菌丝和分生孢子梗　3. 分生孢子座
C 曲霉　D 青霉　E 木霉　1. 分生孢子梗及其分枝与分生孢子　2. 小梗
及其产生的分生孢子　3. 分生孢子形态　F 顶孢头孢霉

5. 真菌毒素与肿瘤

现已证实，真菌毒素有致癌作用。其中毒性较强的是黄曲霉和寄生曲霉产生的黄曲霉毒素。该毒素是一种肝毒素，现已分离出 B_1、B_2、G_1、G_2、M_1、M_2 等 12 种组分，其中以 B_1 毒性最强，含量最多。黄曲霉毒素对人肝脏有明显的毒性作用，可诱发肝癌。动物实验证明，粮食中若含有 0.015 mg/kg 的黄曲霉毒素，人食入后即可诱发肝癌。食物中特别是花生、玉米最易受黄曲霉毒素污染，其次是大米、棉籽等。粮食在不良的保藏条件下常被黄曲霉毒素污染。

近几年又发现 10 余种毒素在动物身上均可诱发多种肿瘤，如镰刀菌的 T-2 毒素可诱发大鼠的胃癌、胰腺癌、垂体和脑部肿瘤；最近又证实串珠镰刀菌的毒素与食道癌有相关性。

为了确保人民健康，我国卫生部制定了相应标准。标准规定玉米、花生、花生油及其产品中黄曲霉毒素含量不得超过 20 ppb（$1\ ppb = 10^{-9}\ g$）；大米、食用油（不包括花生油）不得超过 10 ppb；其他粮食、豆类和发酵食品不得超过 5 ppb；婴儿食品和药品不得检出黄曲霉毒素。

（二）真菌的免疫性

机体对真菌的免疫包括非特异性免疫和特异性免疫 2 方面。真菌的非特异性免疫包括皮肤黏膜与其分泌的脂肪酸、乳酸的抗真菌作用，正常菌群的拮抗作用及吞噬细胞的吞噬作用。真菌的特异性免疫主要是细胞免疫，血清中抗真菌抗体滴度虽然很高，可用于血清学诊断，但抗真菌的作用尚不能肯定。

真菌毒素一般为低分子物质，没有免疫原性，因而不能刺激免疫系统产生抗体。

四、识病原、助防疫

（一）烟曲霉

1. 主要特性

烟曲霉及其孢子广布于自然界，常在饲料发热霉变的中后期大量出现，使饲料温度升高及败坏。禽类因常接触被污染的饲料及垫草而感染鸡曲霉菌病或曲霉菌性肺炎。以烟曲霉菌多见，能产生毒素使鸡痉挛强直、麻痹死亡。

2. 检查

取病禽肺、气囊等处肉眼可见小结节置载玻片上，加生理盐水 1～2 滴，压盖玻片镜检发现病原为真菌；取肝等实质器官接种于马铃薯琼脂上，37℃培养 3 d，可见菌丝生长。

3. 防制

由于孢子抵抗力强，被孢子污染的笼舍、用具需经福尔马林熏烟消毒以预防本病发生，应保持禽舍干燥，不使用发霉的饲料和垫草。

（二）痘病毒

痘病毒是引起多种动物发生痘病的病原体，该病是一种急性、热性、接触性传染病，是以皮肤和黏膜发生痘疹为特征。在动物痘病毒感染中，以绵羊痘和鸡痘最为严重，病死率较高，大多数动物取良性经过。

1. 主要特性

痘病毒属于痘病毒科，双股 DNA 病毒，大多数痘病毒为砖形或卵圆形，约 250 nm×250 nm×200 nm。多数病毒能在鸡胚绒毛尿囊膜上生长，产生痘疮病灶。各种痘病毒都可在同种动物的肾、睾丸和胚胎细胞上生长，并引起细胞病变或产生空斑。痘病毒划痕接种到本动物皮肤能引起与自然病例相似的痘疹，痘病毒在细胞浆内繁殖能形成嗜酸性或嗜碱性包涵体。

痘病毒对温度有高度抵抗力，在干燥的痂块中可以存活几年，但病毒很容易被氯化剂或对巯基有作用的物质破坏，有的对乙醚敏感。1%KOH 溶液 10 min 内可灭活，但对 1%苯酚和 0.1%福尔马林溶液可耐受 9 d。

2. 致病性

痘病毒可引起人和多种动物的痘病。在畜禽中，绵羊痘、猪痘、鸡痘较为常见，也较严重；山羊痘、牛痘、马痘等很少发生，传染性也较小。

动物种类不同，患病后症状也不尽相同，如绵羊和猪引起全身痘疹，鸡引起局部皮肤或黏膜痘疹，鼠痘则表现为肢体坏死（内脏器官也有）。痘病毒通常不发生交叉传染，但牛痘可传染给人。

3. 检查

畜禽痘病的诊断不难，根据临诊表现和流行病学情况，一般可以初诊。如果在流行初期症状不典型时，可采取丘疹组织涂片，用莫洛佐夫镀银法染色镜检，细胞浆内可见深褐色球菌样圆形小颗粒即为原生小体。也可用健康的本动物或试验动物（如家兔或豚鼠等）做皮肤划痕接种试验进行诊断。有条件的也可做病毒中和试验、间接免疫荧光试验、琼脂凝胶免疫扩散试验和 ELISA 等。

4. 防制

有计划的预防接种是防制痘病最有效的方法。无疫苗使用时，平时应搞好环境清洁卫生，定期消毒，防寒保暖。发病时及时隔离、封锁疫区（羊痘）、消毒、对症治疗和控制继发感染，对未发病的进行紧急接种等。

◈复习思考题

1. 酵母菌和细菌细胞在形态、结构上有何区别？
2. 假丝酵母生成的菌丝为何叫假菌丝？与真菌丝有何区别？
3. 简述霉菌菌丝的形态结构。
4. 试述酵母菌在动物养殖中的应用？
5. 痘病毒对动物生产有何危害？

探索与发现

青霉素的发现与利用

青霉素是抗生素的一种，是从青霉菌培养液中提制的药物，是第一种能够治疗人类疾病的抗生素。

青霉素的发现者是英国细菌学家弗莱明。1928 年 9 月的一天，弗莱明在他的一间简陋的实验室里研究导致人体发热的葡萄球菌。由于盖子没有盖好，他发觉培养细菌用的琼脂上附了一层青霉菌。这是从楼上的一位研究青霉菌的学者的窗口飘落进来的。使弗莱明感到惊讶的是，在青霉菌的近旁，葡萄球菌不见了。这个偶然的发现深深吸引了他，他设法培养这种霉菌进行多次试验，证明青霉素可以在几小时内将葡萄球菌全部杀死。弗莱明据此发明了葡萄球菌的克星——青霉素。

1929 年，弗莱明发表了学术论文，报告了他的发现，但当时未引起重视，而且青霉素的提纯问题也还没有解决。1935 年，英国牛津大学生物化学家钱恩和物理学家弗罗里对弗莱明的发现大感兴趣。钱恩负责青霉菌的培养和青霉素的分离、提纯和强化，使其抗菌力提高了几千倍，弗罗里负责对动物观察试验。至此，青霉素的功效得到了证明。

由于青霉素的发现和大量生产，拯救了千百万肺炎、脑膜炎、脓肿、败血症患者的生命，及时抢救了许多的伤病员。青霉素的出现，当时曾轰动世界。为了表彰这一造福人类的贡献，弗莱明、钱恩、弗罗里于1945年共同获得诺贝尔医学和生理学奖。

任务四 识别原核微生物

◈知识目标

认知原核微生物的结构特征

◈能力目标

会无菌操作和革兰氏染色

◈主要应用

检测与诊断细菌等感染

一、边做边学 如何将细菌染成彩色呢?

(一)瑞氏染色

瑞氏染色是一种简单的染色方法，即只用一种染料使细菌着色，以显示其形态、大小和排列，但不能辨别细菌细胞的构造。

1.目的

学会细菌染色的基本操作。

2.材料

培养18～24 h的大肠杆菌和金黄色葡萄球菌、瑞氏染色液、蒸馏水、二甲苯、香柏油、废液缸、洗瓶、载玻片、接种杯、酒精灯、擦镜纸、显微镜等。

3.方法

(1)涂片　取干净载玻片1块，在载玻片的左、右各加1滴蒸馏水，按无菌操作法取菌涂片。左边涂金黄色葡萄球菌浓菌液，右边涂大肠杆菌做成浓菌液。再取干净载玻片1块，将刚制成的金黄色葡萄球菌浓菌液挑2～3环涂在左边制成薄涂面，将大肠杆菌的浓菌液取2～3环涂在右边制成薄涂面。亦可直接在载玻片上制成薄涂面，注意取菌不要太多。

(2)晾干　让涂片自然晾干或者在酒精灯火焰上方文火烘干。

(3)固定　手执玻片一端，让菌膜朝上，通过火焰2～3次固定(以不烫手为宜)。

(4)染色　细菌抹片自然干燥后，滴加瑞氏染色液于涂片上以固定标本，1～3 min后，再滴加与染色液等量的磷酸盐缓冲液或中性蒸馏水于玻片上，轻轻摇晃使与染色液混合均匀，5 min左右水洗。

(5)干燥　将洗过的涂片放在空气中晾干或用吸水纸吸干。

(6)镜检　先低倍观察，再高倍观察，找出适当的视野后将高倍镜转出，在涂片上加香柏油

1滴，将油镜头浸入油滴中仔细调焦观察细菌的形态。瑞氏染色的菌体呈蓝色，组织细胞的胞浆呈红色，细胞核呈蓝色。

4. 注意事项

染色过程中勿使染色液干涸。水洗时不要直接对着载玻片上的菌膜冲洗，以免破坏菌膜，以冲洗下来的水基本无色为度。用水冲洗后应吸去玻片上的残水，以免染色液被稀释而影响染色效果。

（二）姬姆萨染色法

血片或组织触片自然干燥后，用甲醇固定3～5 min，干燥后在其上滴加足量染色液或将抹片浸入盛有染色液的染缸里，染色30 min、数小时或24 h，取出水洗，吸干或烘干，镜检。细菌呈蓝青色，组织细胞浆呈红色，细胞核呈蓝色。

（三）革兰氏染色

革兰氏染色法是1884年由丹麦病理学家Cristein G创立。其过程包括草酸胺结晶紫初染、碘液媒染、95%酒精脱色和复红或番红复染。结果使不能被乙醇脱色的细菌染成蓝紫色，称为革兰氏阳性菌，简写为G(+)；经乙醇脱色后呈复染剂颜色（红色）的细菌，称为革兰氏阴性菌，简写为G(-)。因此，革兰氏染色几乎能将所有的细菌分成以上两大类。革兰氏染色法是细菌学上最常用的鉴别染色法，染色结果的不同主要是受细菌细胞壁组成与结构差异的影响。

1. 目的

学会革兰氏染色法的基本操作。

2. 材料

培养18～24 h的大肠杆菌和金黄色葡萄球菌斜面、结晶紫染色液、卢哥氏碘液、95%酒精、番红染色液（见附录）、二甲苯、香柏油；废液缸、洗瓶、载玻片、接种杯、酒精灯、擦镜纸、显微镜。

3. 方法

(1)涂片、晾干、固定　与瑞士染色法相同。

(2)结晶紫染色（初染）　将玻片置于废液缸玻片搁架上，加适量（以铺满细菌涂面）的结晶紫染色液染色1 min，倾去染色液，用水小心地冲洗。

(3)媒染　滴加卢哥氏碘液，媒染1 min，用水洗去碘液。

(4)脱色　将玻片倾斜，连续滴加95%乙醇，脱色20～30 s至流出液无色，立即水洗。

(5)复染　滴加番红复染0.5～1 min，用水洗去涂片上的番红染色液。

(6)晾干　将染好的涂片置于空气中晾干或者用吸水纸吸干（图1-10）。

(7)镜检　镜检时先用低倍，再用高倍，最后用油镜观察并判断菌体革兰氏染色反应性。

实验完毕后，应将浸过油的镜头擦拭干净，先用擦镜纸将油镜头上的油擦去；再用擦镜纸蘸少许二甲苯将镜头擦2～3次；最后用干净的擦镜纸将镜头擦2～3次。注意擦镜头时向一个方向擦拭。观察后的染色玻片用废纸将香柏油擦干净。

4. 注意事项

革兰氏染色成败的关键是酒精脱色。如脱色时间过长，革兰氏阳性菌也可被脱色而染成阴性菌；如脱色时间过短，革兰氏阴性菌也会被染成革兰氏阳性菌。脱色时间的长短受涂片厚薄及乙醇用量多少等因素的影响，难以严格规定。此外，应选用幼龄细菌；若菌龄太老，由于菌体死亡或自溶常使革兰氏阳性菌转成阴性反应。

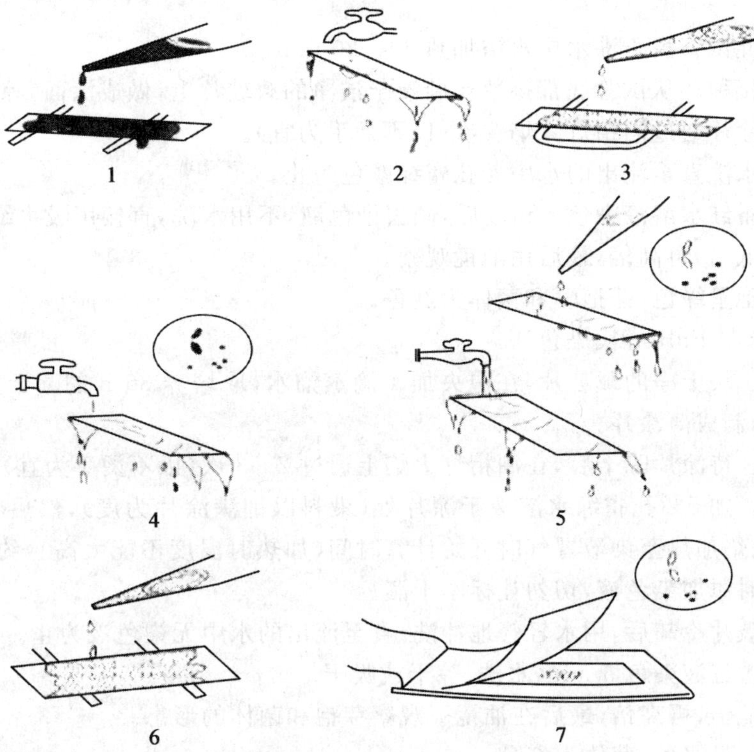

图 1-10　革兰氏染色程序

1. 加结晶紫　2. 水洗　3. 加碘液　4. 水洗　5. 加乙醇、水洗　6. 加番红　7. 水洗、吸干

(四)芽孢染色

细菌的芽孢具有厚而致密的壁，透性差，不易着色。若用一般染色法只能使菌体着色而芽孢不着色(芽孢呈无色透明状)。芽孢染色法就是根据芽孢既难以染色，而一旦染上色后又难以脱色的特点设计的。所有芽孢染色法都需使用着色力强的染料，同时还需加热以促进芽孢着色。着色的菌体经水洗后会脱色，而芽孢的颜色难以渗出。此时再用对比度强的染料对菌体复染，使菌体和芽孢呈现出不同的颜色，从而更便于观察芽孢。

1. 目的

学会进行细菌的芽孢染色。

2. 材料

菌种斜面、5%孔雀绿水溶液、0.5%番红水溶液(见附录)、香柏油、二甲苯、小试管(75 mm×10 mm)、烧杯(300 mL)、滴管、镊子、吸水纸、记号笔、酒精灯、接种环、载玻片、玻片搁架、废液缸、擦镜纸、显微镜等。

3. 方法

(1)改良的 Schaeffer 和 Fulton 氏染色法

①制备菌液。加 1～2 滴无菌水于小试管中，用接种环从培养 36 h 的苏云金杆菌或者枯

草杆菌的斜面上挑取 2～3 环菌体于试管中，并充分打匀，制成浓稠的菌液。

②加染色液。加 5%孔雀绿水溶液 2～3 滴于小试管，用接种环搅拌使染料与菌液充分混合。

③加热。将此试管浸于沸水中水浴加热 15～20 min。

④涂片。用接种环从试管底部挑数环菌液于洁净的载玻片上，做成涂面，晾干。

⑤固定。将涂片通过酒精灯火焰 3 次(以不烫手为宜)。

⑥脱色。用水洗直至流出的水中无孔雀绿颜色为止。

⑦复染。加番红水溶液染色 5 min 后，倾去染色液，不用水洗，直接用吸水纸吸干。

⑧镜检。先低倍，再高倍，最后用油镜观察。

⑨结果。芽孢呈绿色，芽孢囊和菌体为红色。

(2)Schaeffer 与 Fulton 氏染色法

①涂片。取 1 块干净的载玻片，在中央加 1 滴蒸馏水，取培养 36 h 的苏云金杆菌或者枯草杆菌菌体少许，制成薄涂片。

②晾干固定。待涂片晾干后，在酒精灯火焰上通过 2～3 次(以不烫手为宜)。

③加染色液。加 5%孔雀绿水溶液于涂片处(染料以铺满涂片为度)，然后将涂片放在铜板上，用酒精灯火焰加热至染液冒气时开始计算时间(加热时温度不能太高)，约维持 15 min。加热过程中要随时添加染色液，切勿让标本干涸。

④水洗。待玻片冷却后，用水轻轻地冲洗，直至流出的水中无染色液为止。

⑤复染。用番红液染色 5 min，水洗、晾干或吸干。

⑥镜检。先低倍，再高倍，最后在油镜下观察芽孢和菌体的形态。

⑦结果。芽孢呈绿色，菌体为红色。

4. 注意事项

供芽孢染色用的菌种应控制菌龄。芽孢的改良染色法在节约染料、简化操作及提高标本质量等方面都较常规涂片法优越，可优先使用。用改良法时，欲得到好的涂片，首先要制备浓稠的菌液，其次是从小试管中取染色的菌液时应先用接种环充分搅拌，然后再挑取菌液，否则菌体沉于管底，涂片时菌体太少。

(五)荚膜染色

细菌荚膜与染料间的亲和力弱，不易着色，通常采用负染色法染荚膜，即设法使菌体和背景着色而荚膜不着色，从而使荚膜在菌体周围呈一透明圈。由于荚膜的含水量在 90%以上，故染色时一般不加热固定，以免荚膜皱缩变形。

1. 目的

学会细菌荚膜染色。

2. 材料

胶质芽孢杆菌(俗称“钾细菌”)、过滤的绘图墨水、复红染色液、黑素、6%葡萄糖水溶液、1%结晶紫水溶液(见附录)、无水乙醇、香柏油、二甲苯、小试管(75 mm×10 mm)、烧杯(300 mL)、滴管、镊子、吸水纸、记号笔、酒精灯、接种环、载玻片、玻片搁架、废液缸、擦镜纸、显微镜等。

3. 方法

(1)负染色法

①制片。取洁净的载玻片 1 块，加蒸馏水 1 滴，取少量培养 3～5 d 的胶质芽孢杆菌菌体

放入水滴中，混匀并涂布。

②干燥。将涂片放在空气中晾干或用电吹风冷风吹干。

③染色。在涂面上加复红染色液染色 2～3 min。

④水洗。用水洗去复红染色液。

⑤干燥。将染色片放空气中晾干或用电吹风冷风吹干。

⑥涂黑素。在染色涂面左边加 1 滴黑素，用一边缘光滑的载玻片轻轻接触黑素，使黑素沿玻片边缘散开，然后向右拖，使黑素在染色涂面上成为一薄层，迅速风干。

⑦镜检。先低倍镜，再高倍镜观察。

⑧结果。背影灰色，菌体红色，荚膜无色透明。

(2)湿墨水法

①制菌液。加 1 滴墨水于洁净的载玻片上，挑少量培养 3～5 d 的胶质芽孢杆菌菌体与其充分混合均匀。

②加盖玻片。放 1 块清洁盖玻片于混合液上，然后在盖玻片上放 1 张滤纸，向下轻压以吸去多余的菌液。

③镜检。先用低倍镜、再用高倍镜观察。

④结果。背景灰色，菌体较暗，在其周围呈现一明亮的透明圈即为荚膜。

4. 注意事项

荚膜的含水量很高且很薄，易变形，因此通常不用火焰固定而用甲醇或无水乙醇固定。

(六)鞭毛染色

细菌的鞭毛极细，直径一般为 10～20 nm，只有用电子显微镜才能观察到。但是，如采用特殊的染色法，在普通光学显微镜下也能观察到。鞭毛染色方法很多，但基本原理相同，即在染色前先用媒染剂处理，使其沉积在鞭毛上，致使鞭毛直径加粗，然后再进行染色。常用的媒染剂由丹宁酸和氯化高铁或钾明矾等配制而成。

1. 目的

学会细菌鞭毛染色的基本操作。

2. 材料

枯草芽孢杆菌斜面、利夫森氏(Leifson)染液(配好后过滤 15～20 次)、银染法 A 液和 B 液(见附录二 6.)、香柏油、二甲苯、小试管(75 mm×10 mm)、烧杯(300 mL)、滴管、镊子、吸水纸、记号笔、酒精灯、接种环、载玻片、玻片搁架、废液缸、擦镜纸、显微镜等。

3. 方法

(1)菌液制备与制片　菌龄较老的细菌易失落鞭毛，所以在染色前应将枯草杆菌在新配制的牛肉膏蛋白胨培养基斜面上连续移接 3～5 代，每次培养 12～18 h，最后一代培养 12～16 h，以增强细菌的运动力。用接种环挑取斜面与冷凝水交接处的菌液数环，移至盛有 1～2 mL 无菌水的试管中，使菌液呈轻度混浊。将该试管放在 37℃恒温箱中静置 10 min，让幼龄菌的鞭毛松展开(放置时间不宜太长，否则鞭毛会脱落)。然后吸取少量菌液滴在洁净玻片的一端，立即将玻片倾斜，使菌液缓慢地流向另一端，用吸水纸吸去多余的菌液。涂片放空气中自然干燥。

用于鞭毛染色的菌体也可用半固体培养基活化。方法是将含 0.3%～0.4%琼脂的牛肉膏蛋白胨培养基熔化后倒入无菌平皿中，待凝固后在平板中央点接活化了 3～4 代的细菌，恒温培养 12～16 h 后，取扩散菌落的边缘制作涂片。

(2)镀银法染色

①滴加 A 液，染色 4～6min，用蒸馏水充分洗净 A 液。

②用 B 液冲去残水，再加 B 液于玻片上，在酒精灯火焰上加热至冒气，维持 0.5～1 min（加热时应随时补充蒸发掉的染料，不可使玻片出现干涸区）。

③用蒸馏水清洗，自然干燥。

④镜检。先低倍，再高倍，最后用油镜检查。

⑤结果。菌体呈深褐色，鞭毛呈浅褐色。

(3)改良 Leifson 染色法　用记号笔在洁净的玻片上划分 3～4 个相等的区域。放 1 滴菌液于第一个小区的一端，将玻片倾斜，让菌液流向另一端，并用滤纸吸去多余的菌液，在空气中自然干燥。

①加染色液于第一区，使染料覆盖涂片。隔数分钟后再将染料加入第二区，依此类推（相隔时间可自行决定），其目的是确定最合适的染色时间，而且节约材料。在未倾去染料的情况下即用蒸馏水轻轻冲去染料，否则会增加背景的沉淀。然后自然干燥。

②镜检。先低倍观察，再高倍观察，最后再用油镜观察，观察时要多找一些视野，不要企图在 1～2 个视野中就能看到细菌的鞭毛。

③结果。菌体和鞭毛均染成红色。

4. 注意事项

鞭毛染色所用玻片干净、无油污是鞭毛染色成功的先决条件。挑选处于活跃生长期的菌种是鞭毛染色成功的基本条件。细菌鞭毛极细，很易脱落，整个操作过程中必须小心仔细，以防鞭毛脱落。

鞭毛镀银法染色比较容易掌握，但染色液必须每次现配现用，不能存放。否则，鞭毛颜色浅，观察效果差。Leifson 染色法受菌种、菌龄和室温等因素的影响，且染色液须经 15～20 次过滤，要掌握好染色条件必须经过一些摸索。

二、什么是原核微生物?

原核微生物是指一类细胞核无核仁，也无核膜包裹，遗传物质只是一条裸露的 DNA，且无细胞器分化的原始单细胞微生物。包括真细菌和古生菌两大类群。由于真细菌结构在原核微生物中具有代表性，且研究深入，应用广泛，所以下面主要介绍真细菌的代表类群。

(一)细菌

1. 细菌的形态

细菌的基本形态有球状、杆状和螺旋状 3 种，分别称为球菌、杆菌和螺旋菌（图 1-11)。

(1)球菌　细胞呈球形或椭圆形，分裂后常呈一定的空间排列形式。不同排列方式是由于细胞分裂方向及分裂后情况不同造成的，在分类学上有一定的意义。据此可将球菌分为以下 6 种。

①单球菌。如尿微球菌。

②双球菌。如肺炎双球菌。

③链球菌。如乳酸链球菌。

④四联球菌。细胞沿 2 个相互垂直的平面进行分裂，分裂后 4 个细胞连在一起，如四联微

球菌。

⑤八叠球菌。细胞沿着3个互相垂直的方向进行分裂，分裂后8个细胞叠在一起呈立方形，如尿素八叠球菌。

⑥葡萄球菌。细胞无定向分裂，分裂后细胞如一串葡萄连在一起，如金黄色葡萄球菌。

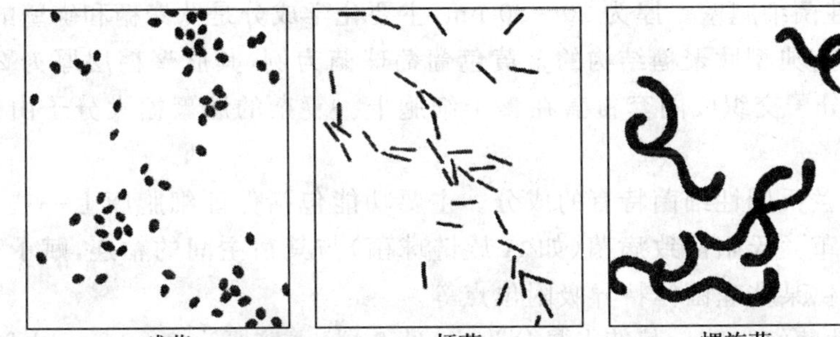

图 1-11　细菌基本形态

(2)杆菌　细胞呈杆状或圆柱状，有的粗短，有的细长。其两端有的平截，有的略尖，有的钝圆，在分裂过程中有的呈链状排列、有的呈栅状或八字形排列。杆菌也是细菌中种类最多的一类，生产中所应用的细菌大多是杆菌。

(3)螺旋菌　即螺旋状细菌，能以鞭毛运动。螺旋菌中根据螺旋的数目又分为螺菌与弧菌。菌体弯曲不足一圈的为弧菌，如霍乱弧菌；菌体弯曲一圈以上的为螺菌。前者通常一端着生丛生鞭毛，后者两端都着生鞭毛。

(4)特殊形态　除上述3种基本形态以外，还有些细菌的形态比较特殊。有的细菌菌体单细胞连接成丝状群体，外面由鞘套包围，如浮游球衣菌；有的细菌菌体分叉，如双歧杆菌属；有的细菌菌体末端有柄，如柄杆菌属；有的细菌的菌体有附属物，如臂微菌属。

(5)不良环境条件下的异常形态　当环境条件不适合细菌生长时，会导致细菌产生异常形态，例如巴氏醋杆菌，当培养温度改变时，菌体会由短杆状变为纺锤状、丝状或链锁状。但此种因环境条件不适而产生的异常菌体，在环境条件恢复正常时，菌体也会恢复正常的形态。

2. 细菌大小

细菌的大小一般用微米(μm)表示。通常球菌的直径为0.5～1 μm；杆菌为(0.5～1) μm×(1～5) μm，螺旋菌为(0.3～1) μm×(1～50) μm。芬兰科学家最近发现了一种能引起尿结石的纳米细菌是目前已知的最小细菌，其直径只有50 nm，比最大的病毒还小。德国科学家在纳米比亚海底沉积物中发现的一种硫细菌大小为0.1～0.3 mm，有些可达0.75 mm，是现在已知的最大细菌。细菌的大小主要受菌种和培养时间的影响，如幼龄菌体较老菌体大。

3. 细菌的细胞结构

细菌的细胞结构如图1-12所示。其中细胞壁、细胞膜、细胞质、原核是一般细菌细胞都具有的结构，称为基本结构；而鞭毛、菌毛、荚膜、芽孢和质粒等是某些细菌才具有的结构，称为特殊结构。

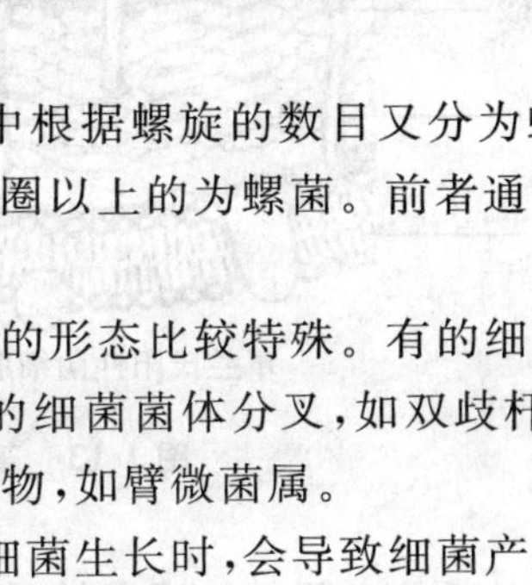

图 1-12　细菌的细胞结构

(1)细胞壁　是位于细胞表面的一层坚韧而有弹性的外被,主要成分为肽聚糖,肽聚糖是细菌细胞壁特有的成分。正常情况下细胞壁起着保护细胞和维持细胞外形的作用,此外,它还是细菌细胞生长、分裂和鞭毛着生、运动所必需的结构,细胞壁还赋予细胞特定的抗原性、致病性以及对抗生素和噬菌体的敏感性。

①革兰氏阳性菌细胞壁。厚为 20～80 nm,主要化学成分是肽聚糖和磷壁酸。

肽聚糖:以具有典型肽聚糖结构的金黄色葡萄球菌为例,其肽聚糖层厚为 20～80 nm,由 40 层左右的网状分子交织成网套覆盖在整个细胞上。复杂的肽聚糖大分子由许多肽聚糖单体交联而成。

磷壁酸:是革兰氏阳性细菌特有的成分。主要功能包括保证细胞膜上一些合成酶维持高活性的需要,保证革兰氏阳性致病菌(如 A 族链球菌)与其宿主间的粘连,赋予革兰氏阳性菌特异表面抗原,提供某些噬菌体特异吸附位点等。

②革兰氏阴性菌细胞壁。其特点是分为内、外 2 层,内壁厚为 2～3 nm,由肽聚糖构成;外壁厚为 8～10 nm,由大部分类脂成分和少量肽聚糖构成。图 1-13 是革兰氏阳性菌和革兰氏阴性菌的细胞壁在构造和成分上的主要差别。

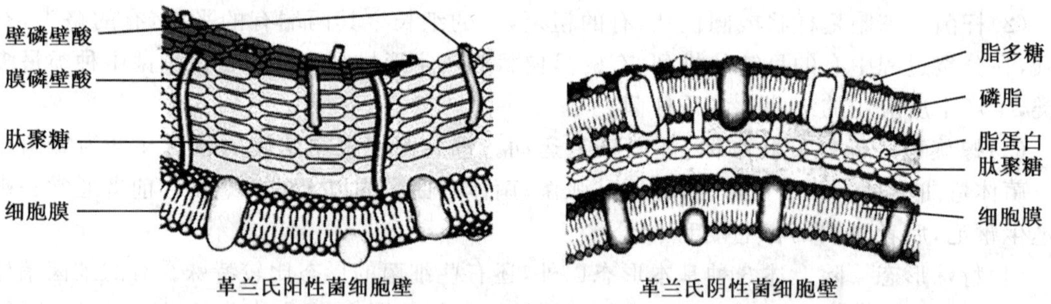

图 1-13　革兰氏阳性菌和革兰氏阴性菌的细胞壁

③革兰氏染色原理。通过结晶紫初染和碘液媒染后,在细胞壁内形成了不溶于水的结晶紫与碘的复合物。革兰氏阳性菌由于细胞壁较厚、肽聚糖网层次较多且交联致密,故遇乙醇或丙酮脱色处理时,因失水反而使网孔缩小,再加上它不含类脂,故乙醇处理不会出现缝隙,因此能把结晶紫与碘的复合物牢牢留在壁内,使其仍呈紫色;而革兰氏阴性菌因细胞壁薄、外膜层类脂含量高、肽聚糖层薄且交联度差,在遇脱色剂后,以类脂为主的外膜迅速溶解,薄而松散的肽聚糖网不能阻挡结晶紫与碘复合物的溶出,因此通过乙醇脱色后仍呈无色,再经碱性复红等红色染料复染,就使革兰氏阴性菌呈红色。

(2)细胞膜　是在细胞壁与细胞质之间的一层由蛋白质和磷脂组成的柔软而富有弹性的半透性薄膜。

细胞膜由含有亲水区域和疏水区域的两亲性磷脂分子组成。在膜中磷脂以双分子层排列,极性头部亲水区指向膜的外层,而其疏水区脂肪酸的尾部指向膜的内层。结果,膜对于大分子或电荷高的分子成为一个选择渗透屏障,使之不易通过磷脂双分子的疏水性内层。磷脂双分子层中埋藏着与物质运输、能量代谢和信号接收有关的整合蛋白,还有通过电荷相互作用、疏松附着于膜上的外周蛋白。膜中的脂类和蛋白质做相对运动。此即 Singer 和 Nicolson (1972)提出的液态镶嵌模式的细胞膜结构模型(图 1-14)。

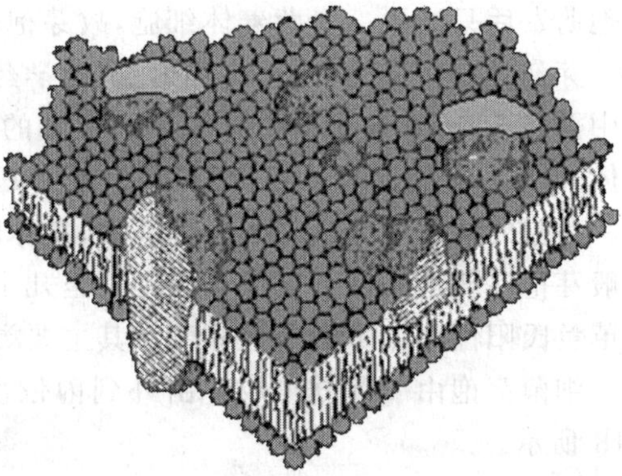

图 1-14 细菌细胞膜的结构

细胞膜功能如下。

①控制细胞内外物质的运送、交换。

②维持细胞内正常渗透压的屏障。

③合成细胞壁各种组分和荚膜大分子的场所。

④进行氧化磷酸化和光合磷酸化的产能场所。

⑤许多酶和电子传递链所在部位。

⑥鞭毛着生点并为鞭毛运动提供能量。

(3)细胞质及其内含物　细胞质是指细胞膜包裹的除核区以外的一切半透明、胶体状和颗粒状物质的总称。含水量约占80%。与真核生物不同,原核微生物细胞质是不流动的。细胞质的主要成分为核糖体、储存物、各种酶类、中间代谢物、各种营养物、质粒和大分子单体等,少数细菌还含有羧化体、气泡或伴孢晶体等。细胞质内形状较大的颗粒状构造称为内含物,包括各种储存物和羧化体、气泡等。

①核糖体:由RNA和蛋白质组成,存在于细菌细胞质中的颗粒状结构。其沉降系数为70S,由50S和30S 2个亚基组成,50S亚基由5S rRNA、23S rRNA和34种蛋白质组成,30S亚基由16S rRNA和21种蛋白质组成。现已证明抗生素对人类非常有用,因为抑制细菌蛋白质合成的抗生素对真核生物蛋白质合成无效果,从而具有选择毒性。

②质粒:是独立存在于细菌染色体外或附加在染色体上的遗传物质,由一共价闭合环DNA分子组成。控制细菌一些次要或非必要遗传性状。常见的质粒有致育质粒(F因子)、抗性质粒(R因子)、细菌素质粒(col因子)、代谢型质粒、毒性质粒、共生质粒、降解质粒、隐蔽质粒等。

③内含物:常可以在光学显微镜下观察到,其实质是储存物,可以与膜结合。如聚β-羟丁酸(PHB)盐颗粒、多聚磷酸盐颗粒(即异染粒)等。

(4)原核　又称为拟核或核区,实质为细菌的染色体。常位于细胞质内,无核膜、核仁和固定的形态。化学成分为双链DNA,不含组蛋白。是细菌生长、新陈代谢和遗传变异的控制中心。

(5)鞭毛　纤细而具有刚韧性,直径仅20 nm,长度达15～20 μm。由细胞质膜和细胞壁伸出细胞外的蛋白质组成的波形弯曲的长丝状结构,使细菌具有运动性,因而与细菌的趋化性和趋渗性等运动性有关。具鞭毛细菌的鞭毛数目及其在细胞表面的分布因种不同而有所差异,是细菌鉴定的依据之一。一般有单生鞭毛、丛生鞭毛和周生鞭毛3类(图1-15)。

(6)菌毛　细菌细胞表面的一种纤细、中空、短直的蛋白质附属物,有几微米长。一般有以下2种。

①普通菌毛。细且多(250～300根),主要起附着作用。

②性菌毛。比普通菌毛粗、比鞭毛细且短,通常只有1～4根。功能是在不同菌体间传递遗传物质(图1-16)。

(7)芽孢　某些细菌在生长发育后期可于胞内形成一个圆形或椭圆形的抗逆性休眠体,称为芽孢。菌体未形成芽孢时称为繁殖体或营养体。由于一个营养细胞只形成一个芽孢,一个芽孢萌发后只产生一个营养体细胞，故芽孢不是繁殖体。

芽孢具有极强的抗热、抗辐射、抗化学药物和抗静水压等能力。例如肉毒梭菌在100℃沸水中需经5.0～9.5 h才被杀死，在121℃的蒸汽中平均10 min才能被杀死；热解糖梭菌的营养体50℃短时间即被杀死，而其芽孢在132℃经4.4 min才能被杀死90%。

芽孢的休眠能力也是十分惊人的，在休眠期间不能检出任何代谢活力，因此称为隐生态。一般芽孢在普通条件下可保存几年甚至几十年的生命力。能产生芽孢的细菌种类不多，主要是革兰氏阳性杆菌中的芽孢杆菌。其主要类型如图1-17所示。

细菌芽孢由4部分组成。由外到内依次为孢外壁、芽孢衣、皮层和核心。芽孢结构如图1-18所示。

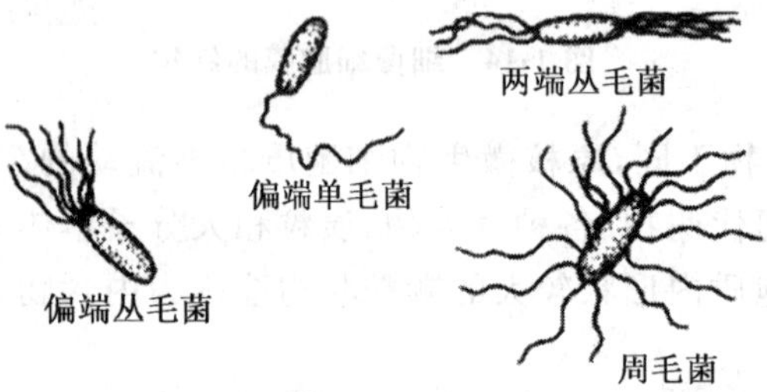

图1-15　细菌鞭毛类型

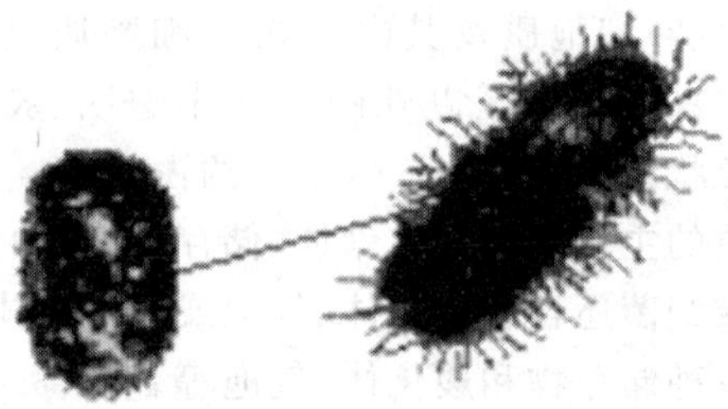

图1-16　细菌性菌毛及其介导的接合作用

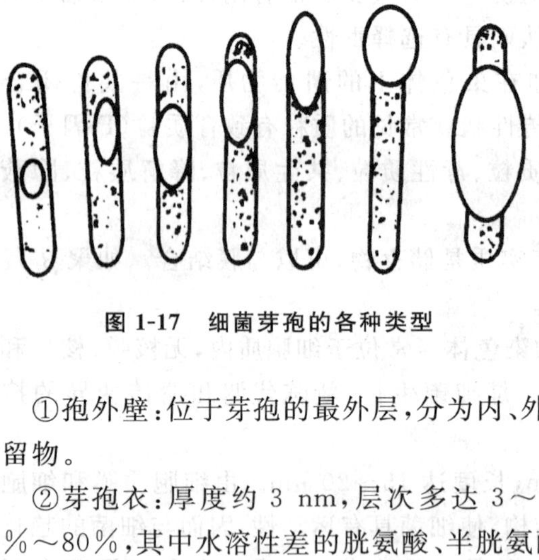

图1-17　细菌芽孢的各种类型

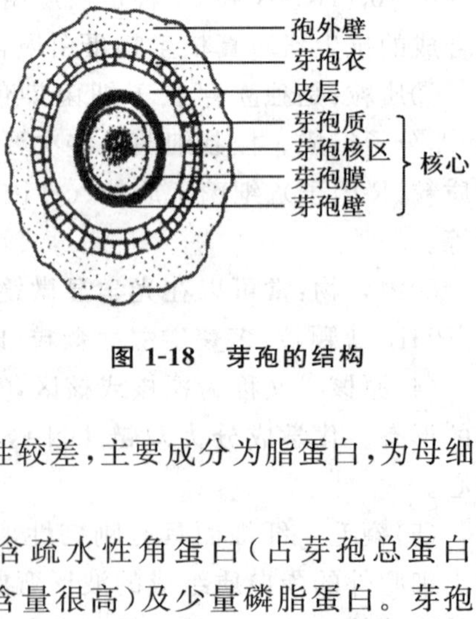

图1-18　芽孢的结构

①孢外壁：位于芽孢的最外层，分为内、外2层，通透性较差，主要成分为脂蛋白，为母细胞残留物。

②芽孢衣：厚度约3 nm，层次多达3～15层，主要含疏水性角蛋白（占芽孢总蛋白的50%～80%，其中水溶性差的胱氨酸、半胱氨酸和赖氨酸含量很高）及少量磷脂蛋白。芽孢衣对溶菌酶、蛋白酶和表面活性剂具有很强的抗性，对多价阳离子透性很差。

③皮层：占芽孢总量的36%～60%，含有大量特有的芽孢肽聚糖。其特点是纤维束状、交联度小、负电荷强及可被溶菌酶水解；含特定的芽孢吡啶二羧酸钙盐（DPA-Ca）；不含磷壁酸。

④核心：又称为芽孢的原生质体，由芽孢壁、芽孢膜、芽孢质和芽孢核区4部分组成，含水量极低。除芽孢膜中不含磷壁酸与芽孢质中含有DPA-Ca外，其他成分与一般细胞相似。

芽孢的抗热性与其化学组成和结构密切相关。其中壁厚、含水量少、具有吡啶二羧酸钙和硫氨基酸及耐热性的酶等成分是芽孢抗热性强的主要原因。

由于芽孢具有高度耐热性和其他抗逆性，因此，能否消灭一些代表菌的芽孢成为衡量各种消毒灭菌手段的重要指标。如食品加工厂对肉类罐头等食品灭菌时，常以肉毒梭菌的耐热性作为灭菌程度的依据，即要求121℃维持20 min以上；外科器材灭菌中常以破伤风梭菌和产气荚膜梭菌2种严重致病菌为指示菌，要求121℃灭菌10 min或115℃灭菌30 min方可；在实验室或发酵工业中常以耐热最强的嗜热脂肪芽孢杆菌为灭菌指示菌，要求121℃保证维持15 min以上。若用热空气进行干热灭菌，则芽孢的耐热性最高，因此规定干热灭菌的温度为150～160℃维持1～2 h。

(8)糖被　包括荚膜和黏液层。某些细菌在生长过程中向细胞外分泌一种黏液性物质，当黏液很浓时，经特殊染色后可在显微镜下观察到，此种结构称为荚膜，主要由多糖、多肽或多糖与多肽组成。当黏液很稀时，用荚膜染色无法看到其构造，称为黏液层(图1-19)。

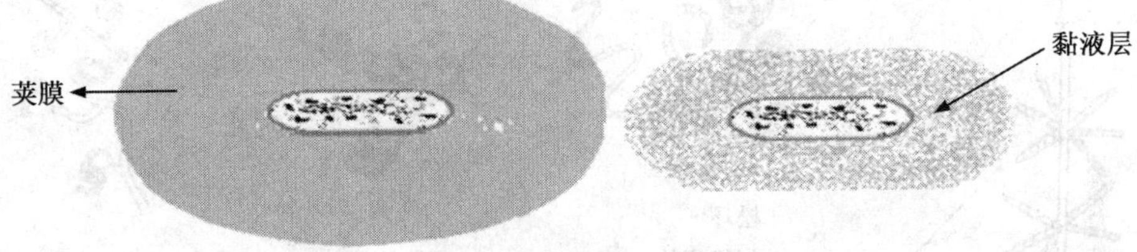

图1-19　糖被示意图

糖被的主要功能：对细菌表面起渗透屏障作用，保护细菌细胞免受干燥损伤，保护细胞免受吞噬细胞的吞噬，帮助细菌附着到物体表面，可作为细菌的碳源储藏物质。

(二)其他原核微生物

1.放线菌

放线菌是介于细菌和真菌之间的一类单细胞多核微生物，主要形态呈分枝状，因菌落呈放射状而得名。多分布于中性或偏碱性、含水量低的土壤中。此外，在动植物体内、自然水域及空气中也有放线菌存在。放线菌在医药上主要用于产生抗生素、维生素和酶类等，少数可引起人与动物的放线菌病。

(1)放线菌形态特征　典型的放线菌为单细胞的分枝丝状体，由气生菌丝和基内菌丝2部分组成(图1-20)。比较原始的诺卡氏菌大多只有基内菌丝而无气生菌丝，即使有也很稀薄，覆盖在菌落表面，断后成节孢子。

放线菌都是革兰氏阴性菌，除诺卡氏菌和分枝杆菌外，其他放线菌都不抗酸。

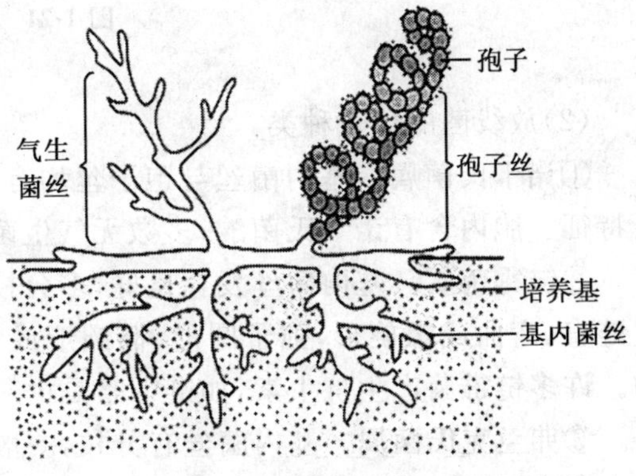

图1-20　放线菌的形态

①基内菌丝。又称为一级菌丝或营养菌丝，是生长在培养基内或者紧贴培养基表面生长的菌丝。基内菌丝一般无隔，即使有也很少，直径0.2～0.8 μm。基内菌丝的功能是吸收营养物质。有的基内菌丝还产生可溶性色素，可渗入培养基内使培养基呈现各种颜色。

②气生菌丝。又称为二级菌丝或生殖菌丝，它是由基内菌丝发育到一定阶段，由基质表面向空气中生长的菌丝，比基内菌丝粗约2倍。气生菌丝主要起繁殖作用。

③孢子丝。气生菌丝发育到一定阶段，其顶端菌丝分化成成串的孢子，称为孢子丝。孢子丝有直、波曲、螺旋、轮生等形态（图 1-21）。孢子有不同形态，圆、椭圆、杆状、表面有刺突、毛发或者光滑。孢子有不同的颜色，红、蓝、灰、绿、白、紫等。

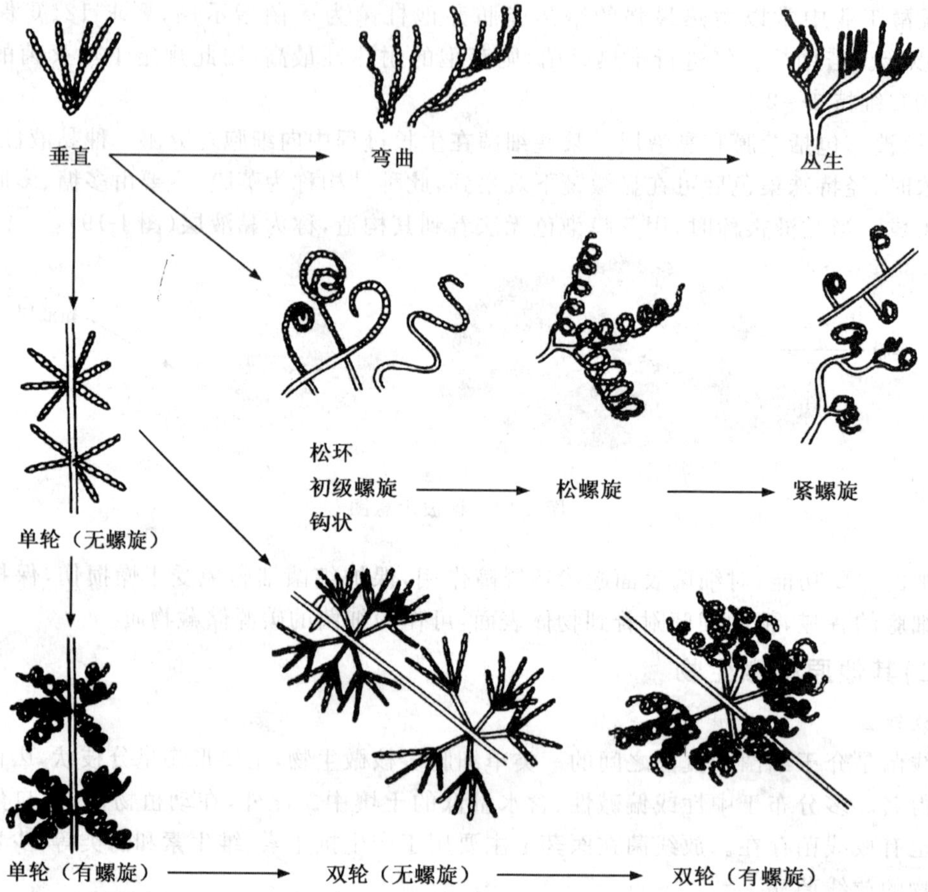

图 1-21　孢子丝的形态

(2)放线菌的代表种类

①诺卡氏菌属。基内菌丝与孢子丝均有横隔，断裂后成不同长度的杆形，此为本菌属的重要特征。胞内含有诺卡氏菌酸，多数无气生菌丝。其中地中海诺卡氏菌产生利福霉素。

②链霉菌属。基内菌丝发育良好，多分枝，气生菌丝分枝，气生菌丝上有长孢子丝链，孢子丝链直、弯曲或螺旋形，孢子圆形、椭圆形或杆状，表面光滑或有瘤状物、刺突、毛发或鳞片状物。许多链霉菌产生抗生素，如链霉素是由灰色链霉菌产生的。

③弗兰克氏菌属。基内菌丝有分枝，一般无气生菌丝，菌丝顶端或中间形成孢囊，孢囊分化产生孢囊孢子。与非豆科植物共生形成根瘤，并能固定分子氮。

④游动放线菌属。菌丝体分枝，大多数无气生菌丝，在基内菌丝体上形成孢囊，孢囊为圆形、椭圆形或不规则形，大小不等。孢囊孢子为球形、椭圆形，极少数呈杆状，以周生鞭毛或端生鞭毛运动。我国发现的创新霉素是由济南游动放线菌产生的。

⑤小单胞菌属。基内菌丝与气生菌丝发育良好，孢子单个着生在短孢子梗的顶端或孢子

丝叉的末端，基内菌丝与气生菌丝都着生孢子，其中棘孢小单孢菌产生庆大霉素。

(3)致病性放线菌　致病性放线菌主要是厌氧放线菌属和需氧诺卡氏菌属中的少数放线菌。如伊氏放线菌，在正常情况下存在于人口腔、齿龈、扁桃体与咽部，属机会菌。当机体抵抗力减弱或拔牙，口腔黏膜损伤时可引起内源性感染，导致软组织慢性化脓性炎症，好发于面颈部；也可发生于肺部，称为放线菌病。病变部位常形成许多瘘管，在排出的脓液中可查见硫黄样的颗粒，肉眼可见；可疑颗粒压片，镜检可见放射状排列的菌丝。少数诺卡氏菌，如星形诺卡氏菌可引起人肺部感染。

2. 螺旋体

螺旋体是一类介于细菌和原虫之间的原核细胞型微生物，菌体细长、柔软、弯曲，运动活泼，呈螺旋状。基本结构及生物学性状与细菌相似，即有细胞壁、原始核质、二分裂方式繁殖、对抗生素和溶菌酶敏感，但无鞭毛。螺旋体在自然界中分布广泛、种类繁多，其中对人类致病的螺旋体有以下几种。

(1)钩端螺旋体属　螺旋细密、规则，一段或两端弯曲呈钩状(图 1-22)。其中问号钩端螺旋体可使人和动物致病。钩端螺旋体又称为钩体，可致人和动物患钩端螺旋体病。其抵抗力较弱，60℃经 1 min 即可死亡，对化学消毒剂敏感，对青霉素、庆大霉素、四环素等敏感。

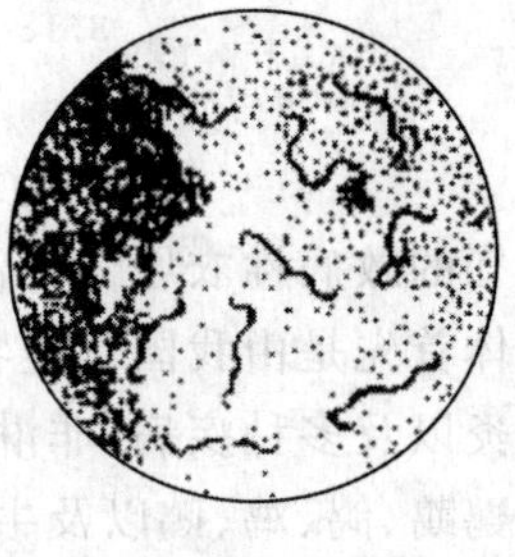

图 1-22　纯培养物中的钩端螺旋体

(2)密螺旋体属　螺旋较细密、规则，两端尖直。其中梅毒螺旋体、雅司螺旋体等可使人致病。梅毒螺旋体是梅毒的病原体，对人类危害较大。其人工培养至今尚未成功。梅毒螺旋体的抵抗力极弱，对温度和干燥很敏感。离体后干燥 1～2 h 或 50℃加热 5 min 即死亡，对化学消毒剂敏感，对青霉素、四环素、红霉素等敏感。

(3)疏螺旋体属　有 3～10 个稀疏、不规则的螺旋，呈波状，运动活泼。其中回归热螺旋体等可使人致病。

3. 支原体

支原体是能独立生活的最小原核微生物，无细胞壁，具高度多形性。支原体能通过细菌滤器，革兰氏阴性，普通染色不易着色。主要以二分裂形式增殖。是已知可人工培养的最小微生物，菌落呈煎鸡蛋状。

支原体广泛分布于土壤、污水、温泉等温热环境以及昆虫、脊椎动物和人体中。多数是正常人体或动物体的微生物，仅少数能致病(如肺炎支原体和尿原体)。此外，支原体还经常污染传代细胞，从而给细胞培养与病毒分离带来麻烦。

支原体对各种理化因素敏感，不耐干燥和热，50℃经 30 min 即可死亡；耐寒，冷冻干燥可长期保存；对酸和有机溶剂等敏感，对碱、结晶紫有抵抗力；对强力霉素、四环素、红霉素、螺旋霉素和链霉素等敏感，但对青霉素有抵抗力。

4. 衣原体

衣原体是一类介于立克次体与病毒之间、仅在脊椎动物细胞内专性寄生、有独特发育周期的原核细胞型微生物。其细胞多呈球形或椭圆形，含 DNA 和 RNA 2 种核酸，革兰氏阴性，能够通过细菌过滤器。

衣原体有特殊的细胞生活周期，即有原体和始体 2 种形态。原体是有厚壁，中央为致密拟核结构的小细胞，具有高度感染性；始体是原体被胞饮作用进入宿主细胞后在宿主细胞内形成的薄壁大细胞，在宿主细胞内进行二分裂繁殖，但没有感染性(图 1-23)。

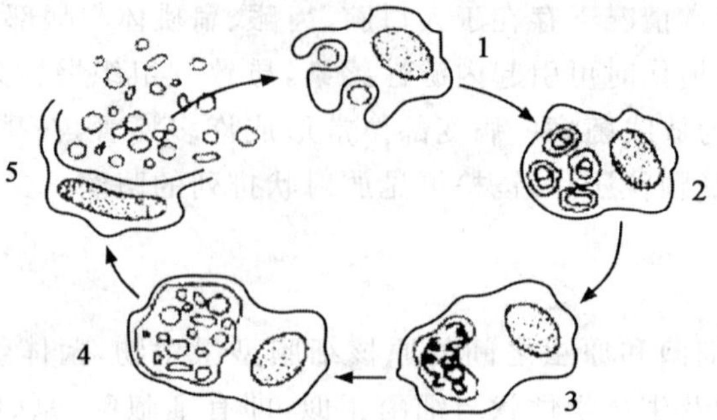

图 1-23　衣原体生活史

1. 0 h，宿主细胞吞噬原体　2. 8 h，原体转化为网状体　3. 18～24 h，始体二分裂增殖　4. 30 h，始体浓缩形成原体　5. 35～40 h，宿主细胞破裂，释放原体

已知的致病性衣原体有沙眼衣原体、鹦鹉热衣原体、肺炎衣原体和猫心衣原体等。其中沙眼衣原体首先是由我国微生物学家汤飞凡等于 1956 年经鸡胚培养分离出来的，可引起沙眼、小儿肺炎以及多种疾病(非淋菌尿道炎、附件炎、淋巴肉芽肿和新生儿眼炎等)；鹦鹉热衣原体可引起鹦鹉、鸽、鸡、鹅以及牛、羊多种动物的疾病。值得注意的是，虽然鹦鹉热衣原体的天然宿主是鸟类和人以外的哺乳动物，但当人吸入鸟感染性分泌物后，可以发生肺炎和毒血症，因此鹦鹉热衣原体是人畜共患病病原体。

衣原体抵抗力较弱。耐冷不耐热，在 56～60℃ 环境中仅能存活 5～10 min；在 －60～－20℃ 时可存活数年；对化学消毒剂及四环素、青霉素、利福平和磺胺类药物敏感。

5. 立克次氏体

立克次体是一类介于细菌和病毒之间、体积微小、严格胞内寄生、多数自身代谢不完善的原核细胞型微生物。通常呈短杆状、球状等多种形态，革兰氏染色阴性，着色较淡。有肽聚糖组成的细胞壁，无鞭毛，含 DNA 和 RNA 2 种核酸，以二分裂方式繁殖，一般不能通过细菌过滤器。最早于 1906 年由 Ricketts 在研究洛杉矶斑疹伤寒时发现，Ricketts 后来因不幸受到感染而去世。自然界中立克次体寄生于吸血节肢动物体内，并在野生啮齿类动物(如鼠类)间传播，从而形成持久循环。除 Q 热立克次体可通过呼吸道和消化道感染人外，其余立克次体均经节肢动物如人虱、鼠蚤、蜱或螨传播。我国发现的立克次氏体病有斑疹伤寒、恙虫病和 Q 热。

立克次氏体抵抗力较弱，对热、干燥和化学消毒剂敏感，耐低温，对四环素类和氯霉素类抗生素敏感，磺胺可刺激其增殖。

三、识病原、助防疫

(一)链球菌

呈链状排列、分布极广，如尘埃、土地、水、动物及人粪便、鼻咽黏膜、泌尿生殖道等，致病性主要导致乳房炎、败血症、马腺疫、人猩红热等，在兽医上较重要的有马链球菌、无乳链球菌、有乳链球菌、乳房链球菌、猪链球菌、猪肠道链球菌等。

1. 主要特性

为革兰氏阳性球形或椭圆形、链状，直径为 0.5～2.0 μm。链的长短因种及生长环境不同而异，如致病菌及液体培养基中链较长。一般在血液培养基中长势良好，形成灰白、半透明、表面光滑、圆形、隆起的小菌落，有的形成草绿色溶血环。

本菌的抵抗力不强，60℃经 30 min 即被杀死，乙型溶血性链球菌对青霉素、氯霉素、四环素和磺胺类药物等都很敏感。其中，青霉素是治疗链球菌感染的首选药物。

2. 类型

分类方法很多，临床上分类如下。

(1)按溶血特征

①甲型(α 型)溶血链球菌。能将血红蛋白分解成绿色，在血液琼脂上形成 1～2 mm 草绿色不完全溶血的溶血环(镜下可见环内有未溶解的红细胞)，不产生毒素。

②乙型(β 型)溶血链球菌。产生溶血毒素，形成 2～4 mm 界限清楚、完全透明的溶血环，产生水溶性溶血素，致病力强，能引起人畜多种疾病。

③丙型(γ 型)溶血链球菌。不产生溶血素，一般致病性，亦称为非溶血链球菌。常存在于乳汁和粪便中。

(2)按抗原分类　链球菌的细胞壁中含有一种多糖抗原，称为群特异性抗原（又称为 C 抗原）。根据 C 抗原的不同，可将乙型溶血性链球菌分为 A、B、C、D、E、F、G、H、K、L、M、N、O、P、Q、R、S、T、U 等 19 个血清群。在 C 抗原外层还有一种蛋白质成分，称为蛋白质抗原或表面抗原。蛋白质抗原又分成 M、R、T、S 4 种，具有型特异性。M 抗原主要见于黏液型菌落的链球菌表面，具有抗吞噬作用并使链球菌易于黏附在上皮细胞表面，因而与 A 群链球菌的毒力密切相关。R、T、S 抗原与致病性和毒力关系不大，但也可用于链球菌的分型。

3. 致病性

本菌可产生多种酶和外毒素，如透明质酸酶、蛋白酶、链激酶，脱氧核糖核酸酶、核糖核酸酶、溶血毒素、红疹毒素及杀白细胞素等。溶血素有 O、S 2 种，在血液琼脂平板上出现的溶血现象即为溶血素所致。红疹毒素是 A 群链球菌产生的一种外毒素，该毒素是蛋白质，有抗原性，对细胞或组织有损害作用，同时还有内毒素样的致热作用。

不同血清群链球菌所致动物疾病不同。C 群的某些链球菌常引起猪急性或亚急性败血症、脑膜炎、关节炎及肺炎等；D 群某些链球菌可引起小猪心内膜炎、脑膜炎、关节炎及肺炎等；E 群主要引起猪淋巴结脓肿；L 群可致猪败血症、脓毒败血症。我国流行的猪链球菌病是一种急性败血型传染病，病原体属 C 群。现已证明人也可以感染猪链球菌病。

4. 检查

根据不同病型采集相应病料，如脓汁、渗出液、乳汁、血液等。

(1)直接涂片镜检　取病料涂片做瑞氏染色或美蓝染色后，发现有链状排列的球菌可做初步诊断。

(2)分离培养及鉴定　将病料接种于血液琼脂平板上，培养后在菌落周围观察溶血情况，并进一步涂片观察分离菌的形态及染色特点。必要时做生化及血清学试验鉴定。此外，还可以应用荧光 PCR 检测技术进行快速诊断。

5. 防制

对链球菌病的预防原则与葡萄球菌病相似，家畜发生创伤时要及时处理，发生猪链球菌病的地区可用疫苗进行预防注射。对感染本菌的家畜，及早使用足量的磺胺药或抗生素。

(二)猪瘟病毒

猪瘟病毒只侵害猪，使之发病，死亡率很高，对养猪业生产危害很大。

1. 主要特性

猪瘟病毒是单股RNA病毒，披盖病毒科的瘟疫病毒属。病毒呈球形，直径为38～44 nm，核衣壳为二十面体对称，有囊膜，在胞浆内繁殖，芽生成熟而释放。猪瘟病毒与牛膜病毒具有共同抗原，因此可出现交叉反应。

猪瘟病毒没有型的区别，只有毒力强弱之分。目前仍然认为本病毒为单一的血清型，但毒力具有很大的差异，在强毒株和弱毒株或几乎无毒力的毒株之间，有各种逐渐过渡的毒株。

近年来已经证实猪瘟病毒与牛病毒性腹泻病病毒群有共同抗原性，既有血清学交叉，又有交叉保护作用。本病毒只在猪的细胞中生长繁殖(如猪肾、脾和白细胞等细胞)，但不一定引起细胞病变。因人工方法可使病毒适应于兔而获得弱毒疫苗。

猪瘟病毒抵抗力较强。72～76℃经1 h，1%～2%苛性钠或石灰水15～60 min才能杀灭病毒，对紫外线或0.5%石炭酸抵抗力较强。

2. 检查

疑为猪瘟时可采取淋巴结、脾、肾、扁桃体、血液等，以荧光抗体、酶标抗体或琼脂扩散试验来确诊病猪体内有无猪瘟病毒。条件较好的实验室也可用猪肾细胞培养病毒。经1～2 d后再进行标记抗体检查。上述方法特异性较强，检出率高，是目前诊断猪瘟较好的方法。实验室条件较差的地区可用兔体交互免疫实验，此法准确，简单易行，但要通过实验动物，实验时间较长。

3. 致病性

猪瘟病毒只能感染猪，各种年龄、性别及品种的猪均可感染。野猪也有易感性。人工接种后，除马、猫、鸽等动物表现感染(临床症状)外，其他动物均不表现感染。

4. 防制

猪瘟兔化弱毒苗有许多优点，对强度有干扰作用，接种后不久即有保护力，接种后4～6 d产生充分的免疫力，维持时间可达18个月，乳猪产生免疫力低弱，可维持6个月，接种后无不良反应，妊娠母猪接种后没有发现胎儿异常的现象，效力可靠。

发达国家控制猪瘟的有效措施是“检测加屠宰”：通过有效的疫苗接种，将需淘汰的猪降到最低数量，以减少经济损失；用适当的诊断技术对猪群进行检测；将检出阳性的猪全群扑杀。同时，尽可能地消除持续感染猪不断排毒的危险性。猪瘟的消灭需要政府部门及各级人员高度负责。

◆复习思考题

1. 如果只用简单染色法，能否观察到细菌的芽孢？
2. 如何进行革兰氏染色？哪一步最关键？
3. 简述细菌的基本形态与结构组成。
4. 支原体的结构与菌落有何特点？
5. 衣原体与立克次氏体两者有何差别？

探索与发现

微生物冶金技术

在自然界，微生物在多种元素的循环当中起着重要作用，地球上许多矿物的迁移和矿床的形成都和微生物的活动有关。生物冶金技术又称为生物浸出技术，通常指矿石的细菌氧化或生物氧化，由自然界存在的微生物进行。这些微生物被称为适温细菌，长为 0.5～2.0 μm、宽为 0.5 μm，只能在显微镜下看到，靠无机物生存，对生命无害。这些细菌靠黄铁矿、砷黄铁矿和其他金属硫化物如黄铜矿和铜铀云母为生。

微生物冶金技术是近代学科交叉发展生物工程技术和传统矿物加工技术相结合的工业上的一种新工艺，具有能耗少、成本低、工艺流程简单、无污染等优点，在矿物加工、三废治理等领域展示了广阔的应用前景，并取得了较好的经济效益。按照微生物在矿物加工中的作用，可将生物冶金技术分为生物浸出、生物氧化、生物分解。

1687 年，在瑞典中部的 Falun 矿，人们使用微生物技术至少浸出了 20 万 t 铜，但当时人们对其反应机理并不清楚，细菌浸矿技术的发展十分缓慢。直到 1947 年，Colmer 与 Hinkel 首次从酸性矿坑水中分离出一种可以将 Fe^{2+} 氧化为 Fe^{3+} 的细菌，即氧化亚铁硫杆菌。1954 年，Bryner L C 和 Beck J V 等人开始利用该菌种进行硫化铜矿石的实验室浸出试验研究，并发现该细菌对硫化矿具有明显的氧化作用。1955 年 10 月 24 日，Zimmerley S R、Gwilson D 与 Prater J D 首次申请了生物堆浸的专利并委托给美国 Kennecott 铜矿公司，开始了生物湿法冶金的现代工业应用。

任务五　识别非细胞型微生物

◆知识目标

认知病毒结构特征

◆能力目标

学会病毒鸡胚接种

◆主要应用

病毒感染的诊断

一、边做边学　可以用鸡蛋培养病毒吗？

（一）目的

学会鸡胚尿囊腔接种和收获病毒的基本操作。

(二)材料

鸡新城疫病毒弱毒疫苗、白壳受精卵、孵卵箱、检卵灯、钢针、注射器、2.5%碘酊、75%乙醇、固体石蜡、眼科剪、眼科镊等。

(三)方法

1.准备鸡胚

接种前用检卵灯观察是否为受精卵及其活力。鸡胚发育正常,可见清晰的血管及活动的鸡胚。未受精和死胚胚体固定在一端不动,看不到血管或血管消散的应剔除。鸡胚日龄依据接种途径和接种材料而定。

①卵黄囊接种,选用6～8日龄的鸡胚。

②绒毛尿囊腔接种,用9～10日龄的鸡胚。

③绒毛尿囊膜接种,用9～13日龄的鸡胚。

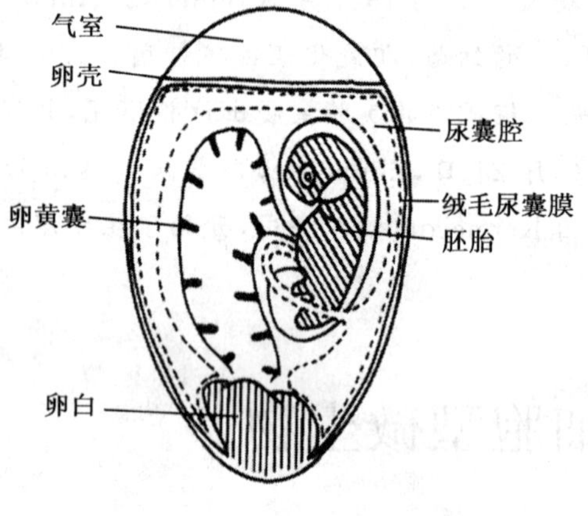

图1-24 病毒接种用鸡胚胎

2.接种

本实验选择绒毛尿囊腔途经,如图1-24所示。

①在检卵灯下,用铅笔勾出气室及胚胎的位置,并在尿囊膜血管较少的地方做记号。

②消毒。用碘酒消毒气室蛋壳,酒精脱碘,用灭菌钢针在记号处打1个小孔。

③接种病毒。用9号针头1 mL注射器吸取鸡新城疫病毒,针头通过打出的孔进针,刺入尿囊腔,注入0.1～0.2 mL。

④用融化的石蜡封闭小孔,39℃孵化器中孵化72 h。

3.收获

①接种后每4 h照蛋1次,弃去24 h内死亡胚。

②鸡胚放入普通冰箱内冷藏12 h,使胎血凝固。

③分别用碘酒和酒精消毒卵壳,用灭菌剪刀除去气室卵壳及壳膜,开口直径为整个气室区大小,以无菌镊子撕去一部分蛋膜,撕破绒尿膜而不撕破羊膜。

④将鸡胚稍倾向一侧,注射器吸取绒毛尿囊液置于无菌试管中,多时可收获5～8 mL,将收获的材料低温保存。收获时注意将吸管尖置于胚胎对面,管尖放在镊子两头之间。若管尖不放镊子两头之间,游离的膜便会挡住管尖吸不出液体。

⑤收集的液体应清亮,混浊则表示有细菌污染。最后取2滴绒毛尿囊液滴于斜面培养基上,放在温箱培养,做无菌检查。无菌检查不合格,收集材料废弃。

二、人类会感染禽流感病毒吗?

(一)病毒的基本特征

病毒是一类体积非常微小、结构极其简单、性质十分特殊的非细胞型生命形式。与其他生物相比,它们具有下列基本特征。

①没有细胞结构。

②只含一种核酸(RNA 或 DNA),核酸是病毒的遗传物质。

③严格的细胞内寄生,只能在活细胞内才能生长繁殖。

④病毒的增殖方式为复制。病毒缺乏完整的酶系统,不能独立地进行新陈代谢,必须在易感的活细胞中,依靠宿主细胞提供原料、酶、能量和场所等,复制病毒的核酸和合成病毒的蛋白质,进一步构成新的子代病毒。

⑤对于因干扰微生物代谢过程而影响微生物结构和功能的抗生素,具有明显的抵抗力。

病毒种类繁多,按其感染的对象不同,分别称为动物病毒、植物病毒、昆虫病毒、原虫病毒和真菌病毒、放线菌病毒、霉形体病毒、细菌病毒等。一般把寄生真菌、放线菌、霉形体和细菌内的病毒称为噬菌体。

病毒既是一种致病因子,也是一种遗传成分。几乎在所有细胞型生物中,包括微生物、植物、动物及人类等都发现了病毒。不过就某类病毒而言,它具有宿主特异性。人们习惯根据其宿主种类将病毒分为微生物病毒、植物病毒和动物病毒。20 世纪 70 年代以来,人类又陆续发现了比病毒更小、结构更简单的亚病毒,主要包括类病毒、卫星病毒、卫星 RNA 和朊病毒。

很多病毒性传染病具有传染快、流行广、死亡率高的特点,迄今还缺乏确切有效的防治药物。病毒病对人类、畜禽的危害最严重,给畜牧业生产带来巨大的经济损失。因此,进一步学习、研究与病毒有关的基本知识和理论,对诊断和防治病毒性传染病具有重要意义。

(二)病毒的基本结构

1. 病毒的形态大小

(1)病毒的形态

①球形。人、动物和真菌病毒多为球形,其直径为 20～30 nm,如腺病毒、疱疹病毒、脊髓灰质炎病毒、花椰菜花叶病毒和噬菌体 MS_2 等。

②杆状或丝状。是某些植物病毒的固有特征,如烟草花叶病毒、苜蓿花叶病毒、甜菜黄化病毒等。人和动物的某些病毒也呈丝状,如流感病毒、麻疹病毒、家蚕核型多角体病毒等。其丝长短不一,直径 15～22 nm,长度可达 70 nm。

③蝌蚪状。是大部分噬菌体的典型特征。有一个六角形多面体的"头部"和一条细长的"尾部",但也有一些噬菌体无尾。

④砖形。是各类痘病毒的特性。病毒粒子呈长方形,体积约 300 nm×200 nm×100 nm,是病毒中较大的一类。

⑤弹状。见于狂犬病病毒、动物水疱性口腔炎病毒和植物弹状病毒等。病毒粒子呈圆桶形,一端钝圆,另一端平齐,直径约 70 nm,长约 180 nm,略似棍棒。

病毒粒子的 5 种形态如图 1-25 所示。

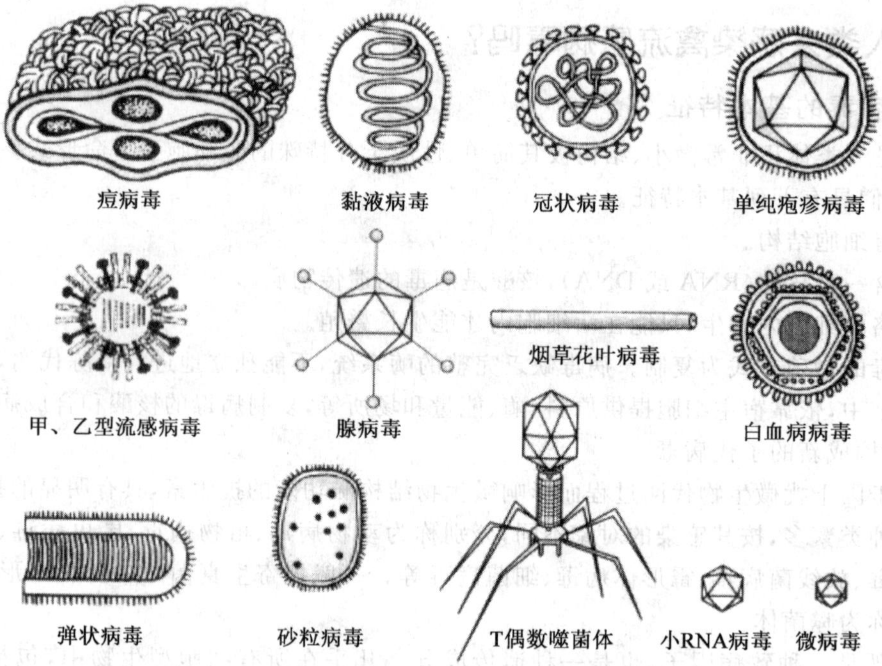

图 1-25　病毒的基本形态

(2)病毒的大小　成熟、具有侵染力的病毒个体称为病毒粒子，其大小以纳米(nm)计量。不同病毒的大小差异很大(图 1-26)，最小的如植物双粒病毒直径仅为 18～20 nm，最大的动物病毒如痘病毒大小可达(300～450) nm×(170～260) nm。

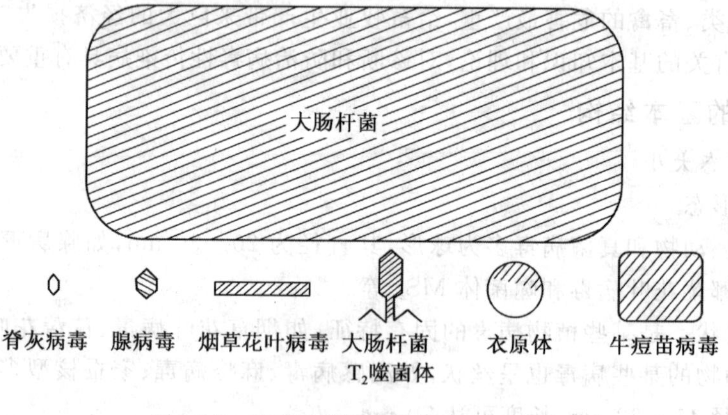

图 1-26　病毒与其他微生物大小之比较

2. 病毒的结构与化学组成

病毒的基本结构主要有核心与衣壳 2 部分，化学成分主要为核酸和蛋白质。此外，有些较为复杂的病毒还具有包膜和刺突等特殊结构。

一个病毒粒子通常由 DNA 或 RNA 构成核心部分，核心外面包裹着一层蛋白质外壳，称为衣壳。核心和衣壳两者统称为核衣壳，它是任何病毒粒子都具有的基本结构(图 1-27)。

只有核衣壳结构的病毒称为裸露病毒。有些病毒(如流感病毒)的核衣壳外面还包被着一层包膜，有的包膜上还有刺突。包膜由脂质、蛋白质和糖类组成，与病毒的吸附和侵入有关。具有包膜的病毒称为包膜病毒。

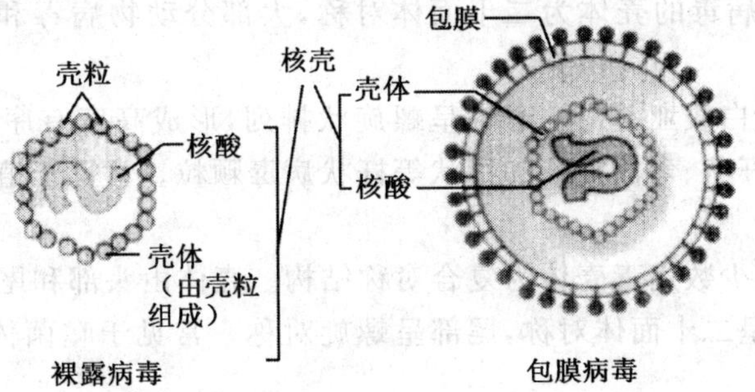

图 1-27 病毒基本形态

(1)核心 病毒的核心是病毒粒子的内部中心结构。核心内有单链或双链核酸(DNA 或 RNA)以及少量功能蛋白质(病毒核酸多聚酶和转录酶)。上述核酸构成了病毒的基因组，包含着该病毒编码的全部遗传信息，主导病毒生命活动和控制病毒增殖、遗传、变异、传染致病等作用。

按照病毒所含核酸的种类不同，通常可将病毒分为 DNA 病毒和 RNA 病毒 2 类。动物病毒多为 DNA 型，如天花病毒，少数为 RNA 型，如流感病毒；植物病毒大多数是 RNA 型，如烟草花叶病毒，少数为 DNA 型；细菌病毒大多为 DNA 型。

(2)衣壳 病毒的蛋白质包括结构蛋白和非结构蛋白 2 类。其中结构蛋白又有衣壳蛋白和包膜蛋白之分，非结构蛋白存在于病毒粒内但非结构成分，或仅出现在被侵染的细胞内。

病毒衣壳是包围在病毒核心外面的一层蛋白质结构，由大量蛋白质亚单位(多肽)按一定排列程序组合而成。该亚单位被称为壳粒，以对称方式排列。每 1 个壳粒可由 1 个或几个多肽组成。衣壳的功能除能保护核心内的病毒核酸免受外界环境中不良因素(如 DNA 酶和 RNA 酶)破坏外，还具有对宿主细胞的特异亲和力，也是病毒的特异性抗原。

少数病毒还由包膜蛋白构成包膜，由糖蛋白与基质蛋白 2 部分组成。其中前者参与组成刺突，后者具有支撑和维持病毒结构的作用，在病毒出芽成熟过程中发挥重要作用，也是包膜病毒的主要表面抗原。

3. 衣壳的对称性

在电镜下能观察到许多病毒粒子的形态和大小，病毒的形状与其衣壳的基本结构有着紧密的联系。病毒衣壳通常有 3 种结构类型(图 1-28)。

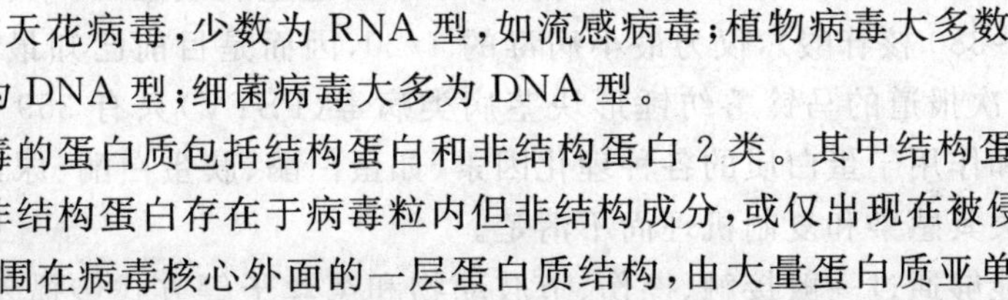

图 1-28 病毒衣壳的对称型

(1)二十面体对称　蛋白质亚基围绕立方对称的正多面体的角或边排列,从而形成一封闭的蛋白质鞘。因二十面体容积为最大,能包装更多的病毒核酸,所以病毒壳体多取二十面体对称结构。球状病毒的壳体为二十面体对称,大部分动物病毒和少数植物病毒呈球状病毒颗粒。

(2)螺旋对称　蛋白质亚基沿中心轴呈螺旋状排列,形成高度有序、对称的稳定结构。螺旋对称的壳体形成直杆状、弯曲杆状和线状等杆状病毒颗粒。常见于植物病毒、细菌病毒和某些昆虫病毒。

(3)复合对称　仅少数病毒壳体为复合对称结构。壳体由头部和尾部 2 部分组成,包装有病毒核酸的头部通常呈二十面体对称,尾部呈螺旋对称。常见于噬菌体和某些形状复杂的动物病毒。

(三)亚病毒

1981 年法国著名病毒学家 A. Dlwoff 将病毒分为真病毒和亚病毒,前者一般同时含有核酸和蛋白质,而亚病毒只含有核酸或蛋白质。亚病毒包括类病毒、朊病毒、卫星病毒和卫星 RNA 等类型。

1. 类病毒

类病毒是无蛋白质外壳保护的游离共价闭合环状单链 RNA 分子,迄今仅在高等植物中发现。类病毒侵入宿主细胞后能够自我复制,并导致宿主生病或死亡。其平均分子质量约为 10^5 u,(仅含 330～380 核苷酸),仅为最小病毒的 1/20,因而是目前已知最小的可传染致病因子。如 1971 年首次报道的马铃薯纺锤形块茎病类病毒(PSTV)只有 359 个核苷酸。类病毒能够耐受紫外线和作用于蛋白质的各种理化因素(如蛋白酶、胰蛋白酶、尿素等),在 90℃下仍能存活。目前有关其感染和复制机理尚不清楚。

类病毒除了能够通过一般接触、擦伤、节肢动物和菟丝子等方式传播外,还可以通过花粉和种子垂直传播。能引发多种疾病,如番茄簇顶病、柑橘裂皮病、黄瓜白果病、椰子死亡病等,危害较大。防治方法主要是选择无感染的种子与繁殖体、防止机械传播等。

2. 卫星病毒

卫星病毒是一类基因组缺损、需依赖辅助病毒才能完成基因的复制、表达与增殖的亚病毒因子。如丁型肝炎病毒必须利用乙型肝炎病毒包膜蛋白才能完成复制周期。常见的卫星病毒还有腺联病毒、卫星烟草花叶病毒等。

卫星病毒与辅助病毒同时侵染寄主植物,对侵染有加强作用,但其遗传物质与辅助病毒有本质区别。

3. 卫星 RNA

卫星 RNA 是指一些必须依赖辅助病毒 RNA 复制酶进行复制,但与辅助病毒基因组无明显同源性的小分子单链 RNA 片段。卫星 RNA 被包装在辅助病毒的壳体中,本身对于辅助病毒的复制不是必需的。卫星 RNA 的存在可影响辅助病毒的产量及其导致的宿主症状与反应,因此,将来有可能被用于人工组建具有防疫功能的弱化疫苗。

4. 朊病毒

朊病毒是一类能在宿主细胞内自主复制和无免疫原性的侵染性蛋白质,即朊病毒蛋白(PrP)。最初于 1982 年由美国的 Prusiner 在研究羊瘙痒病病原体时发现。该蛋白经紫外线照射、高温等能使病毒失活的因子处理后仍能保持感染活性。Prusiner 的发现曾在国际生物学界引起震动，并因此获得1998年诺贝尔生理学和医学奖。因为朊病毒中至今未查到任何核酸，与公认的中心法则——“核酸是遗传信息的载体”的传统观念相抵触。由于该蛋白来源于羊瘙痒病，故用PrPsc表示。现在认为，人和动物基因组DNA中有编码PrP的基因，细胞基因正常表达的PrP称为PrPc。PrPc与PrPsc为同分异构体。

现已证明，朊病毒是包括人克雅氏病、库鲁病、致死性家族失眠症和动物的羊瘙痒病、传染性疯貂症在内的许多疾病的病原因子。1996年，在英国和欧洲发生的疯牛病亦是由朊病毒引起的，人食用染病的牛肉后会有可能患上克雅氏病——传染性海绵状脑病。

总之，朊病毒引起的疾病是继癌症、艾滋病之后对人类提出的又一巨大挑战。朊病毒的本质、致病机理和繁殖方式等问题还有待于进一步阐明。

三、识病原、助防疫

(一)炭疽杆菌

产芽孢的革兰氏阳性大杆菌、人畜共患病病原。炭疽杆菌是引起动物和人类炭疽病的病原菌。因可引起皮肤等组织发生黑炭状坏死，故称为“炭疽”，主要以草食动物最敏感、杂食动物敏感性较低。本菌可传染给人，临床病型有皮肤炭疽、肺炭疽等。该病在我国已基本被控制，只有个别散发病例出现。

1. 主要特性

本菌为菌体最大的致病菌之一，繁殖体长而直，长为4～10 μm，宽为1～1.5 μm，在动物或人体内常呈单个或短链。人工培养基上则形呈长链，在菌体相连处有清晰的间隙，如竹节状，无鞭毛。在机体内或有血清的培养基上形成荚膜，与致病力有关。一般认为在有氧的条件及适宜的温度(25～30℃)形成卵圆形的芽孢，位于菌体的中央，不超过菌体的横径，折光性强，芽孢成熟后因菌体崩解而脱落，形成游离芽孢。一般染色法不易使芽孢着色。

菌体粗大，两端平均，单个或短链状，菌体间有间隙，形如竹节，猪体内较特殊，形成弯曲或部分膨大的菌体。可形成芽孢、英膜、无鞭毛、需氧气或兼性厌氧，在普通平板上可形成灰白色、表面粗糙、扁平、干燥、边缘不整的菌落，在低倍镜下呈边缘卷发状(图1-29)。

液体培养管底有白色絮状沉淀，轻摇沉淀徐徐上升，卷绕成团不散，不形成菌膜。能液化明胶，培养2～3 d之后，本菌沿穿刺线辐射生长，形成白色的倒松树状上部呈漏斗状(图1-30)。在血液琼脂中不溶血是与类似炭疽杆菌的其他细菌主要区别之一。

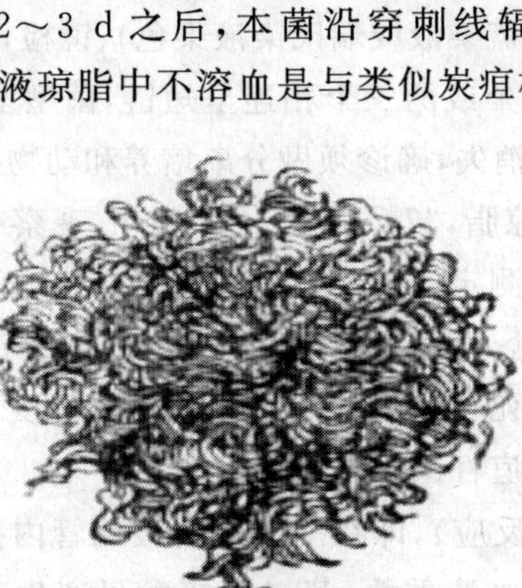

图1-29　炭疽杆菌卷发状菌落

图1-30　炭疽杆菌明胶穿刺培养

2.类型

炭疽杆菌抗原主要有如下3种类型：

(1)保护性抗原　中间代谢产物、蛋白质、死后动物水肿液中为炭疽毒素、部分有免疫原性，但对于机体可避免感染。

(2)荚膜抗原　半抗原与毒力有关，抵抗吞噬。

(3)菌体抗原　细胞内半抗原、耐热、能与特异性抗体形成环状沉淀，且部提组织或皮毛浸液煮沸糖时不被破坏，故用于鉴定、诊断、无毒力。

炭疽杆菌繁殖体抵抗力不强，但芽孢体极强。据报道，其芽孢体在室温干燥环境下能存活22年，在皮革中存活几年。牧场一旦被芽孢污染，感染性可保持20～30年，120℃高压蒸汽消毒15 min，干热140℃经3 h能杀死芽孢。本菌芽孢对碘特别敏感，1∶2 500的碘液10 min即可杀死，0.1%盐酸1～5 min杀死芽孢，过氧乙酸亦有较强的杀菌作用，20%漂白粉、10%的氢氧化钠也是常用的消毒液。

3.致病性

炭疽杆菌的毒力主要与其荚膜多肽和炭疽毒素有关，前者能抑制抗体的作用，并能对抗吞噬细胞的吞噬，炭疽毒素毒性很强，包括水肿因子、保护性抗原和致死因子，3种成分的混合液致病力强，主要能增强微血管通透性，改变血循环动力，损害肾脏，干扰糖代谢并致死。

牛、绵羊、马、骆驼、山羊、鹿等草食动物对本菌最易感，猪次之，肉食动物有抵抗力。尤其是绵羊感染后呈急性败血症死亡。猪多局限于嘴部，肉食动物对炭疽感受性较低。人多因直接或间接接触病畜毛皮、误食病畜肉或吸入芽孢而感染，常见于屠宰、毛皮、制革和牧业工人。临床多见的病型有皮肤炭疽、肠炭疽和肺炭疽。

实验动物中白鼠、豚鼠、家鼠最敏感，接种后18～72 h发生败血症死亡。

4.检查

对疑似为炭疽死亡动物的尸体，应尽快自末梢血管(耳尖、尾尖)采血，涂片镜检。将尸体剖开是不允许的，只有在非常条件下才能将尸体局部切开，取小块脾脏做镜检、培养和血清学检查。病料采完后，用0.2%升汞或5%石炭酸纱布切口堵塞。病料装入试管式玻璃瓶内，用蜡封口，以浸有0.2%升汞的纱布包好，并装入塑料袋内，再放入广口瓶，由专人送检。对腐败尸体或掩埋已久的尸体，则采取长骨送检。

(1)镜检　新鲜病料涂片、染色(用久置保存的美蓝染液或瑞氏染液染色)、镜检，如发现有荚膜的典型细菌，即可初步诊断。但猪体检出的多呈单个或两三个相连呈短链，菌型多样，如弯曲或菌体部分膨胀，诊断困难。陈旧腐败病料菌体崩解消失，确诊须做分离培养和动物接种。

(2)分离培养　取病料接种于普通琼脂或血液琼脂，37℃培养18～24 h，观察有无典型的炭疽杆菌菌落，同时涂片革兰氏染色镜检，并做动力测定。

(3)动物试验　将待检病料或培养物用生理盐水适当稀释和磨匀后，皮下注射小白鼠0.1～0.2 mL，如为炭疽，多在18～72 h内因败血症死亡。剖检时可见注射部位皮下呈胶样水肿，脾脏肿大，在内脏和血液中有大量具有荚膜的炭疽杆菌存在。

(4)血清学试验　可用炭疽沉淀试验(Ascoli氏反应)，即在一支小的玻璃管内把疑为炭疽病死亡的动物尸体组织浸出液与特异性炭疽沉淀素血清重叠，若二液接触可产生灰白色沉淀环即可确诊。该方法简便快速，不仅适用于死亡动物的各种新鲜病料，而且也适用对干燥的皮毛、陈旧或严重污染杂菌的动物尸体的检查。但因炭疽杆菌与蜡状芽孢杆菌有共同抗原，因此本试验特异性不高，敏感性也较差，只能作为供诊断炭疽病的参考。

5. 防制

对易感染家畜进行预防接种是防治炭疽病的有效措施。预防接种常用无毒炭疽芽孢和第二号炭疽芽孢苗 2 种，但前者对山羊反应较重，不适用于山羊，后者对各种家畜都很适用。治疗炭疽病可采用抗炭疽血清或用抗生素、磺胺类药治疗。对病畜尸体严禁解剖，应予以焚烧或深埋地下 2 m 以下。被污染的环境常用 10%的 NaOH 和 20%的漂白粉彻底消毒。

(二)猪繁殖与呼吸综合征病毒

猪繁殖与呼吸综合征病毒(porcine reproductive and respiratory syndrome virus，PRRSV)是猪繁殖与呼吸综合征的病原体。该病是一种主要侵害繁殖系统，以发热、厌食、流产、木乃伊胎、死胎及弱仔等以及仔猪呼吸道症状、免疫机能障碍及高死亡率的新型和高度传染性为特征的综合征。因患病猪的耳朵等处发绀又称为“猪蓝耳病”。该病从 1987 年被发现以来，已给世界养猪业造成了巨大的经济损失。

1. 主要特性

PRRSV 属动脉炎病毒科，动脉炎病毒属，是一种单股 RNA 病毒。圆形，有的有囊膜，病毒直径为 60～80 nm；有的无囊膜，直径为 40～50 nm，核衣壳呈二十面体对称。无血凝活性。PRRSV 有许多不同的毒株。不同毒株间的抗原性和致病性存在明显差异。根据病原特性不同分为欧洲型(A 亚群)和美洲型(B 亚群)。

该病毒对热敏感，37℃经 48 h、56℃经 45 min 即可被灭活，4℃仅存活 1 个月，pH 低于 5 或高于 7 的环境下很快被灭活。

2. 致病性

本病毒可侵害各种年龄的猪，对其他家畜和动物还未见发病报道，但已证明禽类参与此病的传播。妊娠母猪和哺乳仔猪受害最严重，生长猪和育肥猪感染后症状较温和。母猪怀孕后期若受病毒感染，病毒可经胎盘感染胎儿。怀孕母猪发生流产、早产，早产胎儿可比正常分娩提早 6 周，流产死胎数大量增加，可达 50%以上，此外还有不少木乃伊胎。有 1%～5%感染母猪耳尖、四肢末端、尾巴及乳头呈蓝紫色，多发生于症状出现后 5～7 d，以耳尖变蓝最常见。母猪有的少奶或无奶。耐过母猪以后可重新怀孕，但窝产仔数和仔猪存活率下降。公猪主要表现为倦怠、嗜睡、精神不振。小猪发病后主要表现为呼吸困难，明显腹式呼吸和咳嗽等，断奶仔猪死亡率可达 40%～100%。

3. 检查

(1)病毒分离培养与鉴定　用病猪的肺、脾、死胎儿的肠及腹水、胎儿血清、母猪血液、鼻拭子和粪便等进行病毒分离。先将病料研磨制成 1∶10 乳剂，经 1 500 r/min 离心 30 min，取上清液加抗生素，再经 0.45 μm 滤膜过滤，取滤液接种猪肺泡巨噬细胞培养，培养 5 d 后，用免疫过氧化物酶法染色检查肺泡巨噬细胞中 PRRSV 抗原。也可将病料接种 CL_{-2621} 细胞或 $MarC_{145}$ 细胞培养，37℃培养 7 d 观察细胞病变，并用间接荧光抗体染色法或中和试验法进行病毒鉴定。

(2)酶标抗体染色法　将采取的鼻黏膜、肺、气管、脾等组织进行冷冻切片，切片用丙醇固定 10 min，然后用过氧化物酶标记抗体染色，显微镜观察可在组织内发现病毒。

4. 防制

本病目前尚无有效药物进行治疗，主要采取免疫接种、加强管理、彻底消毒、严格检疫、切断传播途径、控制继发感染等综合性防制措施。

免疫接种是预防 PRRS 的一种重要手段，弱毒疫苗用于 3～18 周龄和未妊娠母猪。目前对其免疫效果存有争议。灭活疫苗对后备猪和育成猪在配种前 1 个月免疫注射，对经产母猪空怀期接种 1 次，3 周后加强 1 次。虽然灭活疫苗副作用小、较安全，但免疫效果较差。有人利用地方株制备灭活苗，在当地使用取得了相对较好的免疫效果。

◈**复习思考题**

1. 用鸡胚接种病毒有哪些方法？
2. 什么是病毒？它有哪些特征？
3. 试述病毒的主要化学组成及其功能。
4. 简述你对炭疽杆菌的认识。
5. 简述你对猪繁殖与呼吸综合征病毒的认识。

探索与发现

微生物与生物能源

微生物和动物、植物一样是自然界三大物种之一。生物能源是指利用生物可再生原料及太阳能生产的能源，包括生物质能、生物液体燃料及利用生物质生产的能源如燃料酒精、生物柴油、生物质气化及液化燃料、生物制氢等。能源微生物是指以甲烷产生菌、乙醇产生菌和氢气产生菌为代表的能源性微生物。主要种类有甲烷产生菌（如甲烷杆菌属、甲烷八叠菌属等）、乙醇产生菌（如酵母菌属、曲菌属等）、氢气产生菌（如红螺菌属、埃希氏菌属、蓝细菌类等）。

将生物质（植物、动物及其排泄物、垃圾及有机废水等）转化为能源最有效的途径是微生物发酵，包括沼气发酵、酒精发酵与氢燃料的研发，从而生产出燃料酒精、生物柴油和生物氢等绿色生物能源。由于地球上的微生物资源数量巨大且繁衍速度快，因而人类不用担心它会迅速枯竭。我国虽已探明煤储量 6 000 亿 t、石油 70 亿 t、水力发电 6.8 亿 kW，但由于 1978 年以来我国总的能源利用率已超过 30%，能源分布不均匀，能源产量低和农村能源供应短缺等因素，致使能源供应趋于紧张。开发利用微生物能源可以起到显著的缓解作用。特别是在农村年产稻壳 3 225 万 t、玉米芯 1 250 万 t、甘蔗渣 400 万 t、棉籽壳 200 万 t、糠醛渣 30 万 t、人畜粪便 1 380 万 t 的条件下，可用微生物作用年产沼气达 14.28×10^8 m^3，相当于 25.94×10^6 t 标准煤，从而彻底改变现在农村能源短缺的状况。

此外，科学家们利用电池制作原理制造出了微生物电池。燃料电池是电池家族中的后起之秀。其原理是让燃料在负极的一端发生化学反应，失去电子；让氧化剂在正极的一端发生反应，得到从负极经过导线跑过来的电子。燃料电池可以用氢、肼、甲醇、甲醛、甲烷、乙烷等做燃料，以氧气、空气、双氧水等为氧化剂。现在我们可以利用微生物生命活动产生的所谓"电极活性物质”作为电池燃料，然后通过类似于燃料电池的办法，把化学能转换成电能，成为微生物电池。

设想一下吧：手机永远也不会断电了，因为手机电池中的数百万个微小细菌不断咀嚼着“丰盛的午餐”，从而源源不断地释放出电能。这听起来太离谱了是吧？但是通过这些年的研究和发展我们非常愿意看到这样的事情发生，而且凭借当今的技术微生物转化为能源也不会是一件非常困难的事情。

项目二　控制与利用微生物

任务一　灭菌与消毒

◆**知识目标**

认识消毒灭菌的原理

◆**能力目标**

学会进行消毒与灭菌

◆**主要应用**

畜舍及无菌器材消毒

一、边做边学　怎样使用常规灭菌器材?

(一)玻璃器皿的准备

1.目的

学会常用玻璃器皿的准备。

2.材料

试管、吸管、培养皿、三角烧瓶、烧杯、量筒、漏斗、试管刷、细铁丝、吸球、普通棉花、脱脂棉、纱布、棉线、牛皮纸、旧报纸、铝制消毒筒、新洁尔灭或来苏儿、碳酸钠、洗衣粉、重铬酸钾、粗硫酸、蒸馏水、洗涤用大盆、金属丝篓等。

3.方法

(1)洗涤　将玻璃器皿浸泡于洗衣粉或其他洗涤液中,用毛刷或试管刷反复刷洗,必要时可在刷子上蘸上洗衣粉刷洗,以除去其上的油渍污垢,然后用清水反复冲洗,最后用蒸馏水冲洗。若经清水冲洗后仍有油渍未洗干净,应于2%～5%碳酸钠溶液或5%肥皂水中煮沸30 min,然后刷去油渍和污垢,最后分别用清水和蒸馏水冲洗干净。

吸管的洗涤比较困难,可先用细铁丝将管口的棉塞捅出,接着将其浸泡于5%热洗衣粉水中,在细铁丝的一端缠上少许棉花或纱布,在管中来回移动,以除去管内的油渍和污垢,然后用吸球一吸一挤反复冲洗数次,最后用清水和蒸馏水反复冲洗数次,倒立于垫有纱布的金属丝篓中干燥。

(2)干燥　一般采用自然干燥法,必要时可在温箱或干燥箱内干燥。

(3)包扎

①棉塞的制作。视试管口和瓶口的大小,取适量棉花卷成圆锥形,必要时再取纱布包扎紧,具体操作如图2-1所示。

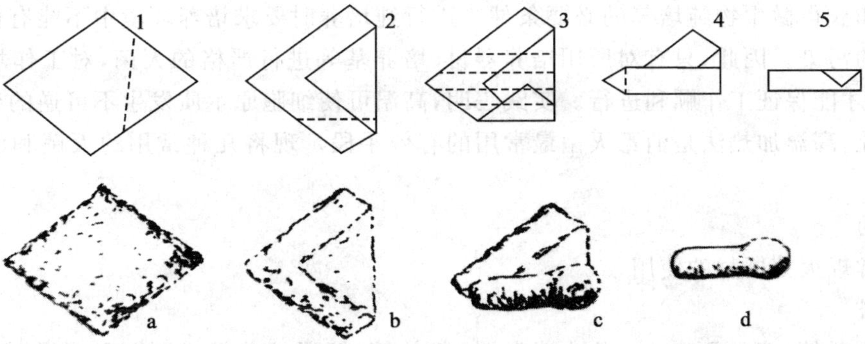

图 2-1　棉塞制作示意图

②试管的包扎。将试管口用棉塞塞上，以 8～10 支为 1 捆，用棉线在试管中部捆扎，再用 1 张牛皮纸将整捆试管的棉塞端包好，纸外捆以棉线即成。

③吸管的包扎。先在吸管口端塞少许棉花，然后用报纸条从尖端开始斜向卷曲缠绕包裹，口端多余的纸筒折转向前，再以 10 支为 1 捆，用报纸或牛皮纸包起，外捆以棉线，具体操作如图 2-2 所示，然后置于铝制消毒筒内消毒。

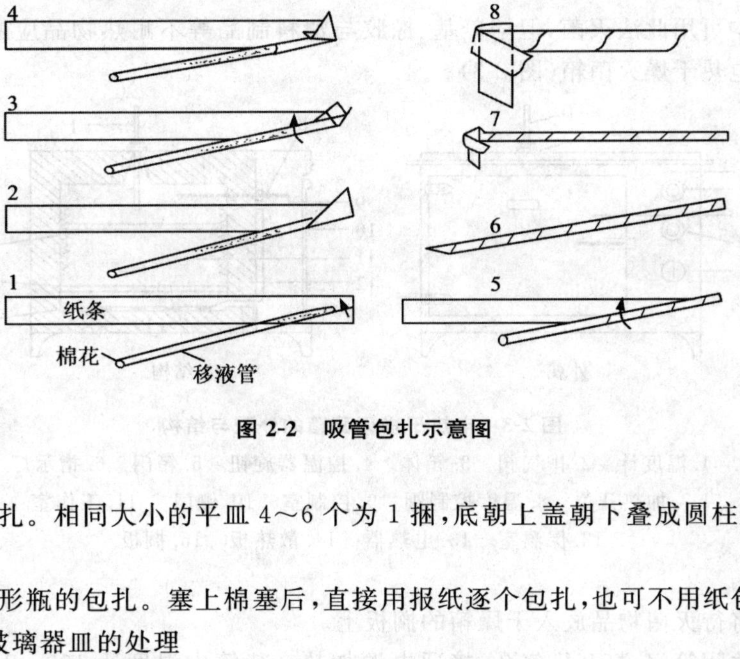

图 2-2　吸管包扎示意图

④平皿的包扎。相同大小的平皿 4～6 个为 1 捆，底朝上盖朝下叠成圆柱状，然后用报纸或牛皮纸包裹。

⑤烧杯和锥形瓶的包扎。塞上棉塞后，直接用报纸逐个包扎，也可不用纸包扎。

(4)云雾状玻璃器皿的处理

①清洁液的配制。取重铬酸钾 10 g 溶于 63 mL 蒸馏水中，制成重铬酸钾饱和溶液，再用吸取此溶液 35 mL 加入 1 000 mL 粗硫酸中即成。

②清洗。玻璃器皿特别是云雾状玻璃器皿，普遍的清洗法不易洗净，可用上述清洁液浸泡 24 h，然后用清水冲去清洁液，再用洗衣粉水刷洗至干净为止，仍清洗不净者弃之。清洁液可反复多次使用，直至颜色变为蓝绿色或黑色为止。

(二)灭菌与消毒

在微生物实验、生产和研究中，通过灭菌以杀死或除去培养基内与所用器皿中的一切微生物是分离和获得微生物纯培养的必要条件。进行纯培养时要求培养环境中不能有任何杂菌及任何杂菌的污染。因此，只有对所用培养器材、培养基等进行严格的灭菌，对工作场所进行适当的消毒，才能保证工作顺利进行。实践表明，高温可使细胞原生质发生不可逆的变性而失去活性。因此，高温加热法是消毒灭菌最常用的有效手段。现将几种常用的灭菌和消毒方法介绍如下：

1. 目的

学会常规灭菌器材的使用。

2. 材料

干热灭菌箱、高压灭菌锅、煮沸消毒器、紫外灯、恒温培养箱、酒精灯、微孔滤膜过滤器、0.22 μm 滤膜、超净工作台、已包扎的玻璃器皿和金属器皿、带塞无菌试管、注射器、接种环、胶手套、果汁、2%葡萄糖滤液、石炭酸、来苏儿、牛肉膏蛋白胨琼脂培养基、糖发酵培养基(见附录)。

3. 方法

(1)火焰灭菌　将微生物接种工具，如接种环、接种针或其他金属用具等直接在酒精灯火焰上灼烧至红热，置火焰旁冷却后方可接种或使用。该方法的优点是灭菌迅速而又彻底。在接种过程中，试管或三角瓶口、吸管等也采用通过火焰达到灭菌的目的。

(2)干热灭菌箱灭菌　利用干燥的热空气杀灭微生物的方法。玻璃器皿、金属用具等凡能耐高温的物品均可用此法灭菌，但培养基、橡胶与塑料制品等不耐热物品应避免用此法灭菌。其基本设备是电热干燥灭菌箱(图 2-3)。

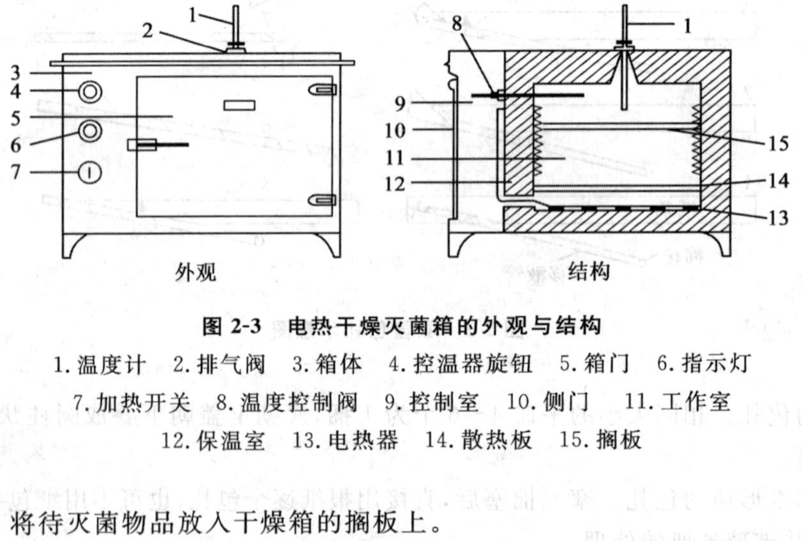

图 2-3　电热干燥灭菌箱的外观与结构

1. 温度计　2. 排气阀　3. 箱体　4. 控温器旋钮　5. 箱门　6. 指示灯　7. 加热开关　8. 温度控制阀　9. 控制室　10. 侧门　11. 工作室　12. 保温室　13. 电热器　14. 散热板　15. 搁板

①装料。将待灭菌物品放入干燥箱的搁板上。

②升温。关闭箱门，打开排气孔，接通电源加热。待箱内温度达 100～105℃时关闭排气孔，继续加热。如有鼓风装置，箱内温度升到 60～80℃时可开动鼓风机 10 min，以均匀箱内温度，直至温度升至 160℃。

③恒温维持。待温度升到 160℃时，调节温控器旋钮，维持 2 h。

④降温。灭菌完成后，切断电源，使其自然降温。

⑤取料。待箱内温度降至 60℃以下时打开箱门取出物品。

⑥注意事项。待灭菌器皿均需预先洗净、干燥、包扎后置于灭菌器内；注意不要将带水的玻璃器皿进行干烤，以免破裂；器皿不宜堆放过紧，以免妨碍空气流通，影响灭菌效果；电源电

压必须与灭菌器电压相符；为防止纸张和棉花焦化起火，灭菌温度不得超过 180℃；油纸在高温下产生油滴，滴至电热丝上易着火，故禁用油纸包扎物品。

(3)煮沸法 100℃煮沸 5 min 能杀死所有细菌的繁殖体。细菌芽孢需经煮沸 5～6 h 才能被杀灭。若于水中加入 2%～5%的石炭酸可增强杀菌力，15 min 即可杀死炭疽杆菌芽孢；在水中加入 1%的碳酸钠，使溶液偏碱性，可增强杀菌力和减缓金属氧化，具有一定的防锈作用。本法适用于一般器械如刀、剪和注射器等的消毒。

(4)常压蒸汽灭菌 常压蒸汽灭菌是湿热灭菌的方法之一，是指在不能密闭的容器里，将水烧开以产生蒸汽。此时，蒸汽压力不超过大气压力，温度不超过 100℃，大多数微生物都能被杀死，但部分产生芽孢的细菌短时间内不易死亡，因此必须采取长时间持续加热或间歇灭菌的方法才能达到杀灭芽孢和完成灭菌的效果。在不具备高压蒸汽灭菌设备的情况下，常压蒸汽灭菌是一种最常用的灭菌方法。另外，一些不宜用高压蒸煮灭菌的对象，如牛奶、明胶和糖类等培养基的灭菌应采用常压下间歇灭菌。

①常压蒸汽持续灭菌。是在常压蒸汽灭菌器或蒸笼中延长蒸煮时间的方法。从蒸汽大量冒出(或称“元气”)开始，继续加火力使之保持充足蒸汽源，持续加热 6～8 h，可以杀死大部分芽孢，基本上达到灭菌的目的。

②常压蒸汽间歇灭菌。流通蒸汽灭菌不能杀死芽孢和孢子，所以必须进行间歇灭菌，每次 30 min，间隔 24 h，连续 3 d 即可达到灭菌目的。

a. 加水。通过加水孔向灭菌器内加水，水量以不淹没搁板为度。

b. 装料。将物品放入灭菌器搁板上，将门关上。

c. 加热灭菌。接通电源加热，使水沸腾产生蒸汽，维持 30～60 min 后撤去热源，取出物品。

d. 培养。待灭菌物品冷却后，置 37℃温箱或室温培养 24 h，使其芽孢萌发。

e. 二次灭菌与培养。次日再同上进行灭菌和再培养。

f. 三次灭菌与培养。于第 3 天再重复上述步骤并进行无菌检查。

(5)高压蒸汽灭菌 高压蒸汽灭菌是在密闭的高压蒸汽灭菌锅中进行的(图 2-4)。其原理在于水在密闭的加压蒸汽灭菌器灭菌锅中煮沸，产生蒸汽，驱除锅内空气后，使蒸汽不能逸出，因而增加了锅中的蒸汽压力，蒸汽压力提高，水的沸点随着上升(表 2-1)，因而能够获得比 100℃更高的蒸汽温度。通常在 0.1 MPa 的压力下，温度可达 121.3℃，维护 15～30 min 即可完全杀死物品内外的微生物和芽孢及孢子。此法灭菌效果好，故常用于各种耐热的培养基、液体、玻璃器皿、橡胶制品、金属器械、纱布、工作服及废弃的培养物等的灭菌，也是微生物灭菌技术措施中应用最广、效果最好的湿热灭菌方法之一。

①加水。取出锅内套桶向锅内加水约 3 000 mL，以与锅底三角搁架圈相平为度。

②装料。将套桶放到原位，待灭菌的物品放入桶内。放置物品不宜过于拥挤，以利于蒸汽流通。

③密封。将锅盖上的排气软管插入套桶的排气槽内，对齐上下螺栓，按对角线两两相对同时拧紧螺栓，使螺栓的松紧度相一致，以免漏气。

④加热。打开排气阀，将压力锅加热。待冷空气排尽时关闭排气阀，继续加热至升压。

⑤维护。压力表指针上升至 0.1 MPa 时开始计算时间，控制热源维持 15～30 min。

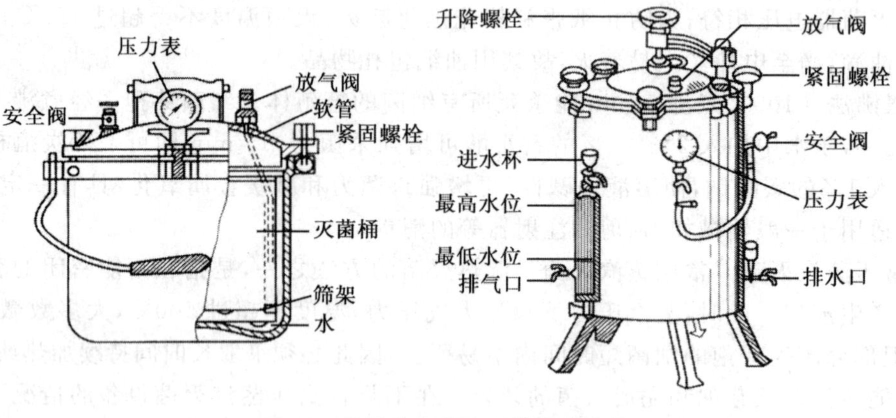

图 2-4 常用高压蒸汽灭菌锅的结构

表 2-1 蒸汽压力与温度的关系

蒸汽压力 /(lb/in²)	蒸汽压力 /Pa	相对温度/℃	蒸汽压力 /(lb/in²)	蒸汽压力 /Pa	相对温度/℃
0	0	100.0	20	1.378×10^5	126.6
5	3.445×10^4	107.7	25	1.723×10^5	130.5
10	6.890×10^4	115.5	30	2.067×10^5	134.4
15	1.033×10^4	121.6			

⑥降压。达到所要求的灭菌时间后，切断电源，使其自然降压冷却。

⑦取料。压力表指针退回“0”位时，打开排气阀，松动螺栓，揭开锅盖取出物品。

⑧清锅倒出锅内剩余的水并擦干，以保持干燥。

⑨注意事项。使用前应检查各部件，尤其是安全阀、压力表和排气软管是否完好；升压前必须排尽锅内冷空气，否则压力表显示的温度与锅内温度不符，影响灭菌效果。二者的关系见表 2-2。

表 2-2 空气排除程度与灭菌器内温度的关系

空气排除程度	压力/Pa	相对温度/℃	空气排除程度	压力/Pa	相对温度/℃
完全排除	1.0333×10^5	121	排除 1/3	1.0333×10^5	109
排除 2/3	1.0333×10^5	115	完全未排除	1.0333×10^5	100
排除 1/2	1.0333×10^5	112			

整个灭菌过程中应由专人负责控制电源，以防万一。灭菌完毕，应待压力降至气压表“0”处时方可打开排气阀。放气过早，压力突然下降会使瓶内或试管内液体冒出。

(6)巴氏灭菌法　有些物品，如某些食品不能加热到煮沸温度，否则会损害食品中的营养成分或改变其色、香、味等特征。采用巴氏灭菌法进行处理，既可以避免食品营养价值下降，同时又能够达到消毒或防腐的目的。该法是将待消毒的液体饮料等 60℃加热 30 min 或 70℃加热 15 min，从而杀死其中病原菌和部分微生物的营养体。如牛奶、啤酒、黄酒、酱油、食醋、某些果汁、饮料等均可用此法灭菌。经超高温巴氏灭菌法处理(通过不低于 132℃的管道 1～2 s

后迅速冷却)后的鲜牛奶可在常温下保存半年。

啤酒灭菌常采用巴氏灭菌单位 PE,即在 60℃经 1 min 引起的灭菌效应称为 1 个 PE。目前,国内熟啤酒多采用 60℃处理 20 min,即 20 个 PE 作为灭菌标准。

(7)紫外线灭菌　紫外线灯是人工制造的低压水银灯,能辐射出主要波长为 253.7 nm 的紫外线,杀菌力强且稳定。紫外线穿透力较弱,所以只适用于无菌室、接种箱和手术室内的空气及物体表面灭菌。紫外线灯距照射物以不超过 1.2 m 为宜。

此外,为了加强紫外线的灭菌效果,在打开紫外线灯前可于无菌室或接种箱内喷洒 3%～5%的石炭酸溶液,一方面使空气中附着有微生物的尘埃降落,另一方面也可杀死部分细菌。无菌室内的桌面、凳子可用 2%～3%的来苏儿擦洗,然后再开紫外灯照射,从而增强杀菌效果,达到灭菌目的。

①单用紫外线照射。在无菌室或接种箱内打开紫外线灯,照射 30 min 后关闭;将普通琼脂平板盖打开 15 min,然后盖上皿盖,置 37℃培养 24 h。共做 3 套。

检查每个平板上生长的菌落数。如果不超过 4 个,说明灭菌效果良好,否则需延长照射时间或同时兼用其他措施。

②化学消毒剂与紫外线照射结合使用。在无菌室内,先喷洒 3%～5%的石炭酸溶液,再用紫外线灯照射 15 min;无菌室内的桌面、凳子用 2%～3%来苏儿擦洗,再打开紫外线灯照射 15 min;检查灭菌效果的方法同单用紫外线照射。

③注意事项。紫外线对眼结膜及视神经有损伤作用,对皮肤有刺激作用。因此,不能直接在紫外光灯下工作。必要时需穿防护工作衣帽和戴有色眼镜方可。

(8)微孔滤膜过滤除菌　过滤除菌是通过机械作用滤去液体或气体中细菌的方法。根据不同的需要选用不同滤器和滤板材料。微孔滤膜过滤器是由上、下 2 个分别具有出口和入口连接装置的塑料盖盒组成,出口处可连接针头,入口处可连接针筒。使用时将滤膜装入 2 塑料盖盒之间,旋紧盖盒,当溶液从针筒注入滤器时,此滤器将各种微生物阻留在微孔滤膜上面,从而达到除菌的目的。此法除菌的最大优点是可以不破坏溶液中各种物质的化学成分。但由于滤量有限,故一般只适于实验室中小量溶液的过滤除菌。

①组装和灭菌。将 0.22 μm 孔径的滤膜装入清洗干净的塑料滤器中,旋紧压平,包装灭菌后待用。

②连接。将灭菌滤器入口在无菌条件下,以无菌操作方式连接于装有待滤溶液(2%葡萄糖溶液)的注射器上,将针头与出口处连接并插入带橡皮塞的无菌试管中。

③压滤。将注射器中的待滤溶液加压缓缓挤入并过滤到无菌试管中。滤毕,再将针头拨出。压滤时,注意用力应适当,不可太猛太快,以免细菌被挤压通过滤膜。

④无菌检查。无菌吸取除菌滤液 0.1 mL 于普通琼脂平板上,涂布均匀,置 37℃温室中培养 24 h,检查是否有菌生长。

⑤清洗。弃去塑料滤器上的微孔滤膜,将塑料滤器清洗干净,并换上一张新的微孔滤膜组装包扎,经灭菌后再使用。

⑥注意事项。整个过程应严格在无菌条件下操作,以防污染。过滤时应避免各连接处出现渗漏现象。药品生产中采用的过滤器不得对被过滤成分有吸附作用,也不能释放物质和有纤维脱落。因此,禁用含石棉的过滤器。

(9)超净工作台的使用技术　超净工作台又称为无菌工作台,目前多采用垂直层流的气流形式。通过变速离心风机将负压箱内经预滤器过滤后的空气压入静压箱，再经过高效滤器进行二级过滤。从出风面吹出的洁净气流，以一定和均匀的断面风速通过工作区时，将尘埃颗粒和生物颗粒（主要是微生物）带走，从而形成无尘无菌的工作环境。超净工作台有单人操作与双人操作等类型，可按需选用。其基本操作步骤如下。

①使用时应提前 50 min 打开紫外线灯杀菌，30 min 后关闭，同时启动送风机。

②净化区内严禁存放不必要的物品，以保持洁净的气流不受干扰。

③操作人员将手消毒后再穿戴无菌工作衣帽和口罩。然后打开玻璃门，用酒精棉球擦拭工作台，放入经灭菌的器材与接种材料。操作前再将手消毒一遍。

④操作完毕，应将所有接种用具消毒或置于盛有消毒液的缸内，再次对手和工作台进行消毒，关闭玻璃门与电源。必要时可重新开启紫外线灯杀菌后再关闭电源。

⑤注意事项。在所有操作中均不应有大幅度或快速的动作，以免搅动空气；使用玻璃器皿应轻取轻放，避免破损和培养物扩散；操作时点燃酒精灯，在近火焰区操作；金属接种器皿使用前后均需灼烧灭菌；在开启菌种管或其他供试品安瓿前应用碘酊或酒精棉消毒菌种管或安瓿，刻痕用的砂轮或锉刀也应消毒，折断时小心防止污染；在用注射器、吸管、滴管接种后，应置于盛有消毒液的缸或桶内；掉落在工作台上的无菌瓶塞或试管一般不宜再用。

二、环境因素对微生物有什么影响吗？

微生物种类多，繁殖迅速，适应性强，因此在自然界中分布甚广。微生物与外界环境的关系也极为密切。各类群微生物因对环境的反应不同而构成各种不同的生态系统。同时，微生物的生命活动也影响着周围环境。只有掌握微生物与环境之间的依赖关系，才有可能按照人类意愿设法控制微生物的活力和消灭有害微生物，因而对生产具有重要的指导意义。

（一）基本概念

（1）无菌　不含活菌。

（2）灭菌　是应用物理或化学方法杀灭物品或环境中的所有微生物。灭菌后的物品即处于无菌状态。

（3）消毒　是指应用物理或化学方法杀灭物品上或环境中绝大部分微生物（特别是病原微生物）。物品经消毒处理后，虽仍有少数微生物未被杀死，但已不致引起有害作用。

（4）防腐　防止或抑制微生物生长繁殖。许多药物在低浓度时只有抑菌作用，浓度增高或延长作用时间则有杀菌作用（消毒）。

（二）物理因素的影响

影响微生物的物理因素很多，本节着重介绍温度、干燥、射线和过滤除菌等几个方面。

1. 温度

温度是微生物生长繁殖的重要条件，不同的温度对微生物的生命活动产生不同的影响。只有在适宜的温度范围内，微生物才能够进行正常的生命活动；反之，温度过高或过低都会影响微生物的新陈代谢，甚至使其停止生命活动乃至死亡。

（1）生长温度　微生物生长繁殖最快、最旺盛，并能够将生命机能充分表现出来的温度称为最适温度；微生物能够生长的最低、最高温度分别称为最低温度和最高温度，低于最低温度或者高于温度，微生物生长即停止甚至死亡。具体影响见表 2-3。

表 2-3 微生物的生长温度

类别		生长温度/℃			备注
		最低	最适	最高	
嗜冷菌		−5～0	10～20	25～30	水中和冷藏场所的微生物
嗜温菌	嗜室温菌	10～20	18～28	40～45	腐物寄生微生物
	嗜体温菌	10～20	37	40～45	病原微生物
嗜热菌		25～45	50～60	70～85	土壤、温泉、厩肥中的微生物

(2)高温　微生物对高温比较敏感,所以应用高温进行灭菌是最常用的物理灭菌法,常分为干热和湿热灭菌 2 种(详见无菌操作技术部分)。其原理是破坏菌体蛋白质和核酸中的氢键,导致蛋白质凝固变性、酶失去活性以及核酸遭受破坏,致使新陈代谢发生障碍而使细菌发生死亡。

(3)低温　大多数微生物对低温具有较强的抵抗力。通常在低温条件下,微生物的代谢活动逐渐降低甚至停止,不再进行繁殖,但能较长时间地维持生命。当温度上升至最适温度时,微生物又开始正常的生长繁殖。因此,低温处理的目的并不是灭菌,而是抑制细菌的生长与繁殖,故常用低温保存菌种等。但少数病原微生物,如多杀性巴氏杆菌、脑膜炎双球菌等对低温特别敏感,在低温中保存比在室温中死亡更快。一般细菌、酵母菌、霉菌斜面培养物保存于 0～4℃,有些细菌和病毒保存−20～−70℃。最好在−196℃液氮中保存,可长期保持活力。

低温冷冻真空干燥是保存菌种、补体、疫苗、药物等的良好方法。首先将需保存的物质放在玻璃容器中,在低温下迅速冷冻,然后用抽气机抽去容器内的空气,使冷冻物质中的水分升华而干燥,从而使微生物或其他物质在冻干状态下长期保存而不失活或变质。

然而,对细菌和真菌长期冰冻保存并不适宜,甚至最终必将导致菌种的死亡。尤其是反复冰冻融化对所有微生物都有很大的破坏力,在保存菌种时应特别引起重视。

2. 干燥

水分是微生物不可缺少的成分。在正常情况下,微生物体内所进行的各种生物化学反应均以水分为媒介。在缺水的环境中,微生物的新陈代谢发生障碍并最终死亡。不同种类的微生物对干燥的抵抗力差异很大。如淋球菌和鼻疽杆菌在干燥环境中仅能存活几天,而结核分枝杆菌能耐受干燥 90 d;细菌芽孢对干燥有强大的抵抗力,如炭疽杆菌和破伤风梭菌芽孢在干燥条件下可存活几年甚至更长时间而不死;霉菌的孢子对干燥也有强大的抵抗力。

微生物对干燥的抵抗力虽然很强,但却不能在干燥条件下生长繁殖,而且许多微生物在干燥空气中会趋向死亡。因此,食物、药物等常用干燥法保存。利用高浓度的盐溶液或浓糖溶液保存食品是由于浓盐或高糖溶液可夺取菌体内的水分,造成微生物的生理干燥而达到抑菌的目的。与此相反,如果把微生物置于低渗溶液中,菌体会吸收水分膨大甚至破裂。

在干燥的物品上仍能保留着生长和代谢处于抑制状态的微生物,如遇潮湿环境,又可重新生长繁殖起来。

3. 射线(辐射)

辐射是能量通过空间传递的一种物理现象。能量可借波动或粒子高速运行而传播。用于灭菌的辐射可分为 2 种,即电离辐射和非电离辐射。电离辐射包括 α 射线、β 射线、γ 射线、X

射线、中子、质子等。非电离辐射包括可见光、日光、紫外线等。

辐射的杀菌作用随波长的降低而递增，如紫外线、X 射线和 γ 射线均有较强的杀菌力，而可见光、红外线对微生物的作用较弱。

(1)可见光与日光

①可见光对微生物一般影响不大，但长时间暴露于光线中，可使微生物的代谢与繁殖受到影响，故培养细菌、保存菌种时应将之置于阴暗处。若将某些染料(如美蓝、伊红等)加入培养基中可增强可见光的杀菌作用，此种现象即光感作用。

②日光是较强的天然杀菌因素，许多微生物在日光的直接照射下容易死亡。细菌在直射日光下照射半小时至数小时后即可死亡，炭疽杆菌的芽孢在日光照射下经 20 h 可死亡。日光的杀菌效力受诸多因素的影响，如烟尘严重污染的空气、玻璃、有机物的存在等均能减弱日光的杀菌力。此外，空气中水分的多少、温度的高低以及微生物本身抵抗力强弱等也影响日光杀菌的效果。

(2)紫外线　紫外线的波长为 240～280 nm，杀菌力最强。紫外线对微生物的作用机理主要有杀菌作用和诱发变异 2 个方面。杀菌作用的原理是作用于 DNA，使 DNA 分子结构遭到破坏，造成菌体蛋白质和酶的合成障碍；诱变是使 DNA 的分子结构改变而导致微生物发生变异。紫外线引起微生物突变的主要原因是胸腺嘧啶二聚体的形成，而且已经证实胸腺嘧啶二聚体的形成是紫外线改变 DNA 生物学活性的主要途径。另外，由于辐射能使空气中的氧电离成[O]，再使 O_2 氧化生成臭氧(O_3)或使水(H_2O)氧化生成过氧化氢(H_2O_2)。O_3 和 H_2O_2 均有杀菌作用。

紫外线的穿透力很弱，即使是很薄的玻片也不能通过，因此，其作用仅限于照射物体的表面，常用于手术室、病房、无菌室、实验室的空气消毒。紫外线灯的消毒效果与照射时间、距离和强度有关，一般用离地面 2 m 的紫外灯管照射 1～2 h 即可。紫外线对眼睛和皮肤有损伤作用，人一般不能直接在紫外线灯下工作。

(3)电离辐射　电离辐射具有较高的能量与穿透力，因而可产生极强的致死效应。其中最实用的灭菌射线是 X 射线与 γ 射线，电离辐射实际上主要用于不耐热的塑料注射器、试管、吸管及导管等材料的灭菌。

(4)过滤除菌　过滤除菌是机械去除液体和空气中细菌的办法。细菌过滤器含有微细的小孔，只允许液体通过而细菌不能通过，借以获得无菌液体。主要用于一些不耐高温灭菌的血清、毒素、抗毒素、酶、维生素及药液等物品的除菌。常用的细菌滤器主要有蔡氏滤器(石棉板)、张伯伦氏滤器(陶瓷)、伯克菲尔德氏滤器(硅藻土)、耐酸玻璃滤器和微孔滤膜等类型(图 2-5)。

由于过滤除菌法可将细菌与病毒分离，因而也被广泛应用于病毒和噬菌体的研究工作中。此外，微生物工业生产上所用的大量无菌空气以及微生物工作使用的超净工作台等都是根据过滤除菌的原理设计的。例如在发酵工业中，使空气通过铺放多层的棉花和活性炭借以滤除空气中的微生物。目前发酵工业中已逐步采取以超细玻璃纤维代替棉花、活性炭作为滤除空气杂菌的工艺技术。

(5)其他　此外还有超声波、激光等物理因素的杀菌作用强，作用时间短，技术先进，多用于微生物学实验技术中。

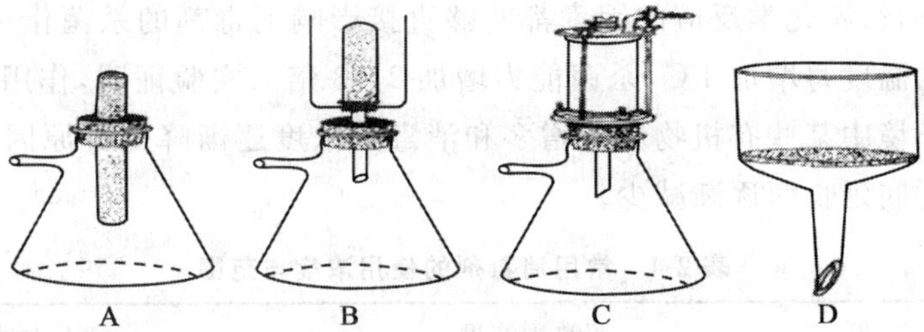

图 2-5 常见滤器类型

A 张伯伦氏滤器 B 伯克菲尔氏滤器 C 蔡氏滤器 D 耐酸玻璃滤器

(三)化学因素的影响

1. 化学消毒剂

(1)消毒剂的种类与应用 能够破坏微生物细胞结构或代谢机能并杀死微生物的化学物质称为杀菌剂或消毒剂。不能破坏细胞结构,但能干扰新细胞物质合成和微生物生长繁殖的化学物质称为抑菌剂或防腐剂。消毒剂与防腐剂之间并无严格的界限,只有浓度的区别。极低浓度时常失去作用甚至反而表现为刺激作用。

消毒剂对人体有害,因此只能外用或用于无生命的物体,如皮肤、黏膜及伤口等体表,实验室中携带病原微生物的各种机械器皿,公共场所,交通工具,医院门诊部及传染病房,病人用具及动物养殖场所的用具和排泄物等的消毒。其使用方法有浸泡、擦拭、气体熏蒸、喷雾、喷洒和撒粉等。优良的化学消毒剂应具有的性质:作用迅速,抑菌和杀菌范围广,对应用对象有较强穿透力,易与水混合而形成稳定的溶液或溶胶,杀菌效力不受应用对象表面有机物质干扰,不受光、热及其他不良气候条件影响,不对应用对象产生染色、腐蚀或破坏等有害作用,安全、经济、无异味并易于包装和运输等。

化学消毒剂的种类繁多,按化学结构可分为重金属盐类、氧化剂、卤素及其化合物、醇、醛、酚、酸碱类、烷类、还原剂、季胺类表面活性剂、染料和烷基化合物等多种。其杀菌抑菌机理因种类不同而异,有的可使菌体蛋白变性或沉淀,有的可干扰菌体代谢,有的能降低菌体的表面张力,有的能改变细胞膜的通透性,有些化学消毒剂同时具有几种作用机理。常用消毒剂的使用浓度、应用范围见表 2-4。

(2)影响消毒剂作用的因素

①微生物 不同微生物对各种化学药剂的感敏性不同。例如,细菌芽孢对消毒剂的抵抗力最大,幼龄菌比老龄菌敏感等。此外,各种消毒剂完全杀死微生物所用的时间与单位体积内存在的微生物数量有关,即存在的数量越多,灭菌所需的时间越长。

②消毒剂 除不同化学药剂有不同的杀菌机理外,一般还必须溶解于水才能作用于细菌或渗入菌体内发挥作用。例如升汞在水溶液中解离度大,因而杀菌力也大。一般消毒剂的浓度也直接影响其杀菌作用,即浓度越大,杀菌力越强,但石炭酸和乙醇例外,浓度过高时可导致细菌细胞表面蛋白成分迅速凝固,因而影响药剂继续渗入菌体内的能力。

③外界因素 消毒剂与环境中有机物结合能减弱其杀菌力。因此,消毒皮肤及器皿时应

洗净后进行。此外,影响化学反应的因素都能够直接影响消毒剂的杀菌作用。如石炭酸对伤寒杆菌的杀菌力的温度每增加1℃,杀菌能力增加2～3倍。实验证明,作用时间越长,杀菌效果越好。但由于环境中某些有机物质的增多和消毒剂浓度逐渐降低等原因,单位时间内杀死的微生物数目随时间延长而逐渐减少。

表 2-4　常用消毒剂的使用浓度与范围

类别	实例	常用浓度	应用范围
醇类	乙醇	70%～75%	皮肤及器械消毒
酸类	乳酸	0.33～1 mol/L	空气消毒(喷雾或熏蒸)
	食醋	3～5 mL/m^3	熏蒸空气消毒,可预防流感等
碱类	石灰水	1%～3%	地面消毒、粪便消毒
酚类	石炭酸	5%	空气消毒、地面或器皿消毒
	来苏儿	2%～5%	空气消毒、皮肤消毒
醛类	甲醛(福尔马林)	40%溶液 6 mL/m^3	接种室、接种箱或厂房熏蒸
重金属离子	升汞	0.1%	植物组织(如根瘤)表面消毒
	硝酸银	0.1%～1%	皮肤消毒
	硫酸汞	0.01%	生物制品防腐
氧化剂	高锰酸钾	0.13%	皮肤、水果、蔬菜、茶杯消毒
	过氧化氢	3%	清洗伤口、口腔黏膜消毒
	氯气	$(0.2～1)\times10^{-6}$	饮用水消毒
	漂白粉	1%～5%	洗刷培养基容器及饮水、粪便消毒
	过氧乙酸	0.2%～0.5%	塑料、玻璃、人造纤维消毒、皮肤消毒
染料	结晶紫	2%～4%	外用紫药水、浅疮口消毒
表面活性剂	新洁尔灭	1∶20 水溶液	皮肤、不能遇热器皿的消毒
(季铵盐类)	度米芬(消毒宁)	0.05%～0.1%	皮肤疮伤冲洗、棉织品、塑料、橡胶
烷基化合物	环氧乙烷	50 mg/1 000 mL 密封塑料袋	手术器械、敷料等消毒灭菌及糖类灭菌
金属螯合剂	8-羟喹啉硫酸盐	0.1%～0.2%	外用清洗消毒等

2. 化学治疗剂

主要包括抗生素与抗代谢物。其中抗生素是生物在其生命活动过程中产生的一种次生代谢产物或其人工衍生物,在极低浓度时就能够抑制或影响其他生物的生命活动。主要作用机制:抑制细胞壁的合成,如青霉素、头孢菌素等;改变细胞膜的通透性,抑制细胞膜的功能,如短杆菌肽、多黏菌素;抑制菌体蛋白质的合成,如链霉素、四环素、卡那霉素;抑制核酸合成,如新生霉素、利福霉素等。

抗代谢物是微生物生长因子的结构类似物,能够干扰机体的正常代谢,从而达到抑制微生物生长的目的。如磺胺是对氨基苯甲酸的结构类似物,能够干扰叶酸的合成;5-氟尿嘧啶是尿嘧啶的结构类似物,5-溴胸腺嘧啶是胸腺嘧啶的结构类似物,它们也可在取代正常成分之后造成代谢紊乱,进而抑制微生物的生长,在治疗由病毒和其他微生物引起的疾病上有重要作用。

(四)生物因素的影响

在自然界中,微生物的区系除受理化环境影响之外,同样也受到生物环境的影响。在每一个特定的微生物区系中都包括有相互联系、相互影响的各种不同微生物。微生物与动植物之间的关系也是如此。

1. 互生

所谓互生,是指 2 种可以单独生活的生物在一起时,可以通过各自的代谢活动而有利于对方或偏利于一方的生活方式。因此,互生是一种"可分可合,合比分好"的相互关系。例如在土壤中,纤维素分解菌与好氧性自生固氮菌生活在一起时,后者可将固定的有机氮化物供前者需要,而前者因分解纤维素产生的有机酸可作为后者的碳素养料和能源物质,两者互为对方创造有利条件,促进各自的生长繁殖。

存在于植物根系周围的微生物称为根际微生物,以无芽孢杆菌居多。它们与高等植物之间也存在着互生关系,主要作用:改善植物的营养条件。分泌植物生长刺激物质。分泌抗生素,避免植物遭受土居病原菌的侵染。有时亦对植物产生有害影响。如当土壤中碳氮比例较高时与植物争夺氮、磷等营养;有时会分泌一些有毒物质抑制植物生长等。总之,根际微生物的大量繁殖会强烈影响植物的生长发育。

人体肠道正常菌群与宿主间的关系主要也是互生关系。人体为肠道微生物提供良好的生态环境,使微生物能够在肠道内得以生长繁殖。而肠道内的正常菌群又可以完成多种代谢反应,如多种核苷酶反应,固醇的氧化、酯化、还原和转化等作用,对人体的生长发育均有重要意义。肠道微生物所完成的某些生化过程是人体本身所无法完成的,如硫胺素、核黄素等维生素的合成。此外,人体肠道中的正常菌群还可抑制或排斥外来肠道致病菌的侵入。

2. 共生

共生是指 2 种生物共居一处,相互分工协作甚至达到难分难解、合二为一的一种关系。一旦彼此分离,两者均不能很好地生活。地衣是微生物间共生的典型例子,它是真菌和藻类的共生体。地衣中的真菌一般都属于子囊菌,而藻类则为绿藻或蓝细菌。藻类或蓝细菌进行光合作用,为真菌提供有机营养,而真菌则以其产生的有机酸去分解岩石中的某些成分,为藻类或蓝细菌提供必需的矿物质元素。

根瘤菌与豆科植物共生形成的根瘤共生体也是一种典型的互惠共生关系。根瘤菌固定大气中的氮气,为植物提供氮素养料;而豆科植物的根系分泌物能刺激根瘤菌生长,同时,还为根瘤菌提供保护和稳定的生长条件。

微生物与动物共生的例子也很多,如牛、羊、鹿、骆驼和长颈鹿等反刍动物与瘤胃微生物间亦为共生关系。

3. 拮抗

拮抗关系是指一种微生物在其生命活动过程中,产生某种代谢产物或改变环境条件,从而抑制其他微生物的生长繁殖甚至杀死其他微生物的现象。根据拮抗作用的选择性,可将微生物间的拮抗关系分为非特异性拮抗和特异性拮抗 2 类。

如在制作泡菜、青贮饲料的过程中,乳酸杆菌能产生大量乳酸导致环境 pH 下降,从而抑制其他微生物的生长发育。该过程对所有不耐酸的细菌均有抑制作用,无特定的专一性,因此是一种非特异拮抗关系。此外,许多微生物在其生命活动中能产生某种抗生素,从而选择性地抑制或杀死他种微生物,此种现象即为特异性拮抗关系。如青霉菌产生的青霉素抑制革兰氏阳性菌，链霉菌产生的制霉菌素抑制酵母菌和霉菌等。

4. 寄生

寄生是指一种小型生物生活在另一种较大型生物的体内或体表，并从中取得营养和进行生长繁殖，同时使后者蒙受损害甚至被杀死的现象。前者称为寄生物，后者称为寄主或宿主。有些寄生物一旦离开寄主就不能生长繁殖，称为专性寄生物；有些寄生物在脱离寄主以后营腐生生活，称为兼性寄生物。

在微生物中，噬菌体寄生于细菌是常见的寄生现象。此外，细菌与真菌、真菌与真菌之间也存在着寄生关系。如土壤中一些溶原性细菌可侵入真菌体内生长繁殖，最终杀死寄主真菌，造成真菌菌丝溶解。

寄生于植物中的微生物常引起植物病害，其中以真菌引起的病害最为普遍(约占 95%)。受侵染的植物会发生腐烂、猝倒、溃疡、根腐、叶腐、叶斑、萎蔫或过度生长等症状，严重影响作物产量。

三、识病原、助防疫

(一)沙门氏菌

绝大多数沙门氏菌(*Salmonella*)对人和动物有致病性，能引起人和动物的多种沙门氏菌病，并为人类食物中毒的主要病原之一，在医学、兽医和公共卫生上均十分重要。

根据新近的沙门氏菌的分类方案，本菌现可分为肠道沙门氏菌和邦戈尔沙门氏菌 2 个种，肠道沙门氏菌又分为 6 个亚种。这些种和亚种均属于对应的 DNA 同源群，长期以来沙门氏菌根据其血清型分类，目前已有 2 500 种以上，其中只有 10 个以内的罕见血清群属于邦戈尔沙门氏菌，其余均属于肠道沙门氏菌，几乎包括了所有对人和温血动物致病的各种血清型菌株，并具有属的典型生化特性。

1. 主要特性

沙门氏菌的形态和染色特性与同科的大多数其他菌属相似，(0.7～1.5) μm×(2.0～5.0) μm，革兰氏阴性菌。除鸡白痢和鸡伤寒沙门氏菌，其余均能以周生鞭毛运动，绝大多数均有菌毛。本属大多数细菌的培养特性与大肠杆菌相似。只有鸡白痢、鸡伤寒、羊流产和甲型副伤寒等沙门氏菌在肉汤琼脂上生长贫瘠，形成较小的菌落。在肠道杆菌鉴别或选择性培养基上，大多数菌株因不发酵乳糖而形成无色菌落。本菌属在培养基上也有 S-R 变异。

本菌抵抗力与大肠杆菌相似，不同的是亚硒酸盐煌绿等染料对本菌的抑制作用小于大肠杆菌，故常用上述成分制备选择培养基，用于分离粪便中的沙门氏菌。沙门氏菌在水中能存活 2～3 周，在粪便中可活 1～2 个月。对热的抵抗力不强，60℃经 15 min 即可杀死，5%石炭酸、0.1%升汞和 3%来苏儿 10～20 min 内即被杀死。

2. 类型

沙门氏菌具有 O、H、K 和菌毛 4 种抗原。O 和 H 抗原是其主要抗原。大部分沙门氏菌血清型鉴定的物质基础，其中 O 抗原又是每个菌株必有的成分。

O 抗原是沙门氏菌细胞壁表面的耐热多糖抗原，100℃经 2.5 h 不被破坏，将具有共同 O 抗原(群因子)的血清型菌归入一群，以大写英文字母表示。因此目前已发现的全部沙门氏菌可分为 A、B 等 51 个 O 群，包括 58 个 O 抗原。H 抗原是本属菌的蛋白质性鞭毛抗原，共有 63 种。K 抗原是伤寒、丙型副伤寒和部分都柏林沙门氏菌表面包膜抗原，一般认为其与毒力有关，故称为 Vi 抗原。

本菌属至少已有2 500个血清型。对人和温血动物致病的血清型绝大多数分属于A～F群，在疾病中经常出现的却不足50种。

3. 致病性

本属菌均有致病性，具有极其广泛的动物宿主。感染动物后常导致严重的疾病，并成为人类沙门氏菌病的传染源之一。因此，沙门氏菌病是一种重要的人畜共患病。本菌最常侵害幼、青年动物，使之发生败血症、胃肠炎及其他组织局部炎症。对成年动物则往往引起散发性或局限性沙门氏菌病，发生败血症的怀孕母畜可表现流产，在一定条件下亦偶尔引起急性流行性暴发。在一个发病的畜禽群中，具有一定比例的个体是隐性感染或康复带菌者，并间歇地排菌，成为主要传染源。许多带菌的野鸟和啮齿动物以及蜱和一些昆虫也能成为畜禽的一种传染来源。本菌很容易在动物与动物、动物与人、人与人之间通过直接或间接的途径传播，没有中间宿主。主要传播途径是消化道。许多环境条件，如卫生不良、过度拥挤、气候恶劣、内服皮质类激素、分娩、长途运输以及发生其他病毒或寄生虫感染，均可增加易感动物发生沙门氏菌病。

4. 检查

对未污染的被检组织可直接在普通琼脂、血液琼脂或鉴别培养基平板上划线分离，但已污染的被检材料如饮水、粪便、饲料、肠内容物和已败坏组织等，因含杂菌数远超过沙门氏菌，故需要增菌培养后再进行分离。

增菌培养基常用的有亮绿-胆盐-四硫黄酸钠肉汤、四硫黄酸盐增菌液、亚硒酸盐增菌液以及亮绿-胱氨酸-亚硒酸氢钠增菌液。上述培养基能抑制其他杂菌的生长而有利于沙门氏菌大量繁殖。鉴别培养基常用麦康凯、伊红美蓝、SS和HE等琼脂，绝大多数沙门氏菌因不发酵乳糖，在此类平板上形成的菌落颜色与大肠杆菌的不同。

挑取鉴别培养基上的几个可疑菌落分别纯培养，同时分别接种三糖铁琼脂和尿素琼脂，37℃培养24 h。若此两项反应结果均符合沙门氏菌者，则取其三糖铁琼脂培养物或与其相应菌落的纯培养物作沙门氏菌常规生化项目和沙氏菌抗O抗原群的进一步鉴定试验，必要时可作血清型分型。

5. 防制

目前应用的兽用疫苗多限于预防各种家畜特有的沙门氏菌病，如仔猪副伤寒弱毒冻干苗、马流产沙门氏菌灭活苗，均有一定的预防效果。防制家禽沙门氏菌病主要应严格执行卫生检验和检疫，并采取防止饲料和环境污染等一系列规程性措施，净化鸡群并颁发证书。一些国家自实行规程以来，已消灭或控制了鸡白痢和鸡伤寒。现阶段有效的治疗药物有庆大霉素、卡那霉素、诺氟沙星或环丙沙星，用药之前最好作药敏试验。

(二)狂犬病毒

狂犬病毒是引起狂犬病的病原体，本病是重要的人畜共患病之一，临床特征主要表现为神经兴奋和意识障碍，最后因局部或全身麻痹而死，死亡率极高。

1. 主要特性

狂犬病毒是单股RNA病毒，属弹状病毒科狂犬病毒属。病毒呈子弹头形，大约180 nm×75 nm，有囊膜及纤突，核衣壳为圆柱状螺旋对称。有凝集鹅和1日龄鸡红细胞的血凝特性。目前根据抗原结构分为4个血清型（Ⅰ～Ⅳ型）：血清Ⅰ型包括古典狂犬病毒、街毒和疫苗型；Ⅱ～Ⅳ型为狂犬相关病毒。

从自然病例分离到的狂犬病毒流行毒株称为街毒。巴斯德将街毒经家兔脑内多次继代，使其对家兔的潜伏期缩短，对原宿主（犬）的毒力下降但仍保持免疫原性的毒株称为“固定毒”。通过动物试验，证明由街毒变异为固定毒的过程是不可逆的。该病毒可在试验动物（小鼠、豚鼠、家兔等）脑内接种。感染街毒的动物在脑组织神经细胞脑浆内可见到包涵体。

病毒在 pH 7～9 范围内比较稳定，56℃经 15～30 min、100℃经 2 min 均可使病毒灭活，0.5%柠檬酸、盐酸、硝酸、0.1%碳酸氢钠、1%～2%肥皂水、50%～90%乙醇或乙醚、0.01%碘液、1%来苏儿等均可使病毒被破坏；对低温和冷冻抵抗力较强，在 4℃冰箱内于 50%甘油中可存活 1 年，真空冷冻干燥后可保存 3～5 年。

2. 致病性

各种哺乳动物（包括蝙蝠）都有易感性，本病主要由患病动物咬伤后感染。存在于病畜唾液中的病毒通过咬伤进入易感动物皮下组织，然后沿着传入神经由外周进入神经中枢，病毒在脊髓和脑组织中增殖，再从中枢神经系统沿传出神经到达唾液腺，在唾液腺上皮细胞内大量增殖并进入唾液腺中，后随唾液进入口腔。病毒在中枢神经系统中的增殖损害神经细胞和血管壁，引起血管周围的细胞浸润。神经细胞受刺激后，首先引起兴奋症状，如狂躁不安、攻击人畜和反射性提高；后期因神经细胞变性逐渐引起麻痹，当呼吸中枢麻痹后，即可造成死亡。

3. 检查

（1）包涵体检查　取大脑、小脑、特别是海马角部分，用刀片切开印片，趁印片未完全干燥时，用姬姆萨染色法染色可见包涵体为红色。包涵体检查操作简单，但并不是所有病例都能准确检出。据统计，有 10%的病犬缺乏包涵体。草食动物及猪病例包涵体检出率较犬低。包涵体的形成多在发病后期。

（2）动物试验　患病动物死后，采取脑或唾液腺等病料制成 10%的乳剂，低速离心 15～30 min，取上清液（如已污染，按每毫升加入青霉素、链霉素各 1 000 U 处理 1 h）接种于 5～6 日龄乳鼠脑内，每只注射 30 μL，每份样品接种 4～6 只，观察 21 d，5 d 内死亡者淘汰，5 d 后若乳鼠出现松毛、颤抖、后肢失去平衡、麻痹、虚脱等症状时可取脑组织做印片检查包涵体，如为阳性即可确诊。分离的病毒也可用直接荧光试验或病毒中和试验进行鉴定。

（3）血清学诊断　OIE（2003 年）推荐的首选血清学诊断方法是用小鼠或细胞培养物做病毒中和试验和补体结合试验。其他方法有血凝抑制试验、ELISA 和 PCR 等。

4. 防制

对家犬进行大规模免疫接种和消灭野犬是预防狂犬病最有效的措施。在国内，将 Flury 毒株鸡胚低代毒（LEP）适应于 BHK-21 细胞培养后制成弱毒疫苗，适用于家犬免疫，对猫和牛采用毒力更低的 Flury 毒株鸡胚高代毒（HEP）疫苗，免疫期均在 1 年以上。近年来从国外引进的 ERA 弱毒疫苗比 LEP 株毒力弱，经肌内注射成年牛、山羊、绵羊、犬和家兔均安全有效，可用于各种动物的免疫。

患病动物应立即捕杀，并将尸体焚化或深埋。

◈复习思考题

1. 玻璃器皿的洗涤、干燥与包扎有何要求？

2. 如何利用手提式高压锅进行培养基灭菌？

3. 在干热灭菌操作过程中应注意哪些问题，为什么？

4. 试述温度对微生物的影响有哪些方面？

5. 狂犬病毒有何特征，如何进行检测？

探索与发现

微生物治理环境污染

在环境治理中，利用微生物作用的生化法因其投资少、处理效率高、运行本钱低、二次污染少等优点而得到越来越广泛的应用。近年来，微生物在大气与水污染治理中得到了广泛的应用。

微生物用于烟气脱硫，不需高温高压和催化剂，设备要求简单。利用自养生物脱硫，营养要求低，无二次污染，处理用度为湿法脱硫的50%。此后很多学者利用细菌研究了大量的脱硫技术。如利用氧化亚铁硫杆菌已使脱硫率达95%以上，日本利用该菌已使H_2S脱除率达99.99%，中国利用该菌对炼油厂催化干气和产业废气脱硫。

生物过滤法在20世纪50年代中期最先应用于处理空气中低浓度的臭味物质。到20世纪80年代，德、美、荷兰等国相继用此法控制生产过程中的挥发性气体和有毒气体。废气在反应器中停留时间很短，处理率可达90%以上。生物过滤法还可去除空气中的异味、挥发性物质和有害物质，包括控制城市污水处理设施中的臭味、化工过程中的生产废气、受污染土壤和地下水中的挥发性物质、室内空气中低浓度物质等。

废水中的氮、磷是造成水体富营养化的根源。具有反硝化能力的微生物如变形杆菌、微球菌属、假单胞菌属、芽孢杆菌属等是生物脱氮技术的主力军。藻类对重金属离子具有较强的富集能力，利用其生物吸附作用可从产业污水中去除有毒、放射性金属和回收稀有、珍贵金属。该法具有高效、经济、简便、选择性好等优点，尤其适用于低浓度及一般方法不易去除的金属。

而在有机物的生物降解中，属于真菌的白腐菌很值得一提。如白腐脉射菌在适宜的培养条件下，对多环芳烃类、氯代烃类、酚类、氯代酚类、烷基苯类和硝基苯类化合物有明显的降解作用；白腐菌中金孢展齿革菌可降解多环芳烃、DDT、TNT、氰化物、氯代芳香化合物、酚类、胺类、农药、染料、杂酚油、煤焦油、重油等。还可降解林丹、氯丹、多氯联苯、2,3,7,8-TCDD和二氯苯胺等有机氯化物。用微生物降解的有机物还包括四氯乙烯、甲醇、苯胺、甲胺磷、三氯乙烯、硝酸甘油等。

此外，微生物还用于难以降解的染料废水、电镀废水、屠宰废水、橄榄加工厂废水、啤酒废水等的处理、用做检测有毒化学品的指示生物和净化污水的微生物絮凝剂等。

任务二　微生物培养与鉴定

◈知识目标

认识微生物培养基本条件

◈能力目标

学会微生物的培养与鉴定

◈主要应用

诊断、治疗与饲料生产

一、边做边学

(一)怎样分离培养微生物?

1. 制备培养基

(1)目的　学会培养基的制备。

(2)材料　牛肉膏、蛋白胨、NaCl、蒸馏水、琼脂、1 mol/L NaOH、1 mol/L HCl、恒温箱、手提式高压蒸汽灭菌锅、电炉、天平、搪瓷缸、玻璃棒、量筒、吸管、中试管、锥形瓶、灭菌培养皿、漏斗、药匙、称量纸、铁架台、棉塞、1 cm 厚板条、酒精灯、试管筐、棉线绳或纸绳、牛皮纸、标签、pH (5.5～9.0)试纸或比色箱、滤纸或纱布等。

(3)方法

①牛肉膏蛋白胨培养基。

a. 称量。按配方及配制的总量计算各种成分所需量,分别精确称取。称牛肉膏时,应先称玻璃棒重量,然后用玻璃棒取样,再称重。

b. 溶解。将各种成分加入搪瓷缸中,加蒸馏水至所配培养基的总量,于电炉上加热溶解并不断搅拌以防止液体溢出,待完全溶解后补足蒸发掉的水分。

c. 调 pH。常用试纸法或比色法。

d. 过滤。将培养基用滤纸过滤至完全透明。

e. 分装。将滤液分装于试管 1/5 高度(图 7-1)。如大量培养细菌时,可分装于锥形瓶中,容量不得超过锥形瓶的 1/2。

f. 加塞。分装后试管或瓶口用棉塞塞紧,棉塞的 2/3 塞进管或瓶内,外露 1/3。

g. 包扎。将试管包扎成捆,在棉塞上方包一层牛皮纸,用绳系好,贴上标签,注明培养基的名称与配制日期。

h. 灭菌。将培养基置于手提式高压锅内,0.1 MPa(121.3℃)高压灭菌 20 min。

i. 无菌检查。将灭菌后的培养基置于 37℃温箱经 24 h,无菌生长方可使用。

②牛肉膏蛋白胨琼脂培养基。

a. 称量。按配方和配制总量称量普通肉汤(调 pH)与琼脂。

b. 溶解。将琼脂加入普通肉汤中,于电炉上加热溶解,待完全溶解后补足蒸发掉的水分。琼脂是由海藻中提取的一种半乳糖硫酸酯,在 98℃时溶于水,45℃以下时凝固,故起固形作用。

c. 过滤。一般培养基可不过滤,必要时趁热用保温漏斗或 4 层纱布过滤。

d. 分装。制斜面培养基时,将培养基分装于试管中;制平板培养基时分装于锥形瓶中,分装量同肉汤培养基。

e. 加塞、包装与灭菌。

f. 制斜面与倒平板。制斜面培养基时,应趁热将试管有棉塞的一端置于一根长木条上。斜度要适当,斜面长度约为试管长度的 1/2,凝固后即为斜面培养基(图 2-6)。制平板培养基时,应无菌操作趁热将培养基倾入灭菌的培养皿中,使厚度达 3 mm,盖上皿盖,轻轻摇动培养皿,使其布满皿底,水平静置,等凝固后翻转培养皿。

g. 无菌检查。将制好的培养基置于 37℃温箱经 24 h,无菌生长即可使用。

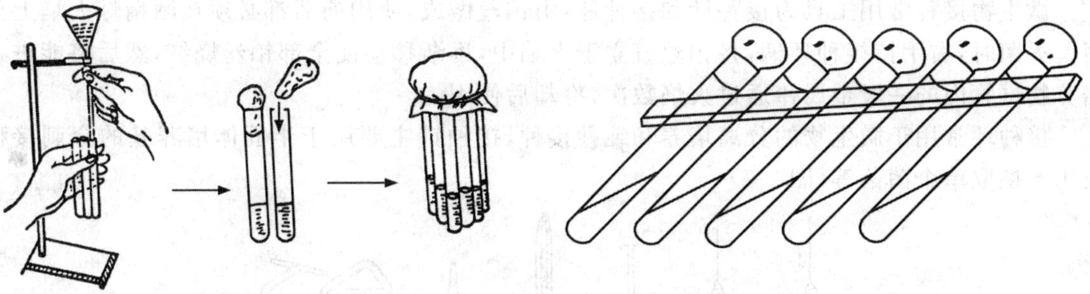

图 2-6　培养基分装与斜面的制备

(4)注意事项

①培养基必须具有适宜的渗透压和 pH。通常细菌培养基 pH 为 7.2～7.6,真菌为 4～6,故制备培养基要准确测定、调整 pH。但要尽量避免回调,以免影响培养基内各离子的浓度。

②制备与分装培养基的容器必须洁净,不应含有抑制微生物生长繁殖的物质存在,如铜、铁等。因此,配制培养基最好不用铜锅和铁锅,而用搪瓷制品、玻璃器材或铝锅。

③制备培养基应使用蒸馏水,因其不含杂质,制成的培养基透明度高,有利于观察微生物的培养性状和其生命活动所产生的变化等。也可用井水、河水等天然水。一般不用自来水,因其含有较多的钙、镁离子,可与蛋白胨、肉汁中的磷酸盐生成磷酸钙、磷酸镁,高压灭菌后会析出沉淀,影响培养基透明度。

④配制化学成分较多的合成培养基时,有些药品间,如磷酸盐和钙、镁盐等混溶时易产生结块和沉淀,故应依次分别溶解后再混合。

⑤配制好的培养基应立即进行灭(除)菌,否则应置于冰箱保存。含血清、糖类、尿素、氨基酸等的培养基应按所规定的方法进行灭菌,不能采用高压灭菌。

2.细菌分离培养

自然条件中的微生物以群落状态存在,为了研究或大量培养某种微生物,必须从混杂的微生物群落中分离并将之进行纯培养,通常称为微生物的分离与纯化。

将可能含有微生物的样品或微生物培养物移植到培养基上的操作称为接种。接种是微生物实验与研究中的一项基本操作技术,其关键是必须严格进行无菌操作。

(1)病料的采取(以细菌为例)　做细菌学检查用的病料应选取发病后未经药物治疗的、自然死亡不久或濒死期动物的新鲜病料。一般取肝、脾、淋巴结和血液,也可根据具体情况选取特殊病料,如梭菌性肠炎可取小肠内容物,链球菌性关节炎和脓肿可取关节液和脓汁,布鲁氏菌病可取流产胎儿或胎衣、胎液,传染性鼻炎、鸡传染性鼻炎和慢性呼吸道病可取眼、鼻及眶下窦分泌物等。采取的病料若不能马上做检查或需送往外地送检,则应放在含 30%甘油的灭菌生理盐水中于 4℃左右保存,并不超过 72 h。病料采取过程中应严格无菌操作,避免污染杂菌,同时也防止污染环境或自身感染。

(2)目的　学会分离培养细菌等能够在培养上生长的微生物。

(3)材料　待分离菌病料悬液、牛肉膏蛋白胨琼脂、高氏 1 号、马铃薯琼脂等培养基、灭菌锥形瓶、无菌移液管、无菌水、涂布棒、酒精灯、接种针(环)、恒温培养箱等。

微生物接种常用工具为接种针和接种环，由铂丝做成，使用前后都必须在酒精灯火焰上灭菌。灭菌时，右手持接种环柄，将铂丝直立于火焰中，逐渐移动使全部铂丝烧红，然后将能进入培养物试管内的一段金属棒通过火焰数次，冷却后使用。

接种环常用于微生物的分离培养和纯种接种，接种针主要用于半固体培养基的穿刺接种或用于挑取单个菌落等(图 2-7)。

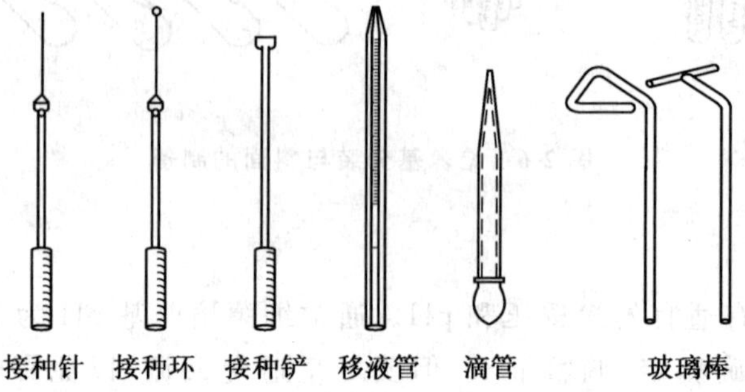

图 2-7　常用接种工具

(4)分离培养

①稀释涂布分离法(以动物粪便为例)。

a. 制备稀释液。称新鲜动物粪便 10 g，倒入带有玻璃珠的 90 mL 无菌水瓶中，振荡 10～20 min，使样本与水充分混合即成为稀释度为 10^{-1} 的粪便悬液。用无菌移液管吸取此悬液 1 mL，放入 9 mL 无菌水中即为 10^{-2} 的悬液。如此重复，可依次制成稀释度为 10^{-2}～10^{-6} 的悬液(图 2-8)。

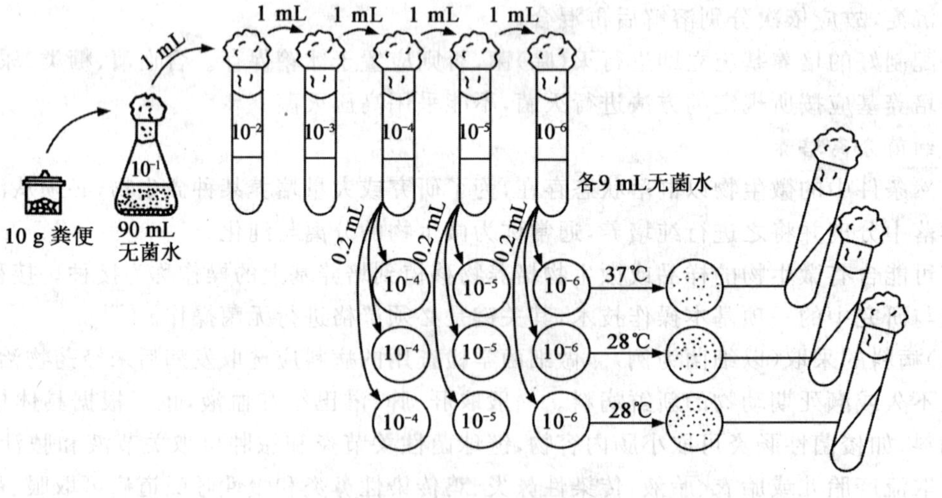

图 2-8　稀释法分离粪便微生物操作示意图

b. 涂布。将上述 3 种培养基的平板分别标记上 10^{-4}、10^{-5}、10^{-6}，然后用无菌移液管各取 3 种稀释度的粪便悬液 0.2 mL 滴入已标记好的 3 个平板中，用无菌涂布棒在培养基表面轻轻地均匀涂布。室温放置 5 min 左右，使菌液充分吸入培养基内。

c. 培养。将接种好的细菌、放线菌、霉菌平板倒置，即皿盖朝下放置，分别于 37℃、28℃中恒温培养。细菌培养 1～2 d，放线菌培养 5～7 d，霉菌培养 3～5 d。观察生长的菌落，用于进一步纯化分离或直接转接斜面。

②平板划线分离法。

a. 划线分离。在接近火焰处一手持培养皿，一手持接种环，从单个菌落或斜面菌种中挑取少量待纯化菌，在相应培养基平板中划线分离。划线的方法多样，但目的都是为了获得单个菌落。主要方法如图 2-9 所示。

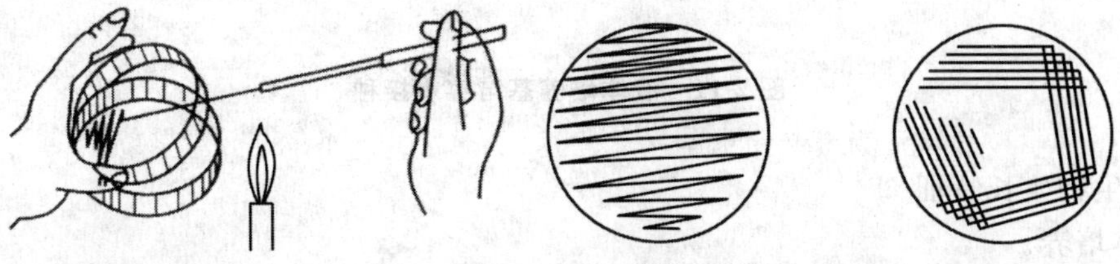

图 2-9 平板划线操作示意图

b. 培养。同①c。

(5)纯化培养

①斜面接种。斜面接种时试管有 2 种握法。接种时用左手握持菌种管与斜面接种管，菌种管位于左侧，接种管位于右侧，斜面均向上呈 45°～60°角，管口对齐；右手持接种环火焰灭菌。以右手掌心与小指、小指与无名指分别夹取两管口的棉塞，将两试管口迅速通过火焰灭菌。在火焰附近，用灭菌的接种环从菌种管挑取少量菌苔，伸进接种管斜面底部，向上呈“之”字形划线。接种时不要划破培养基表面，蘸菌的接种环进出试管时不应触及试管口，接种环灼烧后放回原位(图 2-10)。

图 2-10 斜面接种示意图

②液体培养基接种。与斜面培养基接种法基本相同。用接种环挑取少量待接菌种，迅速移入液体培养基管接近液面的管壁上，轻轻摩擦后塞好试管塞，然后将试管直立并轻轻摇动，菌种即溶于其中(图 2-11 左图)。

③穿刺接种。在火焰附近，用冷却的灭菌接种针从菌种管挑取少许菌苔，迅速移至半固体培养基管。接种针从培养基的中央深入至管底 3/4 处，然后原路退出。接种针不能在培养基中左右移动(图 2-11 右图)。

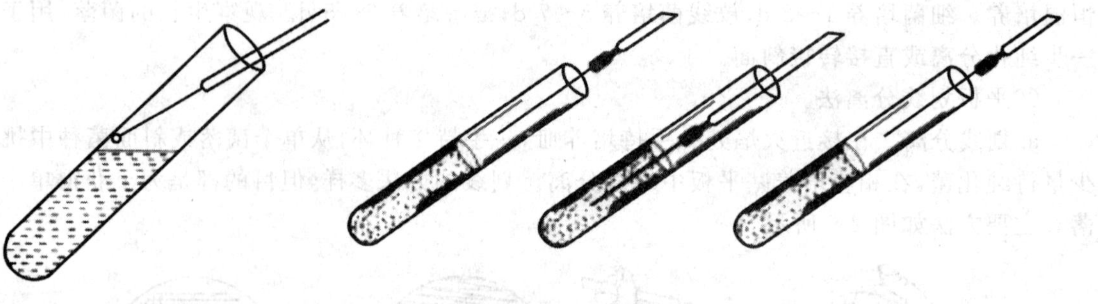

图 2-11　液体培养基与穿刺接种

(6)微生物生长特征

①固体培养。

a.菌落。由单个微生物在固体培养基上生长繁殖,形成以母细胞为中心的一堆有一定形状和肉眼可见的子细胞集团,称为菌落。不同微生物的菌落各不相同,具有种的特性。对菌落的描述通常包括菌落的形状、表面状态(光滑、粗糙、粉状等)、隆起度、光泽、质地(黏性、脆性等)、透明度(透明、半透明、不透明等)、边缘整齐度以及菌落的颜色(正反面)等(图 2-12 左图)。

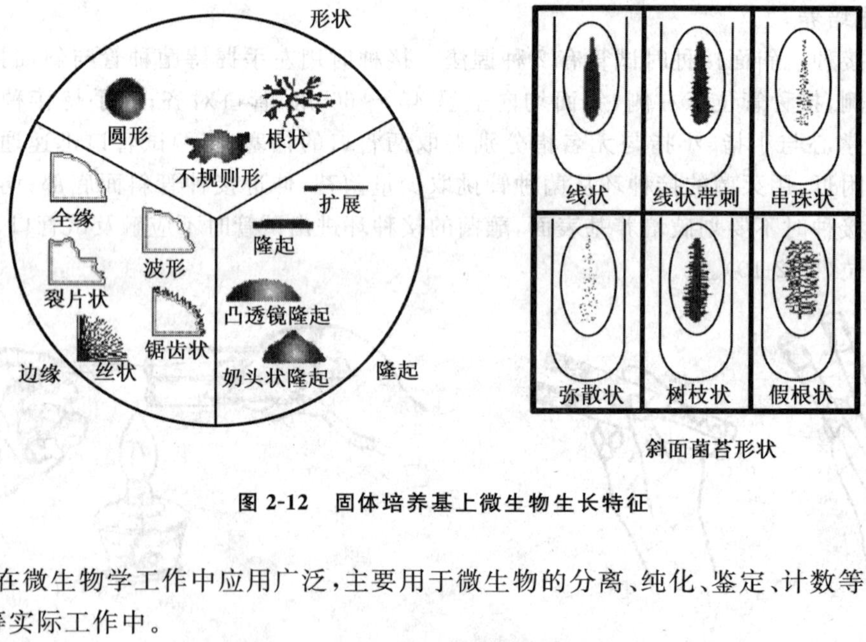

图 2-12　固体培养基上微生物生长特征

菌落在微生物学工作中应用广泛,主要用于微生物的分离、纯化、鉴定、计数等研究以及选种、育种等实际工作中。

细菌菌落特征:细菌由于细胞小,形成的菌落也较小、较薄、较透明且有“细腻”感。不同的细菌会产生不同色素,因此,菌落颜色常会五颜六色。此外有些细菌的特殊结构在菌落形态上也有所反映,如无鞭毛不能运动的细菌菌落外形较圆且凸起;有鞭毛能运动的细菌菌落往往大而扁平,边缘不整齐;运动能力特强的细菌则出现更大更扁平的菌落,其边缘从不规则、缺刻状直至形成迁移性菌落;具荚膜的细菌菌落更黏稠、光滑和透明,荚膜较厚的细菌菌落甚至呈透明水珠状;有芽孢的细菌常因折光率和其他原因使菌落呈粗糙、不透明和多褶皱等特征。细菌常因分解含氮有机物产生臭味,这也有助于菌落的识别。

放线菌菌落特征:放线菌属于原核生物,其菌丝纤细,生长较慢,菌落特征大致可分为

2类。一类以链霉菌为代表，早期菌落类似细菌，后期由于气生菌丝和分生孢子的形成而变成表面干燥，粉粒状并常有辐射状褶皱，菌落较小，质地较致密，不易挑起且常有各种不同的颜色。另一类以诺卡氏菌为代表，菌落一般只有基质菌丝，结构松散，黏着力差，易于挑起，也有特征性颜色。

放线菌的菌落在幼龄与细菌菌落相似，长大以后则质地较紧密、干燥、表面呈粉粒状。在低倍镜下呈放射状。由于兼有气生菌丝与基内菌丝，菌落表面与反面都呈现各种不同的颜色，并常产生可溶性色素。不少放线菌具有特殊的土腥味或冰片味。

酵母菌菌落特征：酵母细胞较大(直径比细菌大约10倍)，且不能运动，故其菌落一般比细菌大、厚，但透明度较差。酵母菌产生的色素较为单一，通常呈黄蜡色，少数为橙红色，个别为黑色。但也有例外，如假丝酵母因形成藕节状假菌丝，故细胞易向外蔓延，造成菌落大、扁平和边缘不整齐等特有的形态。酵母菌因普遍能发酵含碳有机物而产生醇类，故其菌落常伴有酒香味。

霉菌菌落特征：霉菌属于真核生物，菌丝一般较放线菌粗且长，生长速度也比放线菌快，故菌落大而疏松或大而紧密。由于气生菌丝会形成一定形状、构造和色泽的子实器官，所以菌落表面往往有肉眼可见的结构和颜色。

b. 菌苔。若将某一纯种的大量细胞密集地接种到固体培养基上，则形成的各菌落相互连成一片，称为菌苔(图2-12右图)。简单地说，菌苔是菌落的集合。菌苔常用于微生物的菌种保藏和扩大培养等实际工作中。

②半固体培养。利用穿刺接种法将细菌接种到半固体培养基上，具有鞭毛的细菌能向穿刺线以外扩散生长而形成羽毛状或云雾状，无鞭毛的细菌只沿穿刺线生长，周围培养基澄清透明(图2-13)，由此可以鉴别细菌的运动性。此外，半固体培养基还常用于菌种保存。

③液体培养。细菌在液体培养中不能形成菌落，但能使培养液浑浊。少数链状排列的细菌常以沉淀的形式生长，因而呈絮状或颗粒状。专性需氧菌，如枯草杆菌常在液面上形成菌膜，有的沿液面试管壁形成菌环(图2-14)。

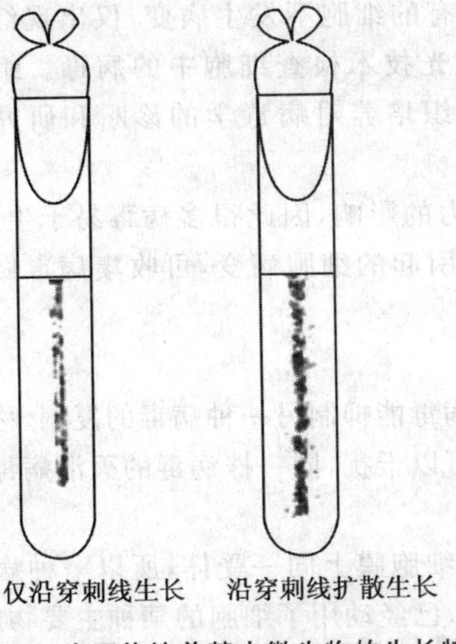

图2-13 半固体培养基中微生物的生长特征

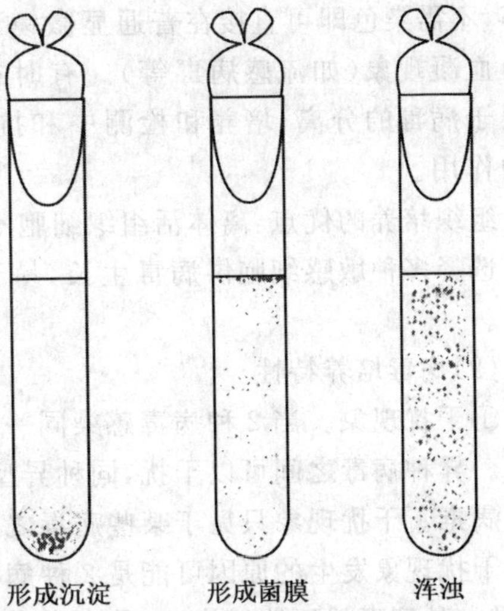

图2-14 液体培养基中微生物的生长特征

3.细菌感染诊断程序

细菌的检验方法一般包括涂片镜检、分离培养、动物试验和免疫学诊断。

(1)涂片镜检　取病死畜禽的血液或组织(如肝、脾、肾、淋巴结等)制成血液涂片或组织触片,经美蓝或瑞特氏染色,然后在显微镜下观察,对于一些具有特征形态的病原体,如炭疽杆菌、猪丹毒杆菌、巴氏杆菌等可以迅速做出诊断。

(2)分离培养　用人工培养方法将细菌从病料中分离出来。根据细菌的特性可选择适当的培养基,分离出病原体后,再经过染色镜检、生化试验等做出鉴定。

(3)动物试验　通常选择对该种细菌最敏感的动物进行人工感染试验,将病料用适当的途径进行人工接种,然后根据对不同动物的致病力、症状和病变特点来帮助诊断。当实验动物死亡或经过一定时间后剖检,观察病理变化,并采取病料进行涂片检查和分离鉴定。

(4)免疫学诊断　利用抗原和抗体特异性结合的免疫反应进行诊断,可以用已知抗原来测定动物血清中的特异性抗体,也可以用已知的抗体来测定被检材料中的细菌。

4.病毒的培养与特性

(1)病毒培养　由于病毒不能在人工培养基上生长,必须在敏感的活细胞内才能增殖,所以在实际工作中常用动物接种、鸡胚培养和组织(细胞)培养等方法来分离和培养病毒。

①动物接种:是培养病毒的一种比较古老的方法,可用作病毒的病原性检查,疫苗效力试验以及诊断、预防、治疗用的抗血清的制造和疫苗的生产等。

②鸡胚培养:是一种简便而又经济的方法,但不是任何病毒都可在鸡胚中增殖。

很多病毒能在鸡胚内增殖,而且产生典型病变,可供鉴别。一般选用9～12日龄的鸡胚。因病毒种类不同,可选用适宜的接种途径,如绒毛尿囊膜、尿囊腔和卵黄囊等毒接种鸡胚后,经一定时间培养,常可引起病变或使鸡胚死亡。取出置冰箱后,收集病毒即可进行鉴定(如红细胞凝集等)或用作诊断抗原、疫苗生产等。

③组织培养:将离体活组织块或细胞培养病毒的常规方法。病毒感染细胞后,大多数能引起细胞病变,称为病毒的致细胞病变作用。表现为细胞变形,胞浆内出现颗粒化、核浓缩、核裂解等,不需染色即可直接在普通显微镜下观察到。还有的细胞不发生病变,仅出现红细胞吸附及血凝现象(如流感病毒等)。有时还可用免疫荧光技术检查细胞中的病毒。组织培养多用于病毒的分离、培养和检测中和抗体。因此,组织培养对病毒学的诊断和研究发挥很大的作用。

组织培养的优点:离体活组织细胞不受机体免疫力的影响,因此很多病毒易于生长,便于人工选择多种敏感细胞供病毒生长,易于观察病毒所引起的细胞病变,可收集病毒做进一步检查。

(2)病毒培养特性

①干扰现象。当2种病毒感染同一细胞时,一种病毒能抑制另一种病毒的复制,称为干扰现象。异种病毒之间可以干扰,同种异型病毒之间也可以干扰,同一株病毒的灭活病毒也能干扰活病毒。干扰现象只见于某些病毒之间。

干扰现象发生的原因可能是2种病毒感染都需要细胞膜上同一受体,所以一种病毒感染后,另一种病毒就不能感染;一种病毒在细胞内复制时,已经动用了细胞的某种主要物质、关键性酶或有限的复制部位;最常见的原因是受病毒感染的宿主细胞产生了干扰素,这是一种抑制病毒的物质。

在病毒的干扰现象中，干扰者与被干扰者的关系并非固定不变的，一般取决于病毒进入宿主细胞的先后、数量和病毒的特性。通常先进入细胞的病毒干扰后来的病毒；数量多、增殖快的病毒干扰数量少、增殖慢的病毒。在干扰现象中，病毒数量是比较重要的因素。

干扰素(interferon，IFN)是活细胞受到病毒感染后产生的一种平均分子质量的糖蛋白。它可以释放到细胞外，被其他细胞吸收，吸收了这种干扰素的细胞便产生第二种物质，即抗病毒蛋白质，这种抗病毒蛋白质具有抑制病毒 mRNA 转录的作用，使病毒不能复制。

干扰素对蛋白分解酶敏感，能为乙醚，氯仿等所灭活，对机体或细胞无毒性，在很宽的 pH 范围(pH 2～10)内都很稳定。

后来发现，除病毒感染细胞，能使之产生干扰素外，其他微生物如细菌、立克次氏体、真菌、植物血凝素以及人工合成的化学诱导剂如多聚肌苷酸、多聚胞苷酸等，也可以刺激机体细胞产生干扰素，其作用是非特异性的，具有广谱抗病毒作用，甚至对某些细菌、立克次氏体等也有干扰作用，但干扰素一般地讲具有明显的动物种属特异性，产生的干扰素仅对牛有干扰病毒的作用，故应用受到限制。干扰素可用于预防或治疗某些病毒性传染病。

②血凝现象。许多病毒表面有血凝素，故能与鸡、豚鼠、人等红细胞表面受体(多数为糖蛋白)结合，而出现红细胞凝集现象，因而是非特异性的，简称病毒的血凝现象(hemagglutination，HA)。当加入特异性抗病毒血清时，血凝素的作用被抑制，凝集现象即不会发生，称为病毒的红细胞凝集抑制试验(hemagglutination inhibition，HI)。抗血清中能阻止病毒凝集红细胞的抗体，称为红细胞凝集抑制抗体，其特异性很高。因此病毒的红细胞凝集试验和凝集抑制试验常可用于诊断鸡新城疫、流感等病毒性传染病。

③病毒包涵体。包涵体是病毒感染细胞内出现的最有特征性的形态学变化，它是细胞内染色反应发生疫查的一种结构。包涵体的检查对某些病毒性传染病具有诊断意义。

5.病毒感染诊断程序

畜禽病毒性传染病，除少数如绵羊痘等可根据临床症状、流行病学、病变做出诊断外，大多数病毒性疫病确诊必须进行实验室诊断，确诊病毒的存在或检出特异性抗体。病毒感染的一般诊断程序如下。

(1)病料的采取　病毒性传染病一般在发病初期和急性阶段比较容易分离出病毒，因此，可在这时及时采取病料。常用于病毒分离的标本有血液、粪便、渗出液、脑脊液、水疱液、活检或尸检的无菌脏器、组织等。可根据病毒的性质采取不同标本。

当进行畜禽病毒性传染病的实验室诊断时，应注意以下几点。

①采集适宜的病料。与病毒的分离成败关系很大。一般应采集病畜禽体内含病毒最多的器官或组织。例如上呼吸道疾病应采取鼻分泌物，而脑炎则采取脑组织。

②注意采集病料的时间。以症状刚出现时最佳。检查抗体时，则应采取一头病畜的发病初期和康复期的血清，以便了解抗体滴度的消长程度。

③保存与运送。病毒对外界因素特别是热很敏感。因此，必须将病料放在灭菌的保存液中(一般常用 50%甘油酸盐缓冲溶液)，但液体病料不适宜用此法，再放入冰瓶内(内放冰块和食盐)，在此低温条件下保存和送检病料。

④防止病料污染。采集病料时，必须无菌操作。为防止液体病料(血液、渗出液、水疱液等)污染，有的可在其中加入适量的青霉素和链霉素，若防止霉菌污染，还可加制霉菌素等。供抗体检测的血清可加入防腐剂。

(2)包涵体的显微镜检查　有些病毒可在宿主细胞或组织中形成包涵体，如狂犬病毒，以病犬的小脑(或大脑海马角部位)做病理切片，用光学显微镜观察有无内基氏小体。又如鸡痘、伪狂犬病、马鼻肺炎和鸡传染性喉气管炎等病毒，均可检出包涵体。

(3)病毒的分离培养　采取可能含有病毒的材料，接种动物、鸡胚或组织培养。被接种的动物、鸡胚或细胞出现死亡或病变时(但有的病毒须盲目传代后才能检出)，可应用血清学技术进一步鉴定。

供接种或培养的标本应做除菌处理。除菌方法有滤器除菌、高速离心除菌和用抗生素处理3种。如用口蹄疫的水疱皮病料进行病毒的分离培养时，将送检的水疱皮置于皿内，以灭菌的pH 7.6磷酸盐缓冲液冲洗数次，并用灭菌滤纸吸干，称重制成1∶5悬液，为防止细菌污染，每毫升加青霉素1 000 IU、链霉素1 000 μg，置2～4℃冰箱内4～6 h，然后用3 000 r/min速度离心沉淀10～15 min，吸取上清液备用。

(4)病毒的血清学试验　血清学试验在病毒诊断及流行病学调查中占有很重要的地位。常用的方法如下。

①中和试验。用已知高效价血清与待检病料混合，在冰箱内过夜，然后接种动物或易感的细胞，以证明病毒的存在。

②补体结合试验。常用已知的病毒抗原测定动物体内有无相应的抗体，以对某些传染病做出诊断。如用于诊断马流行性乙型脑炎和马传染性贫血等。

③病毒的红细胞凝集和凝集抑制试验。用已知抗血清鉴定病毒。可用于诊断鸡新城疫、流感等疾病。

④荧光抗体或酶标记抗体检查病毒抗原。常用于诊断乙型脑炎、猪瘟、猪传染性胃肠炎、猪水泡病、鸡新城疫、狂犬病等。

⑤免疫扩散试验。用已知抗体鉴定病毒，或用已知病毒抗原检查待检血清中的相应抗体。常用于诊断马传染性贫血、鸡马立克氏病、鸡传染性法氏囊病、鸡白血病、伪狂犬病等。

(二)怎样找到病原菌敏感的药物？

药物的体外抗菌试验是在体外进行微生物对各种药物敏感程度的试验，其方法简便、用时短、用药量少、无需活动物和特殊设备等，一般在玻璃器皿中进行。常用的方法有稀释法、琼脂扩散法(纸片法)和联合抗菌试验等。其最大优点是可精确测得药物最小抑菌浓度。

1.目的

掌握圆纸片扩散法测定细菌对抗生素等药物的敏感试验的操作方法和结果判定，明确药敏试验在实际生产中的应用。

2.材料

接种环、酒精、酒精灯、试管架、恒温箱、眼科镊子、试管、吸管、培养皿、抗菌药物纸片、游标卡尺、打孔器、培养基、大肠杆菌和金黄色葡萄球菌培养物等。

3.方法

利用药物能在琼脂培养基内扩散的原理进行。将含有定量抗菌药物的纸片贴在已接种测试菌的琼脂平板上，纸片中所含药物不断向纸片周围扩散形成递减的梯度浓度，在纸片周围抑菌浓度范围内测试菌生长被抑制，从而形成无菌生长的透明圈即为抑菌图。该方法简单，要求不太严格，只能用于定性或初步判断药物作用的强弱。

纸片法在试验中较常用。试验所用滤纸片为圆形，直径0.6 cm，使用前在120℃下干燥灭菌。试验时用无菌滤纸片蘸取一定浓度的药物溶液，放在已接种细菌的平板表面；也可将无菌滤纸片制成含药的干纸片封存后置4℃冰箱保存。使用时用无菌技术将此含药的干纸片贴在接种细菌的平板表面。

(1)以倾注法制备含菌平板，每只平板加入0.1～0.2 mL菌液。或无菌操作取细菌培养物，在营养琼脂平板上密集均匀划线(磺胺类药物用无胨琼脂平板，因蛋白质会使磺胺失去作用)。

(2)用无菌镊子夹取各种抗菌药物圆纸片(一般在试纸片上标记有药物名称或代号)，按图2-15轻轻贴在已接种细菌的琼脂培养基表面，一次放好，不能移动，各纸片间的距离要大致相等。药液不宜蘸取过多，否则易在平板上流淌，影响抑菌圈的形状和大小。对照平板不加药液且应生长良好。

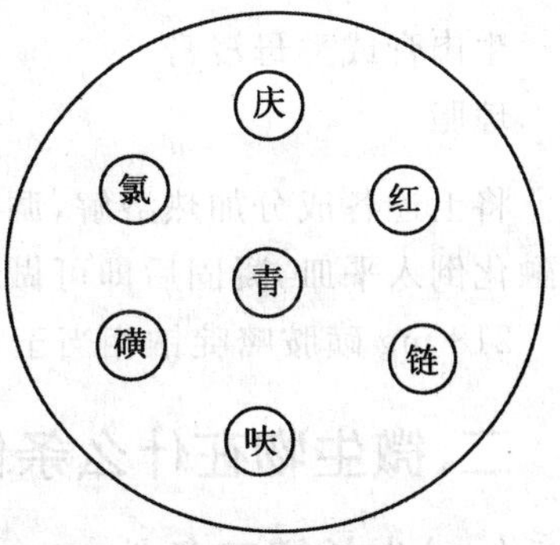

图2-15　药物敏感试验纸片的贴法

(3)37℃培养18～24 h(培养时间过长抑菌圈不清晰)后，观察滤纸片周围有无抑菌圈并量取其直径。通过直径大小来判断各种药物对同一种试验菌抑菌的强弱(表2-5)。

表2-5　细菌对不同抗菌药物敏感度标准

药物名称	抑菌圆直径/mm	敏感度
青霉素	<10	不敏感
	11～20	中度敏感
	>20	高度敏感
土霉素、四环素、新霉素、链霉素、磺胺	<10	不敏感
	11～14	中度敏感
	>14	高度敏感
庆大霉素、卡那霉素	<12	不敏感
	13～14	中度敏感
	>14	高度敏感
氯霉素、红霉素	<10	不敏感
	11～17	中度敏感
	>17	高度敏感
其他	<10	不敏感
	11～15	中度敏感
	>15	高度敏感

附：干燥抗菌纸片的制备法

取直径6 mm的无菌滤纸片，浸于一定浓度的抗菌药液中，如青霉素为100 IU/mL，链霉素、氯霉素等抗生素为2 mg/mL，磺胺嘧啶针剂为0.1 mg/mL，黄连素或其他中药可根据需要稀释原液。一般每毫升药液中装有滤纸片 100 片，浸泡 1～2 h 后，37℃干燥或真空干燥，密封冷藏备用，药剂维持 1～2 个月有效。

无胨琼脂的配制方法：

牛肉膏或酵母浸膏	5 g	NaCl	5 g
琼脂	25 g	蒸馏水	1 000 mL

将上述各成分加热溶解，调节 pH 至 7.2～7.4，过滤后分装，灭菌。临用时，将此管培养基融化倒入平皿，凝固后即可做试验用。

218 mg 磺胺嘧啶钠相当于 200 mg 磺胺嘧啶。

二、微生物在什么条件下长得好？

(一)生长繁殖条件

能够影响微生物生长繁殖的因素很多，主要有营养因子、水分、温度、pH 和氧气等。在此仅介绍温度、pH 和氧气的影响。

1. 温度

温度是微生物的重要生存因子。不同微生物的最适温度差异很大，例如放线菌与真菌的最适温度一般为 23～37℃，藻类的最适温度为 28～30℃。因此，培养不同微生物应选择其相应的最适温度(表 2-6)。

表 2-6　实验室中培养各类微生物的最适温度

项目	微生物类型				
	细菌	放线菌	霉菌	酵母菌	藻类
培养温度/℃	37	28	28	28	25

然而，同一种微生物在生长发育不同阶段对温度的要求也不一样。例如，灰色链霉菌菌体的最适生长温度为 37℃，而产生链霉素的最适生长温度为 28℃；青霉菌菌体的最适生长温度为 30℃，而产生青霉素的最适温度为 23℃。因此，在实际生产中需要根据培养目的来调控微生物生长的最适温度。

2. pH

与温度对微生物的影响一样，微生物的生长需要最适 pH。pH 影响微生物生长的主要作用在于：引起细胞膜电荷的变化，从而影响了微生物对营养物质的吸收；影响代谢过程中酶的活性；改变生长环境中营养物质的可给性以及有害物质的毒性。几乎所有的微生物在 pH 4～9 时都可以生长，但不同的微生物都有其最适宜生长的 pH 和一定的生长 pH 范围(表 2-7)。为了防止基质中 pH 发生过大变化而影响微生物生长，在配制培养基时通常加入缓冲剂。而在工业发酵中经常要通过中间补料加入化学物质来调整 pH。

然而，微生物生长繁殖的最适 pH 也通常不同于其合成某种代谢产物的 pH，例如丙酮丁醇梭菌生长繁殖的最适 pH 为 5.5～7.0，而合成丙酮丁醇的最适 pH 为 4.3～5.3。在生产实践中还可利用 pH 防止杂菌生长。例如，生产面包时，加入防腐剂丙酸钙可抑制细菌生长；利用栖土曲霉生产蛋白酶时，在基质中加入 Na_2CO_3(碱性)可抑制杂菌的生长。

表 2-7 不同微生物生长的 pH 范围

微生物	最低 pH	最适 pH	最高 pH
细菌、藻类、原生动物	4	6.5～7.5	10
氧化硫杆菌	1	2.0～2.8	4～6
硝化细菌	7	7.8～8.6	11
放线菌	5	7.5～8.0	10
酵母菌	2.5	4.0～5.8	8
霉菌	1.5	3.8～6.0	7.0～11

3.氧气

根据微生物与氧气的关系，主要可将其分为以下 3 类(亦称呼吸类型)。

(1)专性需氧微生物　大多数微生物属于此类。因为氧是此类微生物呼吸作用的最终电子受体，因此，缺氧时不能生长。如固氮菌和铜绿假单胞菌等。

(2)专性厌氧微生物　此类微生物不能利用氧，而且氧气对它们有害。因为此类微生物的细胞中不能产生超氧化物歧化酶(SOD)和 H_2O_2 酶，因而不能还原有毒中间产物 O_2^-(超氧阴离子自由基)和 H_2O_2 等为 H_2O 与 O_2。如丙酮丁醇梭菌和双歧杆菌等。

(3)兼性需氧微生物　亦称为兼性厌氧微生物，在有氧或无氧时都可生长。无氧时呼吸链失去作用，有氧时呼吸链很快恢复作用。如大肠杆菌和酿酒酵母等。

由于不同微生物对氧的要求不同，因此，在培养各类微生物时应采取相应措施保证其正常生长。例如，培养专性需氧微生物可通过振荡或通气等方式使之有充足的氧气供给；培养专性厌氧微生物则需要排除环境中的氧气，同时在培养基中添加还原剂以降低培养基的氧化还原电势；培养兼性厌氧或微需氧微生物时，可采用深层静止培养的方式。

4.所需营养物质

为了生存，微生物必须从环境中获得各种物质，通过新陈代谢将其转化为生命活动所需的能量，或用于合成细胞成分和代谢物，同时将代谢活动产生的废物排出体外，这些可被微生物利用，满足微生物机体生长繁殖和完成各种生理活动所需的物质即微生物的营养物质。

(1)微生物细胞的化学组成　与其他高等动植物细胞一样，微生物细胞也是由碳、氢、氧、氮等化学元素构成的。根据微生物对各类化学元素需要量的多少，可将其分为主要元素和微量元素。主要元素包括碳、氢、氧、氮、磷、硫、钾、镁、钙、铁等(表 2-8 和表 2-9)。其中前 6 种元素可占细菌细胞干重的 97%；微量元素包括锌、锰、钠、氯、钼、硒、钴、铜、钨、镍、硼等。

微生物细胞中的上述元素主要以水、有机物和无机盐的形式存在于细胞中。有机物主要包括核酸、蛋白质、糖、脂肪、维生素及其降解产物。无机物则是参与有机物组成或单独存在于细胞原生质中。组成微生物细胞的各类化学元素的比例因微生物类群不同而异。如细菌细胞的含氮量比真菌高，而硫细菌、铁细菌和海洋细菌比其他细菌含有较多的硫、铁、氯等元素。即使是同一种微生物，其细胞的元素组成比例也会随培养条件和生长阶段的不同而在一定范围内波动。如幼龄细胞比老龄细胞含氮量高，在氮源丰富的培养基上生长的细胞比氮源相对贫乏的培养基上生长的细胞含氮量高。

表 2-8　微生物细胞中主要元素的含量(干物质基础)　%

元素	细菌	酵母菌	丝状真菌
碳	50	49.8	47.9
氮	15	12.4	5.2
氢	8	6.7	6.7
氧	20	31.1	40.2
磷	3	—	—
硫	1	—	—

表 2-9　微生物细胞中无机元素的含量　%

无机元素	固氮菌	酵母菌	丝状真菌
P_2O_5	4.95	3.54	4.85
SO_3	0.29	0.039	0.11
K_2O	2.41	2.34	2.81
Na_2O	0.07	—	1.12
MgO	0.82	0.428	0.38
CaO	0.89	0.383	0.19
Fe_2O_3	0.08	0.035	0.16
SiO_2	—	0.093	0.04

(2)微生物的营养物质与功能　根据营养物质在机体中生理功能的不同,把微生物的营养物质归纳为碳源、氮源、能源、生长因子、无机盐和水六大类。

①碳源。碳是微生物细胞需要量最大的元素,凡可构成微生物细胞与代谢产物中碳素来源的营养物质称为碳源。碳源物质在机体内经过一系列复杂的化学变化后被用来构成细胞物质或为机体生命活动提供能量。因此,碳源物质通常也是机体生长的能源物质。

微生物利用碳源物质具有选择性,即不同类群微生物对碳源的要求不一样。糖类是一般微生物较易利用的良好碳源和能源物质,但微生物对不同糖类物质的利用也有差别。例如,在以葡萄糖和半乳糖为碳源的培养基中,大肠杆菌首先利用葡萄糖,其次利用半乳糖,前者称为大肠杆菌的速效碳源,后者称为迟效碳源。生产上确定某一生产菌的最佳碳源是其培养条件研究的首要任务之一。此外,不同种类的微生物利用碳源的广泛性也有差别。如假单孢菌属中的某些种可以利用多达 90 种以上的碳源物质,而一些光能自养型的微生物只能以 CO_2 为唯一碳源。

微生物的主要碳源物质有糖类、有机酸、醇、脂类、烃、CO_2 及碳酸盐等。而纤维素和木质素等复杂化合物只能被部分微生物利用;一些人造有机物如塑料和农药中的碳很难被微生物分解甚至完全无用。在发酵工业生产中,作为碳源的物质不但要考虑其营养性而且要考虑其经济性,因此,大工业发酵生产中使用的碳源均为价格相对低廉的粗制植物性产品,如糖蜜、粗淀粉(玉米粉、山芋粉、野生植物淀粉等)、麸皮、米糠等。为了解决工业发酵用粮与人、畜用粮的矛盾,目前已开展以纤维素、石油等作为碳源的代粮发酵的科学研究。

②氮源。是构成细胞物质或代谢产物中氮素来源的营养物质。细胞干物质中氮的含量仅次于碳和氧。氮是组成核酸和蛋白质的重要元素,因此,氮对于微生物的生长发育有重要作用。能被微生物利用的氮源十分广泛,可分为无机氮和有机氮。前者包括氨、铵盐和硝酸盐等无机含氮化合物;后者包括尿素、氨基酸、多肽、蛋白质、嘌呤和嘧啶等有机化合物。

实验室常用的氮源物质有碳酸铵、硝酸盐、硫酸铵、牛肉膏、蛋白胨、酵母膏等。生产上常用的氮源物质有各种铵盐、硝酸盐、豆饼粉、花生饼粉、鱼粉、蚕蛹粉、玉米浆、麸皮等。铵盐是微生物常用的氮源。大多数微生物能很好地利用氨或氨离子作为唯一氮源。少数固氮微生物能利用分子态氮 N_2 作为氮源,虽然它们也可以利用氮化物,但在有氮化物存在的情况下,它们便失去固氮的能力。

氮源除提供细胞结构物质或代谢产物中的氮素外,还可作为一些化能自养微生物的能源;

在碳源缺乏的情况下，还可以作为一些微生物的碳源和能源使用。

③无机盐。是微生物生长必不可少的一类营养物质，它们在机体中的主要生理功能是作为酶活性中心的组成部分、维持生物大分子和细胞结构的稳定性、调节并维持细胞渗透压的平衡、调节细胞氢离子浓度和氧化还原电位等，此外还能作为某些微生物生长的能源物质。

微生物生长所需的无机盐一般有磷酸盐、硫酸盐、氯化物以及含有钾、钠、钙、镁等金属元素的化合物。通常把 P、S、K、Ca、Mg 等微生物需要量为 $10^{-4}\sim10^{-3}$ mol/L 的元素称为常量元素，而把 Co、Zn、Mo、Cu、Mn、Ni 等需要量为 $10^{-8}\sim10^{-5}$ mol/L 的元素称为微量元素。微量元素一般参与酶的组成或作为酶激活剂。微生物在生长过程中若缺乏某种微量元素，便会导致细胞生理活性降低甚至停止生长。由于各种微生物对营养物质的需求不尽相同，因此，微量元素的概念也是相对的。

在生产实践中，通过向培养基中加入相应的盐以解决微生物对一些常量元素的需求。而微量元素通常混杂在天然有机营养物、无机化学试剂、自来水及玻璃器皿等容器中，若无特殊要求，在配制培养基时不需专门添加。微量元素的过量或比例失调都不利于微生物的生长，甚至对微生物产生毒害。

④生长因子。是一类微生物生长所必需且需要量很小，但自身又不能合成的有机化合物。通常主要包括维生素、氨基酸、各种碱基及其衍生物、卟啉及其衍生物、固醇、脂肪酸等物质。不同微生物所需生长因子的量与种类各不相同。

少数微生物能过量地合成和分泌某些维生素等生长因子，因此，可用做此生长因子的生产菌。如可用谢氏丙酸杆菌、甲烷菌等生产维生素 B_{12} 等。在生产实践中，一般可用生长因子含量丰富的天然物质作为培养基原料以保证微生物的需要。酵母膏、玉米浆和麦芽汁等都富含多种生长因子，因此，在生产上被广泛利用。

⑤水。是微生物细胞的主要组成部分，占细胞干重的 70%～90%。水是构成微生物细胞的重要组成成分，机体内各种生理生化反应以及营养物质与代谢产物的运输都是通过水来完成的。此外，水是热的良好导体，对细胞内因新陈代谢产生的温度变化起着缓冲作用。微生物细胞的含水量很高，细菌、酵母菌和霉菌的营养体分别含 80%、75%、和 85%左右的水分，霉菌的孢子含水量约为 39%，而细菌芽孢核心部分的含水量则低于 30%。

⑥能源。能够为微生物生命活动提供最初能量来源的营养物或辐射能。异养型微生物的能源即其碳源，光能自养型微生物的能源来自辐射能，而亚硝酸细菌、硝酸细菌、硫化细菌、硫细菌、氢细菌和铁细菌等原核微生物均为化能自养型微生物，其能量的来源十分独特，主要由 NH_4^+、NO_2^-、S、H_2S、H_2 和 Fe^{2+} 等还原态无机物提供。

(3)营养类型与方式

①微生物的营养类型。微生物的营养类型比高等动植物复杂，不同的微生物对营养要求相差很大(表 2-10)。根据微生物生长的碳源和能源特性，通常可将微生物的营养类型归纳为光能自养型、光能异养型、化能自养型和化能异养型 4 种类型。

a.光能自养型。此类微生物含有色素，能利用光能作为能源进行光合作用，以 CO_2 为主要碳源，以水或还原态无机物为供氢体合成自身所需细胞物质。藻类、蓝细菌和光合细菌均属于此类。

表 2-10 微生物的营养类型

营养类型	能源	供氢体	基本碳源	实例
光能自养型	光	无机物	CO_2	蓝细菌等
光能异养型	光	有机物	CO_2、简单有机物	红螺菌科的细菌
化能自养型	无机物	无机物	CO_2	硝化细菌等
化能异养型	有机物	有机物	有机物	所有真核微生物

b. 光能异养型。此类微生物是指以光为能源，具有光合色素，需要有机物作为碳源和供氢体合成自身所需细胞物质。它们也能利用 CO_2，但不能以 CO_2 作为唯一碳源。其与光能自养型区别在于氢和电子供体的来源不同。如红螺菌利用异丙醇作为供氢体进行光合作用，同化 CO_2 并积累丙酮。

c. 化能自养型。此类微生物通过氧化无机物获得能量，以 CO_2 为主要碳源。由于无机物氧化时获得的能量有限，因此，此类微生物生长缓慢。常见的化能自养型微生物有硝化细菌、硫化细菌、铁细菌、氢细菌、甲烷氧化细菌等。

d. 化能异养型。此类微生物以有机物为能源和碳源，其种类最多、与人类生产生活关系最为密切。目前用于微生物发酵生产的微生物几乎均属于此类。已知的绝大多数细菌、全部真菌和原生动物及专性寄生病毒等均属此类。

化能异养型微生物的具体营养要求因种类不同而异，不同类群需要的碳源、氮源、矿物质元素和生长因子表现出极大的差异，即使同种的不同菌株之间有时也会存在较大的差异。

上述营养类型的划分不是绝对的，它们在不同生长条件下往往可以相互转变。如红螺菌在有光和厌氧条件下为光能异养型；而在黑暗中与有氧条件下能够利用有机物氧化所产生的化学能生长，因而是化能异养型。

②营养摄取方式。营养物质必须通过细胞壁和细胞膜才能进入细胞，而所有微生物都具有一种保护机体完整性和限制物质进入细胞的渗透屏障，主要由荚膜、细胞壁和细胞膜等结构组成。荚膜与细胞壁结构相对疏松，对营养物质的吸收起次要作用。而细胞膜对跨膜运输的物质具有选择性，因而在控制物质进入细胞的过程中起着更加重要的作用。根据物质运输过程的特点，通常将营养物质进入细胞的方式分为单纯扩散、促进扩散、主动运输和基团转运 4 种类型(表 2-11)。

a. 单纯扩散。又称为被动扩散，是指物质顺浓度梯度，以扩散的形式进入细胞的方式，是物质运输中最简单的一种方式。单纯扩散基本上是一个物理过程，营养物质在运输过程中分子结构不发生任何变化。其推动力来自于细胞内外的浓度差，因此不消耗能量。当细胞内外浓度差不断减小达到最后的平衡时，扩散也随之终止。通过此种方式运输的营养物质主要是一些气体、水、水溶性小分子、少数氨基酸和盐类。

b. 促进扩散。是指溶质在运输过程中必须借助细胞膜上的特异性载体蛋白和顺浓度梯度进入细胞的方式。在此过程中，被运输的营养物质与膜上特异载体蛋白发生可逆性结合，载体像渡船一样把营养物质从膜的一侧运送到另一侧，然后通过变构而将营养物质释放。该运输方式在不耗能的条件下，能够把膜外高浓度的溶质快速扩散到膜内直至达到胞内外的浓度平衡。促进扩散常见于真核微生物，如葡萄糖通过该途径进入酵母菌细胞；原核微生物中较少见，已发现甘油可经促进扩散进入沙门氏菌和志贺氏菌等肠道菌体内。

c. 主动运输。是指通过细胞膜上特异性载体蛋白的构型变化，同时消耗能量，使膜外低浓度物质进入胞内的一种物质运输方式。主动运输是广泛存在于微生物中的主要物质运送方式，其具体方式有多种。

在主动运输中，载体蛋白在膜内外与营养物质的亲和力必须发生改变，即在细胞膜的外表面，载体蛋白与被运送的营养物质亲和度高，因而能与营养物质结合；而在细胞膜的内表面，载体蛋白与营养物质的亲和度低，从而能将营养物质释放到胞内。载体蛋白通过构象的改变来实现对被运送营养物质亲和力的改变。

主动运输可逆浓度梯度运送营养物质，因而与促进扩散不同，必须消耗能量。不同微生物主动运输的能量来源不同，主要包括 ATP、质子动势或“离子泵”等。

许多无机离子、糖类（如葡萄糖、乳糖、麦芽糖等）等营养物质均通过此种方式进入细胞。对于生存于低浓度营养环境中的微生物而言，主动运输是影响其生存的重要营养物质吸收方式。

d. 基团移位。是指一类既需要特异性载体蛋白的参与，又需耗能的一种物质运输方式。与主动运输不同的是，营养物质在运送过程中还会发生分子结构的改变。

基团移位主要运送各种糖类、核苷酸和嘌呤等物质。以磷酸转移酶系统为例，其运送机制在大肠杆菌（*E. coli*）中研究得较为清楚。此系统由 24 种蛋白组成，运送某一具体的糖至少需要 4 种蛋白参与。以运送葡萄糖为例，每运送 1 个葡萄糖分子进入胞内就需消耗 1 个 ATP 的能量。具体运送过程分 2 步进行。

热稳定载体蛋白（HPr）的激活：HPr 为一种膜蛋白，起着高能磷酸载体的作用。胞内高能化合物——磷酸烯醇式丙酮酸（PEP）的磷酸基团通过酶Ⅰ作用激活 HPr。酶Ⅰ是一种细胞质蛋白。

$$\text{PEP}+\text{HPr}\xrightarrow{\text{酶Ⅰ}}\text{丙酮酸}+\text{磷酸}\sim\text{HPr}$$

糖经磷酸化运送至胞内：磷酸～HPr 将磷酰基传递给葡萄糖，同时将生成的 6-磷酸葡萄糖释放到细胞质内。该反应由酶Ⅱ催化。

$$\text{磷酸}\sim\text{HPr}+\text{葡萄糖}\xrightarrow{\text{酶Ⅱ}}\text{6-磷酸葡萄糖}+\text{HPr}$$

葡萄糖被位于膜上的酶Ⅱ磷酸化后，以 6-磷酸葡萄糖形式释放到细胞质内。可见葡萄糖作为营养物质进入细胞的过程中发生了化学结构的改变。

表 2-11　4 种运输营养物质方式的特点比较

项目	单纯扩散	促进扩散	主动运输	基团移位
特异载体蛋白	无	有	有	有
运送速度	慢	快	快	快
运送方向	顺浓度梯度	顺浓度梯度	逆浓度梯度	逆浓度梯度
运送分子特异性	无	有	有	有
能量消耗	不消耗	不消耗	消耗	消耗
溶质分子结构	不变	不变	不变	改变
载体饱和效应	无	有	有	有
运送抑制剂	无	有	有	有

5. 培养基的配制

培养基是按照微生物生长繁殖所需的各种营养物质，用人工方法配制而成的营养基质。也是进行微生物学研究和利用微生物进行发酵生产的基础。

（1）配制原则

①营养适宜。不同微生物对各营养要素需要的种类、数量和比例不同，因此，必须根据微生物的营养特点来配制培养基。如自养型微生物能利用简单的无机物和无机盐合成本身所需要的复杂有机化合物，因此，此类微生物的培养基应由简单的无机物组成；异养型微生物因不能利用简单无机物作为碳源，因而培养基中至少应含有一种有机物。对于自生固氮菌而言，培养基里无需加入氮源，否则会丧失固氮能力。此外，对于异养型微生物还需加入生长因子才能满足其生长需要。

②营养协调。是指各营养物质之间应有恰当的比例。某种营养物质的不足常会成为微生物生长繁殖或产生某种代谢产物的限制因子，因此，培养基的各营养要素比例必须协调。其中最重要的营养成分比例是碳源和氮源的比例，即 C/N。不同微生物类群乃至不同菌株对 C/N 的要求都可能有差异。碳源不足易导致菌体早衰，从而缩短代谢产物的生产时间和减产；氮源不足，菌体生长缓慢，生产周期延长，同样可导致减产；氮源过量则使菌体徒长，不利于代谢产物的积累。

③目的明确。根据培养目的设计培养基配方。如果培养的目的是为了收获大量菌体，则宜采用营养丰富、全面的培养基，同时可考虑降低培养基的 C/N，选择容易被微生物利用的碳源、氮源，从而促进微生物的生长繁殖，提高单位体积或单位质量培养物的细胞生物量。在生产上，为了获得高质量的种子，培养基中一般采用营养丰富且 C/N 较低的培养基。如果培养的目的是为了得到某种代谢产物，则应考虑生产菌的生理生化、遗传特性以及该代谢产物的化学成分等因素。如生产糖化酶时，一般采用高 C/N 培养基以获得较高的糖化酶产量；而生产蛋白酶时，通常采用低 C/N 培养基。发酵培养基的组成应以最大限度地提高目的代谢产物的产量为目标。

④酸碱度适当。各种微生物都有其生长的最适 pH。一般而言，细菌适宜中性或偏碱性环境，而真菌需要微酸性环境。酸碱度不但影响微生物的生长繁殖，同时也会影响代谢产物的种类和产量。因此应根据培养目的确定培养基的 pH。此外，微生物在生长繁殖过程中，由于营养物质的利用以及代谢产物的形成和积累，常常会导致培养基 pH 改变，进而抑制微生物的生长甚至导致微生物死亡。因此，在设计和配制培养基时，通常需加入一些缓冲剂（如 K_2HPO_4 和 KH_2PO_4）或不溶性碳酸盐，从而防止培养基 pH 的大幅波动。

⑤用料经济。在设计发酵生产用培养基时，尤其要考虑到培养基的成本。因此，在能够满足生产菌营养需要的前提下，应尽可能选用价格低廉、来源广泛和配制方便的材料。麸皮、米糠、富含淀粉的野生植物的根、茎与果实，农作物秸秆以及酿造业的废渣都可用做培养基的主要原料。

（2）培养基的类型　由于分类标准不同，培养基的种类繁多。一般根据营养物质来源、物理性状及用途等将培养基分为以下类型。

①按营养物质来源划分。

a. 天然培养基。用生物组织或其浸出液等天然有机物制成的培养基。用于实验室配制天然培养基的原料有单糖、双糖、蛋白胨、酵母膏、麦芽汁、血清等；用于生产上的天然原料有各种粗淀粉、秸秆粉、米糠、麸皮、各种饼粉、鱼粉、玉米浆、糖蜜等。几种常用天然培养基原料的特性见表 2-12。

表 2-12 几种常用天然培养基原料的特性

原材料	制作方法	营养功能
牛肉膏	瘦牛肉加热、抽提并浓缩而成	提供碳素、氮素、无机盐和生长因子
蛋白胨	酪素、明胶或鱼粉等蛋白经酸或酶水解而成	提供碳素、氮素、无机盐和生长因子
酵母膏	酵母水抽提物浓缩而成	提供大量 B 族维生素、氨基酸、嘌呤与微量元素
玉米浆	用亚硫酸浸泡玉米淀粉时的废水，经减压浓缩而成	提供可溶性蛋白质、多肽、氨基酸、还原糖和 B 族维生素
糖蜜	制糖业中糖结晶后的废液	主要含蔗糖，还有氨基酸、维生素等

天然培养基具有配制简单、营养丰富、成本经济等特点，是生产上常用于培养异养型微生物的培养基。其缺点是营养成分不清，不同批次或来源的原料成分不稳定，重复性差，因而不适宜做精确的科学实验。

b. 合成培养基。即用已知成分的化学试剂配制而成的培养基。如培养细菌用的葡萄糖铵盐培养基、培养放线菌的高氏 1 号培养基等。其特点是成分精确、重复性好，但价格昂贵、配制麻烦、营养不及天然培养基丰富，微生物生长一般，主要用于微生物学基础性研究工作。

c. 半组合培养基。介于以上 2 种培养基之间的一种培养基。通常是在天然培养基的基础上适当加入无机盐类，或在合成培养基的基础上加入某些天然有机物配制而成。半合成培养基能更有效地满足微生物对营养物质的需要，适合培养大多数微生物。

②按物理性状划分。

a. 液体培养基。即将培养基各组分溶解到定量的水中制成的培养液。微生物在液体培养基里能够充分接触营养物质，有利于生长繁殖和产生代谢产物。因而液体培养基广泛应用于科研与生产，是现代微生物发酵培养基的主要类型。

b. 固体培养基。由上述液体培养基中加入一定量的凝固剂制成。最常用的凝固剂是琼脂，制作培养基时添加量为 1.5%～2%。琼脂是最优良的凝固剂，其融化温度为 96℃，凝固温度为 40℃，不易被微生物利用，透明度好，能反复凝固和融化。常将融化的琼脂培养基装入试管或平皿制成琼脂斜面或培养基平板用于培养微生物。

生产上用天然固体原料（如麸皮、米糠、棉籽壳等）加水制成的培养基也属于固体培养基，用于白酒、酶制剂、抗生素、食用菌、微生物农药等的固态发酵。

c. 半固体培养基。在上述液体培养基中加入 0.5% 或更低浓度的琼脂制成，主要用于微好氧细菌的培养或细菌运动力的确定。

③按培养基的用途划分。

a. 选择性培养基。是指加入一种有利于目的菌种生长而不利于其他菌种生长的营养物质或抑菌剂，从而浓缩或选择目的菌株的培养基。例如，向培养基中添加一定量青霉素可抑制革兰氏阳性菌的生长，从而浓缩或选择革兰氏阴性菌。

b. 鉴别培养基。是指加入能与某种微生物代谢产物发生显色反应的试剂，从而能用肉眼辨别目的微生物的培养基。如检出大肠杆菌和产气杆菌时采用的伊红-美蓝培养基，大肠杆菌在此培养基上长成带金属光泽的黑色小菌落，而产气杆菌形成湿润的灰棕色大菌落。

c. 种子培养基。是指用于培养优质孢子或营养细胞的培养基。一般要求氮源与维生素丰富，原料精细，以获得高质量和一定数量的种子。有时还需加入发酵培养基的某些组分，以使菌种能适应发酵条件的基质。

d. 发酵培养基。是生产中用于供菌种生长繁殖并积累发酵产物的培养基。一般数量较大、用料较粗。发酵培养基的 C/N 往往高于种子培养基，其组成要有利于最大限度地发挥生产菌的生产性能，同时还要考虑原料的来源和成本等因素。

此外，还有能够满足一般微生物生长需要的基础培养基、加有特殊营养物质的加富培养基等其他类型。实际上，在微生物研究和生产中，常需配制一些结合 2 种或多种功能与类型的综合培养基。因而，以上各种分类也是相对的。

(二)生长繁殖规律

1. 真菌的生长繁殖

大多数真菌的生活周期均包括无性繁殖与有性繁殖 2 个阶段，并且以无性繁殖为主。少数真菌仅有无性繁殖。

(1)酵母菌　有无性繁殖和有性繁殖 2 种类型。凡是有性繁殖产生子囊孢子的酵母称为真酵母，不具备有性繁殖的称为假酵母。酵母菌的繁殖方式归纳如下。

①无性繁殖。

a. 芽殖。大多数酵母都以芽殖的方式进行无性繁殖。按酵母菌的形态不同有多边出芽、三端出芽、两端出芽和一端出芽之分(图 2-16)。

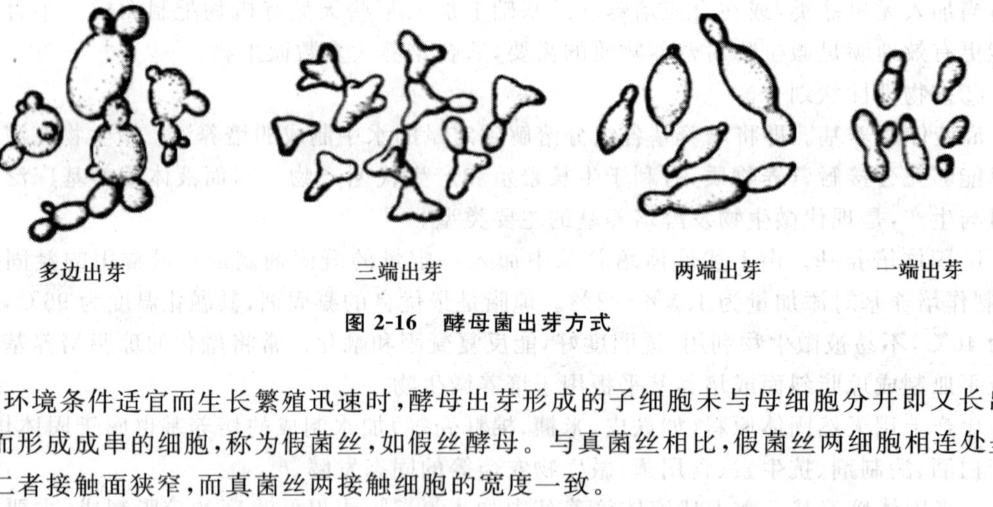

图 2-16　酵母菌出芽方式

当环境条件适宜而生长繁殖迅速时，酵母出芽形成的子细胞未与母细胞分开即又长出新芽，从而形成成串的细胞，称为假菌丝，如假丝酵母。与真菌丝相比，假菌丝两细胞相连处呈细腰状，二者接触面狭窄，而真菌丝两接触细胞的宽度一致。

b. 裂殖。少数酵母菌与细菌一样，通过细胞的横分裂繁殖，如裂殖酵母。

c. 芽裂殖。上述两者的中间型。少数酵母菌在一端出芽的同时于芽基处形成隔膜，将母细胞与子细胞分开。

此外，还有些酵母菌可通过形成无性孢子的方式繁殖。

②有性繁殖。酵母菌以形成子囊孢子的方式进行有性繁殖(图 2-17)。其有性繁殖包括质配与核配以及子囊孢子形成 2 个独特阶段。酵母菌经核配后形成的二倍体细胞可进行多代营养生长繁殖，并形成二倍体细胞群。二倍体细胞大且生活力强，故发酵工业中多采用二倍体酵母细胞。当二倍体细胞移入营养匮乏的产孢培养基后，细胞便停止营养生长而进入繁殖阶

段，营养细胞转变成子囊，囊内的核经减数分裂形成子囊孢子。成熟的子囊孢子释放后萌发并长成单倍体酵母细胞。

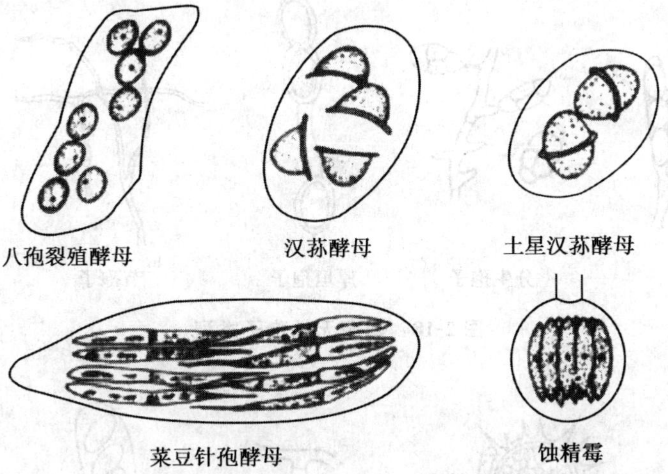

图 2-17 酵母菌不同类型的子囊孢子

(2)霉菌 在自然界，霉菌的生长与繁殖能力很强，除可经菌丝断片增殖外，主要靠形成各种无性与有性孢子的方式生长繁殖。

①断裂繁殖。菌丝各个部分有极性之分，即位于前端为幼龄菌丝，后端为老龄菌丝。因此，菌丝呈现顶端生长的特征。菌丝的生长与营养有关，营养丰富，分支多而密，相反，分支少且稀。

②无性孢子繁殖。菌丝断裂和无性孢子都属于无性繁殖。多数真菌的无性繁殖是通过无性孢子来完成的。无性孢子是指不经过两性细胞结合产生的孢子，主要有厚垣孢子、节孢子、分生孢子、孢囊孢子和游动孢子等类型。以孢子开始的生长包括有孢子肿胀、萌发管形成和菌丝生长 3 个阶段。

各类无性孢子的特征见表 2-13 和图 2-18。

表 2-13 霉菌无性孢子的特征

无性孢子	着生方式	形成特征	孢子形态	代表菌
厚垣孢子	外生	部分菌丝细胞质变圆、浓缩，周围形成厚壁而成	圆形、柱形等	总状毛霉
节孢子	外生	菌丝横隔断裂而成	柱状，常成串	白地霉
分生孢子	外生	分生孢子梗顶端细胞特化而成的单个或簇生孢子	多样化	曲霉、青霉
孢囊孢子	内生	气生菌丝顶端或孢囊梗顶端膨大形成	近圆形	根霉、毛霉
游动孢子	内生	有鞭毛，能游动的孢囊孢子	圆形、梨形、肾形	壶菌

③有性孢子繁殖。经过 2 个不同性细胞结合产生新个体的过程。霉菌有性繁殖方式复杂多变，但共同特征是两性细胞胞核的结合，一般均分为 3 个阶段。第一阶段为质配，即 2 个不同细胞经接触后结合在一起，细胞质融合但胞核不融合；第二阶段为核配，即质配后，两核融合使核染色体数目加倍；第三阶段为减数分裂，双倍体核染色体数目减少 1/2，形成

单倍体子细胞，再由子细胞经有丝分裂发育成为有性孢子(图 2-19)。有性孢子可萌发形成新菌丝体。

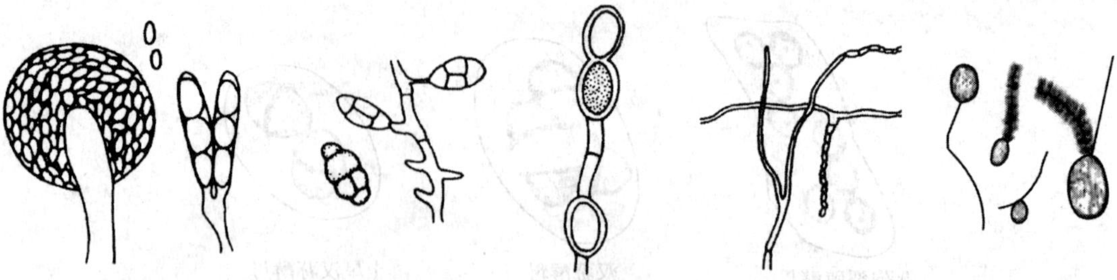

图 2-18　霉菌无性孢子类型

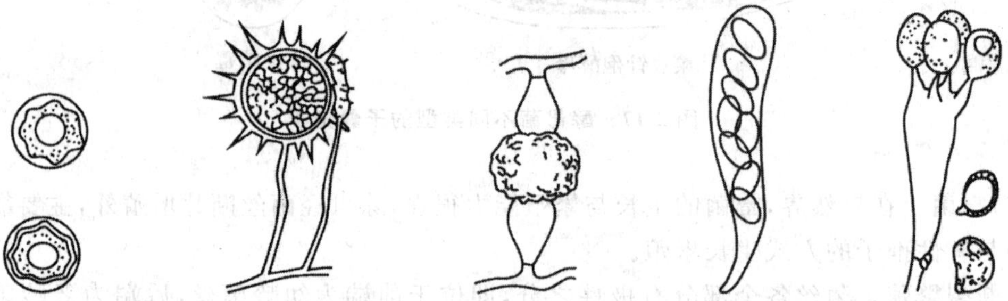

图 2-19　霉菌有性孢子的类型

2. 放线菌的生长繁殖

放线菌主要通过无性孢子及菌丝片段进行繁殖。而孢子繁殖是其主要的繁殖方式(图 2-20)。放线菌的孢子有分生孢子和孢囊孢子。较低等放线菌，如放线菌属、分枝杆菌属只形成短小分枝或基内菌丝，并通过细胞分裂或菌丝断裂来繁殖。

在液体振荡培养或工业发酵时很少形成分生孢子，如液体发酵即是通过菌丝片段形成新菌丝体的方式增殖的。

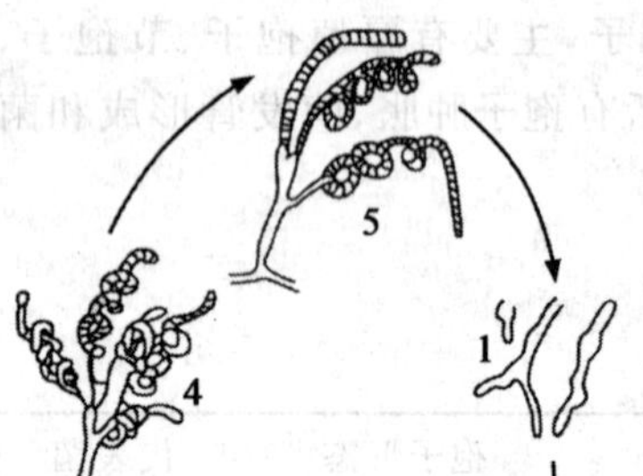

图 2-20　链霉菌的增殖方式

1. 孢子萌发　2. 基内菌丝体
3. 气生菌丝体　4. 孢子丝
5. 孢子丝分化为孢子

3. 细菌的生长繁殖

(1)细菌个体繁殖方式　细菌个体主要是以二分裂法进行无性繁殖。二分裂法即 1 个发育成熟的细菌分裂成 2 个独立菌体的现象。如果 2 个子细胞大小相同，称为同形分裂；若 2 个子细胞大小不同，则称为异形分裂。大多数细菌都是同形分裂，异形分裂往往出现在陈旧的培养基中。但也有例外，如巨大芽孢杆菌在生长活跃阶段也会大量出现异形分裂。

细菌个体繁殖首先从 DNA 复制开始。随着 DNA 复制，细胞膜内陷并逐步将细胞质和核分隔成两半。在膜内陷的同时，胞壁也向中心逐渐延伸并将胞膜分隔成 2 层，从而形成 2 个具备完整的膜与壁的子细胞。

少数细菌通过芽殖（如生丝微菌）或劈裂（如节杆菌，分裂后呈 V 形）方式增殖。

（2）细菌群体的生长繁殖　将少量细菌纯培养物接种到新鲜的液体培养基中，定时测定菌体数量，然后以时间为横坐标，以菌体数量变化为纵坐标，可以绘出一条反映细菌生长规律的曲线，即细菌生长曲线（图 2-21）。

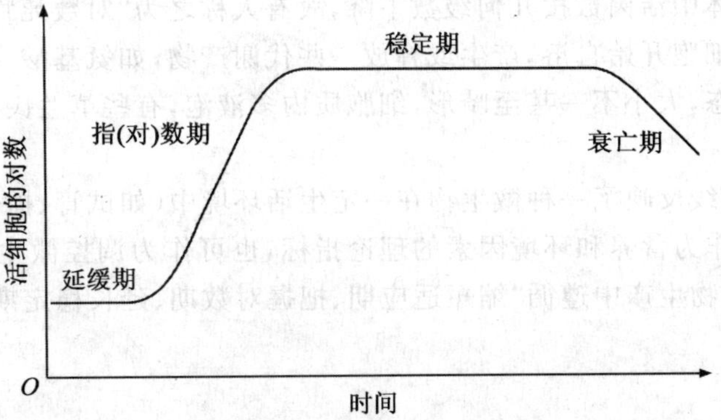

图 2-21　细菌生长曲线

①适应期（延缓期）。菌种初接入新鲜培养液内并不立即生长繁殖，而需要通过自身生理机能的调节以逐步适应新环境。因此在开始一段时间内，细胞数量几乎不增加，群体生长率近于零，曲线平缓。此间，菌体体积增长较快，如巨大芽孢杆菌可以从 3.4 μm 增长到 9.1～19.8 μm；细胞内原生质较均匀一致，储藏物质消耗，DNA 含量提高，产生各种诱导酶；后期菌体细胞逐步进入生理活跃期，少量菌体开始分裂，曲线稍有上升。

因菌种和培养条件不同，适应期的长短由几分钟到几小时不等，如大肠杆菌的适应期就较分枝杆菌短。同一菌种，接种时所处的生长发育期不同，适应期的长短也不一样，如接种用菌种正处于生理活跃期，营养和环境条件适宜，则适应期将显著缩短。

②对数期。在适应期末，细胞开始出现分裂，培养液中细菌开始进入对数生长期，即一个细菌繁殖 n 代可产生 2^n 个细菌（指数 n 为细菌分裂次数或增殖代数）。

细菌在对数期每分裂一次所需的时间称为世代时间。细菌的世代时间在一定条件下是相对稳定的，主要取决于其自身的遗传特性，同时还受到温度、pH、养料和通气等环境因素的影响。因此，不同种类细菌的世代时间不同，如大肠杆菌为 20～30 min，而结核杆菌需要十几个小时。世代时间越短表明细菌分裂越快；相反，则表示细菌分裂越慢。但细菌在对数期保持高速分裂增长的时间因受批量有限的培养基限制，一般不超过 40 代。

处于对数期的细菌，代谢旺盛，生长迅速，形态、生理和化学组成较为一致，因而是较为理想的研究材料。在微生物发酵工业中，也需要选取对数期细胞作为转种或扩大培养的种子，以便缩短发酵周期和提高设备利用率。

③稳定期。此期的特点是细菌分裂间隔时间开始延长，曲线上升缓慢；随后细胞的新生与死亡速率处于动态平衡，活菌数达到最高水平；后期，细胞死亡速度超过新生速度，曲线开始下降。主要原因在于微生物经过对数期的旺盛生长，营养物质消耗，有害代谢产物积累，pH 和温度改变等限制了菌体细胞继续以高速度生长和分裂。

因稳定期的细菌不能维持细胞壁的合成与修复，细菌的染色特征会发生改变，如革兰氏阳性菌可转变为革兰氏阴性菌。大多数芽孢细菌也在此阶段形成芽孢。

稳定期的活菌数目达到最高水平,因而是收获菌体的最佳时期。此时,代谢产物和酶的积累开始增多并逐渐趋向高峰,因此,某些产抗生素微生物在稳定期后期可大量形成抗生素。生产上常通过补料、调节 pH 和调整温度等措施来延长稳定期,以积累更多的代谢产物。

④衰亡期。在稳定期后,由于环境条件进一步恶化,细菌死亡速率逐渐增加,以致死亡数大大超过新生数,群体中活菌数按几何级数下降,故有人称之为“对数死亡阶段”。

在衰亡期,有的细胞开始自溶,产生或释放一些代谢产物,如氨基酸、抗生素、转化酶、短肽酶等,菌体呈现多形态,大小不一甚至畸形,细胞质内多液泡,有些革兰氏阳性菌变为革兰氏阴性菌。

微生物的生长曲线反映了一种微生物在一定生活环境中(如试管、摇瓶、发酵罐)的生长繁殖与死亡规律,既可作为营养和环境因素的理论指标,也可作为调控微生物生长发育的依据,同时也揭示了在微生物生产中遵循“缩短适应期、把握对数期、延长稳定期和监控衰亡期”的实践意义。

4.病毒的增殖

病毒增殖是病毒基因组复制与表达的结果,故称为病毒复制。病毒缺乏增殖所需的酶系统,只能在感染的活细胞内,在病毒自身基因组核酸的指导下,由宿主细胞复制大量病毒核酸和蛋白质,最后装配成病毒粒子从宿主细胞内释放出来。其过程包括吸附、侵入与脱壳、生物合成、装配和释放等 5 个阶段(图 2-22)。

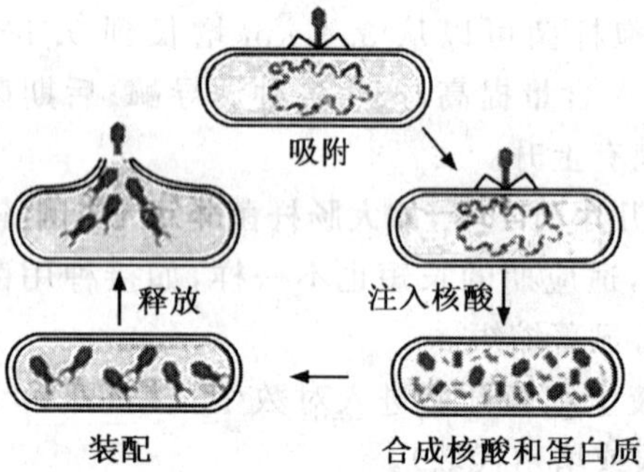

图 2-22 噬菌体增殖示意图

(1)吸附 是指病毒粒子通过扩散和分子运动附着在宿主细胞表面的现象。病毒的吸附具有高度的专一性,只有当病毒表面特异性化学组分与敏感细胞表面所具有的特异受体“互补”时,才能发生不可逆的有效吸附。而靠分子运动的静电引力与敏感细胞接触而发生的吸附是可逆性吸附。

(2)侵入与脱壳

①侵入。不同病毒侵入方式不同。大多数动物病毒主要靠胞饮作用由宿主细胞将病毒粒子吞入胞内,植物病毒多从植物表面伤口侵入或经咬食植物的带毒昆虫感染,噬菌体则是靠尾鞘收缩将核酸注入细菌胞内或经细菌菌毛进入。

②脱壳。是指病毒粒子脱去壳体与包膜,将核酸释放出来的过程。大多数病毒在侵入的同时即已在宿主细胞表面完成脱壳过程,如 T 偶数噬菌体;有的病毒则需在宿主细胞内脱壳,如痘病毒需在吞噬泡中溶酶体酶的作用下部分脱壳,然后启动病毒基因部分表达出脱壳酶,并在脱壳酶的作用下完全脱壳。

(3)生物合成 进入宿主细胞的病毒能够使宿主细胞按照病毒的遗传信息合成完整病毒粒子的各种成分,其中主要为病毒核酸的复制与转录以及病毒蛋白质的生物合成 2 部分。生物合成的步骤:以亲代病毒为样板转录 mRNA;由 mRNA 转录早期蛋白,一般为非结构蛋白,如合成核酸所需要的 RNA 或 DNA 聚合酶、控制宿主蛋白质和核酸合成的调控蛋白等;以亲代病毒核酸为模板复制核酸;合成晚期蛋白,由子代核酸转录的 mRNA 转译晚期蛋白,晚期蛋白主要为子代病毒衣壳蛋白以及与病毒形成有关的其他非结构蛋白。

(4)装配　病毒核酸的复制与蛋白质合成是分开进行的。由分别合成好的核酸与蛋白质组成完整的新病毒粒子的过程称为装配。

大多数DNA病毒核酸在宿主核内复制,蛋白质在细胞质中合成,合成好的蛋白质再运到核中组装。大多数RNA病毒核酸的复制、蛋白质的合成以及病毒的装配均在胞质中进行。

包膜病毒在从宿主细胞核或细胞质的芽出过程中分别从核膜或质膜上获得包膜,前者如疱疹病毒,后者如流感病毒。

(5)释放　是指成熟病毒粒子从宿主细胞内转移到胞外的过程。子代病毒粒子成熟后,许多病毒借助于自身降解胞壁或胞膜的酶,如噬菌体的溶菌酶与脂肪酶、流感病毒包膜刺突的神经氨酸酶等裂解细胞和释放出大量的病毒粒子。

(三)主要代谢产物

和其他生物一样,微生物在其生长过程中不断地从外界吸收营养物质,又不断地排出废物,此即新陈代谢。新陈代谢包括分解代谢和合成代谢体系。两大代谢体系相辅相成、协调统一,其中又包含着物质代谢和能量代谢两大过程。细胞内的物质代谢通常具有相对稳定性,既不过量,也不缺乏,因而显然需要极为灵敏的自我控制能力和对环境的适应能力。

1.微生物酶

(1)特点　微生物细胞内具有一整套可塑性极强和极精确的代谢调节系统,从而足以保证上千种酶能够正确无误、有条不紊地进行着极为复杂的生化反应。微生物酶除具备一般酶的特性外,还具有以下特点。

①一切动、植物细胞中存在的酶几乎都能够从微生物细胞中找到。

②微生物生长繁殖快、酶产量高、几天之内即可收获。

③微生物不受季节、气候和地理环境等自然条件的限制。

④用比较简易的设备进行生产,同时易于管理和控制,成本较低。

(2)分类

①根据存在部位。可分为胞内酶和胞外酶2类。其中,胞内酶存在于微生物细胞内部,主要催化与微生物细胞生长有关的各种代谢活动,提取时必须将细胞破碎,使酶释放出来。胞外酶是指微生物在生命活动过程中分泌到细胞外的酶,因此不必破碎细胞,直接从发酵液中提取即可。胞外酶与细菌的致病性有关。

②根据产生条件。可将其分为固有酶和诱导酶2类。固有酶是指参与正常代谢的各类酶。诱导酶是指在环境中有诱导物时产生的酶,与微生物对环境的适应性有关,故亦称为适应酶,如大肠杆菌分解乳糖的β-半乳糖苷酶、耐青霉素的金黄色葡萄球菌产生的β-内酰胺酶。

2.微生物代谢

(1)分解代谢　微生物的分解代谢是细胞内碳水化合物、脂肪及蛋白质经过氧化分解释放出能量的过程,是通过呼吸作用(生物氧化)来实现的。占微生物绝大多数的化能异养微生物利用有机物分解或无机物氧化过程中释放的能量,通过氧化磷酸化和底物磷酸化合成ATP。其中主要是碳水化合物的分解产能过程。为数不多的光能微生物利用光能通过光合磷酸化合成ATP。

①碳水化合物的分解。

a.发酵。狭义的发酵是指在生物氧化中以自身代谢产物为最终氢(电子)受体的产能过程。葡萄糖在厌氧条件下分解产能,但产生的能量并不多,若不及时使其氧化再生,葡萄糖分解产能将会中断。因此，微生物以葡萄糖分解过程中形成的各种中间产物作为氢(电子)受体来接受 NADH＋H^+ 与 ADPH＋H^+ 的氢(电子)，于是便产生了乙醇、丁醇、乳酸、乙酸、丙酸和丁酸等各种各样的发酵产物。

b.呼吸。是指从葡萄糖或其他有机基质脱下的电子(氢)经一系列载体最终传递给外源分子氧或其他氧化型化合物并产生较多 ATP 的生物氧化过程。是微生物中最普遍和最重要的生物氧化与产能方式。包括有氧呼吸和无氧呼吸 2 种类型。

有氧呼吸:以分子氧作为最终电子受体的呼吸形式称为有氧呼吸。好氧微生物从有氧呼吸中获取能量。由于葡萄糖在有氧呼吸中产生的能量比发酵多得多，所以在有氧条件下，兼性厌氧微生物终止厌氧发酵而转向有氧呼吸。例如，在利用酵母菌发酵生产酒精时，若通入 O_2，则发酵作用下降，停止产生酒精而进行呼吸作用，葡萄糖的利用速度大大降低，酒精生成被抑制。此种呼吸抑制发酵的现象首先由 Pasteur 发现，故称巴斯德效应。所以，在发酵制酒时不能有氧气存在。

无氧呼吸:以氧以外其他氧化型化合物作为最终电子受体的呼吸形式，亦称为厌氧呼吸。是指在厌氧条件下，厌氧或兼性厌氧微生物以外源无机氧化物(NO_3^-、NO_2^-、SO_4^{2-}、CO_2、Fe^{3+}等)或有机氧化物(延胡索酸等，但很罕见)作为末端氢(电子)受体时发生的一类产能效率低的特殊呼吸，如硝酸盐呼吸(反硝化作用)、硫酸盐呼吸和碳酸盐呼吸等。进行厌氧呼吸的微生物绝大多数是细菌。

②蛋白质的分解。蛋白质必须经过微生物胞外酶水解成多肽和氨基酸才能被吸收入细胞。微生物利用氨基酸主要供作合成菌体的氮源，进入细胞后的简单含氮化合物再继续进行分解或合成，以供细胞质的组成，同时向细胞外排出一些含氮物质。氨基酸脱氨后也和有机酸一样可以作为碳源和能源。微生物的蛋白质分解产物主要有氨基酸、有机酸、靛基质、硫化氢、氨、氢和二氧化碳等。

③脂肪的分解。脂肪在微生物脂肪水解酶的作用下分解为脂肪酸和甘油，许多微生物将甘油脱氢生成丙酮酸，然后按照糖代谢方式进入三羧酸循环。脂肪酸则通过 β-氧化产生乙酰 CoA，并经三羧酸循环最终被分解为 CO_2 和 H_2O。脂肪的分解代谢也可以释放出大量的能量。

综上所述，不同微生物在不同条件下对糖的分解产物各不相同，从而使人类可以获得不同的发酵产物，也可被用来作为鉴别微生物的生化指标。

(2)微生物的生化鉴定　利用生化反应试验，可以检测微生物对各种物质的代谢作用及其代谢产物，从而有利于进行微生物的鉴别。

①糖发酵试验。微生物能分解多种单糖，产生能量及酸、醛、醇、酮、气体等代谢产物。不同的微生物对糖的分解能力和代谢产物不同。如大肠杆菌能分解葡萄糖和乳糖产酸又产气；而伤寒杆菌则 B 分解葡萄糖不能分解乳糖，只产酸不产气。

②吲哚试验。大肠杆菌、变形杆菌、霍乱弧菌能分解营养物质中的色氨酸生成吲哚。如在营养物质中加入对二甲基氨基苯甲醛，则可与吲哚结合生成红色的玫瑰吲哚，即吲哚试验阳性；而产气杆菌不含色氨酸酶，不能形成吲哚，即吲哚试验阴性。

③甲基红试验。产气杆菌使丙酮酸脱羧后形成中性的乙酰甲基甲醇，培养液($pH>5.4$)，甲基红指示剂呈橘黄色，称甲基红试验阴性；大肠杆菌分解葡萄糖产生丙酮酸，不能形成乙酰甲基甲醇，培养液呈酸性($pH<5.4$)，指示剂甲基红呈红色，为甲基红试验阳性。

④VP 试验。产气杆菌能使丙酮酸脱羧、氧化(在碱性溶液中)生成二乙酰,后者可与含胍基的化合物反应生成红色化合物,即 VP 阳性;大肠杆菌分解葡萄糖产生丙酮酸,因而为 VP 阴性。

⑤枸橼酸盐利用试验。能利用枸橼酸盐作为唯一碳源的细菌,如产气杆菌能分解枸橼酸盐生成碳酸盐,同时分解培养基的铵盐生成氨,使培养基变为碱性,指示剂溴麝香草酚蓝由淡绿色转为深蓝色,此为阳性反应;而大肠杆菌不能利用枸橼酸盐作为碳源,在以枸橼酸盐作为唯一碳源的培养基中不能生长,指示剂不变色,为阴性反应。

(3)合成代谢　微生物从体外吸收各种营养物质,在细胞内各种酶的催化下,通过复杂的转化与组成,合成各种分子结构复杂的有机物质,如蛋白质、脂类、多糖类、核酸等,用以构成细胞的各个部分,为个体生长、发育、繁殖提供物质基础。

在合成代谢中,除了从营养吸收过程中取得简单的无机或有机物质外,还必须有还原剂($NADH_2$ 或 $NADPH_2$)以及由分解代谢产生并储备在 ATP 之中的能量物质。经过一系列复杂的生物化学反应,最终合成各种各样的有机物质。

①碳水化合物。微生物吸收有机碳化物或由二氧化碳合成的碳水化合物在细胞内经过一系列转化,以各种单糖、有机酸、醛、醇等形成各种复杂的有机碳化物,如糖缩聚成淀粉、纤维素、几丁质、肝糖等以及由糖、醛和有机酸缩聚成糖醛酸和果胶物质。其中有些作为细胞壁的构成物质,有的成为细胞内的储藏物质(如肝糖粒、淀粉粒)或形成荚膜和黏液层(多聚糖、糖醛酸)等。

②脂类物质。微生物将有机酸(如脂肪酸)或无机酸(磷酸、硫酸)与醇类(如丙三醇)合成各种脂类物质,主要与蛋白质组合成脂蛋白成为细胞质的基本组成成分,或者参与质膜的结构。一些细菌、酵母菌,霉菌细胞内合成的脂类物质常以油脂滴作为储藏物质存在于原生质中。

③氨基酸和蛋白质。微生物吸收的含氮物质经转化形成氨或胺化物后与有机酸化合成氨基酸,各种微生物按照自身固有的遗传信息合成多肽,进而合成各种各样的蛋白质。如在谷氨酸脱氢酶的催化下,氨与 α-酮戊二酸反应形成谷氨酸,随后进一步参与其他蛋白质的形成。

④核苷酸及核酸。核苷酸是由核糖、碱基(嘌呤或嘧啶)和磷酸组成的。核酸是由核苷酸大量聚合而成的大分子化合物。微生物细胞中的核糖有核糖及脱氧核糖两种形式,因而能够合成核糖核酸(RNA)和脱氧核糖核酸(DNA)。

⑤其他代谢产物。除了以上代谢产物外,微生物在合成代谢过程中还能够合成其他一些重要的代谢产物,常见的有以下几种。

热原质:脂多糖成分,大多由革兰氏阴性菌产生的。注入人体或动物体内能引起发热反应,故得名。热原质耐高热,高压蒸汽灭菌(121℃,20 min)不能破坏,加热 180℃经 4 h 才能使其失去作用。热原质可通过细菌滤器,但没有挥发性,所以,除去热原质最好的方法是蒸馏。药液、水等被细菌污染后,即使高压灭菌或经滤过除菌仍可有热原质存在,输注机体后可引起严重的发热反应。生物制品或注射液制成后除去热原质比较困难,因此,必须使用无热原质的水制备。

毒素:细菌可产生与致病性密切相关的内、外毒素。其中,内毒素即革兰氏阴性菌细胞壁的脂多糖,菌体死亡崩解后释放出来。外毒素是由革兰氏阳性菌及少数革兰氏阴性菌在生长代谢过程中释放至菌体外的蛋白质,具有抗原性强、毒性强和作用特异性强等特点。

色素:有些细菌能产生色素,对细菌的鉴别有一定意义。其中之一为水溶性色素,能够使培养基呈现相应的颜色,如绿脓杆菌产生的绿脓色素使培养基或脓汁呈绿色;其次是脂溶性色素,不溶于水,故只能使菌落呈色而培养基颜色不变,如金黄色葡萄球菌色素。

细菌素:某些细菌能产生一种仅作用于有近缘关系的细菌的抗菌物质。属蛋白质类物质,抗菌范围很窄,无治疗意义,但可用于细菌分型和流行病学调查。细菌素以生产菌而命名,如大肠杆菌产生的细菌素称为大肠菌素、绿脓杆菌产生的细菌素称为绿脓菌素、霍乱弧菌产生的细菌素称为霍乱菌素等。

此外,微生物还可以合成抗生素、生长激素、维生素以及生物碱等代谢产物。

(四)主要变异形式

1944 年,Avery 等人利用微生物为研究对象,有力地证实了核酸是遗传变异的物质基础。

遗传变异是一切生物最本质的属性之一。所谓遗传是指亲代与子代间的关系,即上一代生物将自身的一整套遗传信息传递给下一代的过程。遗传具有极其稳定的特性,生物体携带的全部基因称为遗传型或基因型。具有一定遗传型的个体在特定外界环境中,通过生长和发育表现出来的种种形态与生理特征的总和称为性状或表型。相同遗传型的生物在不同外界条件下会呈现出不同的表型,但其遗传物质并未发生变化,因而与变异有着本质的区别。

变异则是指生物体遗传物质结构上所发生的改变。在微生物群体中,发生自然变异的几率极低(一般为 $10^{-5} \sim 10^{-10}$),但性状变化幅度却较大,一旦发生变异后,新性状是稳定的、可遗传的。

1. 遗传物质

从核酸的种类而言,绝大多数微生物的遗传物质均为 DNA,只有部分病毒(其中多数属植物病毒、少数为噬菌体)的遗传物质是 RNA。

(1)基因与基因组

①基因(gene):是 DNA 中实现一定遗传效应的核苷酸序列。从微生物基因对蛋白质合成的编码功能来看,有些基因能作为模板,通过转录和翻译合成蛋白质,因而称为结构基因;有些基因只有转录而无翻译,如 tRNA 或 rRNA 基因。另外,有些基因既不转录,也无翻译产物,而只对蛋白质的合成起开关作用,称为操纵基因。

基因的符号常以该基因功能的前 3 个小写英文字母代表。该基因功能的存在或缺陷以+或-表示,对药物的抗性或敏感性以 r 或 s 来表示。+或-与 r 或 s 均置于该基因符号的右上方。如半乳糖(galactose)基因写作 *gal*,有功能或无功能分别写作 gal^{+} 或 gal^{-};链霉素(streptomycin)基因写作 *str*,对链霉素有抗性或敏感性分别写作 str^{+} 或 str^{-}。

②基因组:指微生物细胞内所存在的全套基因。细胞内只具有一套基因组的微生物称为单倍体,具有 2 套基因组的称为双倍体。

(2)微生物遗传物质的主要存在形式——染色体　染色体是所有真核微生物和原核微生物遗传物质 DNA 的主要存在形式,微生物染色体采取的也是半保留方式复制。但不同生物的 DNA 平均分子质量、碱基对数、长度等很不相同。总的趋势是越低等的生物,其 DNA 平均分子质量、碱基对数和长度越小,相反则越长,即染色体 DNA 的含量,真核生物高于原核生物,高等动植物高于真核微生物。真核微生物与原核微生物染色体间有着明显的区别。

①真核微生物染色体。多个、线形。其亚单位是由 DNA 和 5 种组蛋白(H_1、H_{2a}、H_{2b}、

H_3、H_4)共同构成的串珠状核小体(图 2-23),从而使 DNA 能够反复螺旋缠绕与折叠,最终形成棍棒状的染色体。真核微生物染色体 DNA 上有多个复制起始点,经过断续的双向复制后,再连接形成新的 DNA 双链。多条染色体构成核仁,其外由多孔的核膜包围。

②原核微生物染色体　原核微生物无真正的核,染色体往往也只有 1 个,呈环形。其双链 DNA 附着于一蛋白骨架上(类组蛋白),只有 1 个复制起始点,因而经双向复制后形成希腊字母 θ 的复制中间体(图 2-24)。原核微生物 DNA 复制常快于其细胞分裂,即在细胞尚未完全分裂时即开始了第二轮复制,故 1 个杆菌常可见 2 个以上类核。

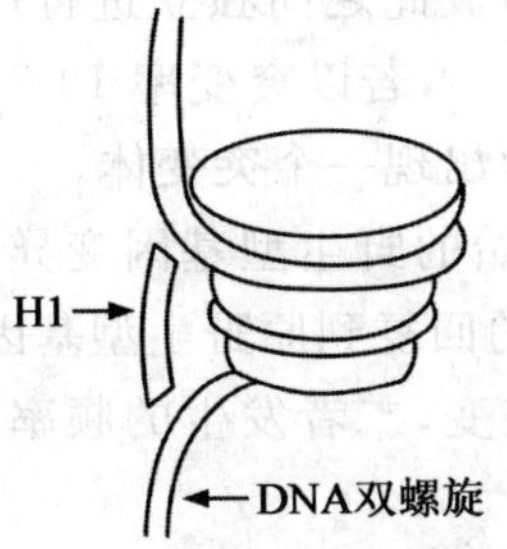

图 2-23　核小体结构示意图

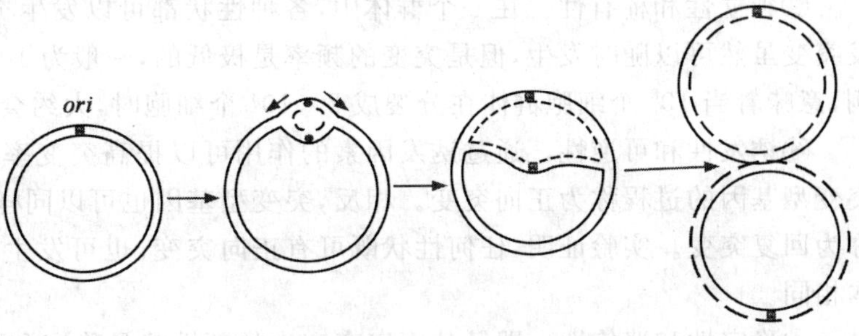

图 2-24　大肠杆菌 DNA 双向复制示意图

(3)真核微生物染色体外的遗传物质——细胞器 DNA　是真核微生物中除染色体外遗传物质存在的另一种重要形式。真核微生物具有的细胞器如叶绿体、线粒体等都有自己独立于染色体外的 DNA。细胞器 DNA 与其他物质一起构成具有特定形态的细胞器结构,并且携带有编码相应酶的基因,如线粒体 DNA 携带有编码呼吸酶的基因,叶绿体 DNA 携带有编码光合作用酶系的基因。

(4)微生物染色体外 DNA 存在的另一种形式——质粒　是游离于微生物染色体外、具有独立复制能力的 DNA 片段,目前仅发现于原核微生物和真核微生物中的酵母菌。质粒可以自发或用人工诱变的方法消除;能够自我复制,也可整合到染色体上稳定的遗传;缺乏质粒的细菌不能自发产生质粒,但可通过转化、转导或接合作用的转移获得质粒;可以携带供体细胞的 DNA 转移,因而可作为基因转移载体。

细菌质粒和真核生物细胞器 DNA 的相同点:都可自主复制;一旦消失,后代细胞中不再出现;DNA 只占细胞全部 DNA 的一小部分。

主要不同点:成分和结构简单,一般都是较小的环状 DNA 分子,并不和其他物质一起构成一些复杂结构;功能比自体复制的细胞器更为多样化,但一般并非必需,一旦消失并不影响宿主细菌的生存;许多细菌质粒能通过细胞接触而自动地从一个细菌转移到另一个细菌,使 2 个细菌都成为带有此种质粒的细菌。

2. 基因突变

由于遗传物质中核苷酸序列发生了稳定而可遗传的改变,导致微生物的某些性状发生遗传性的变异称为突变。

(1)突变的特点　核酸是遗传变异的物质基础,因此生物界的基因突变(包括自发突变和诱变)都遵循同样的规律,一般具有以下特征。

①自发性和不对应性。自发性是指各种性状的突变可以在无人为诱变因素下自发地产

生。不对应性是指突变的性状与引起突变的原因间没有直接的对应关系。例如，细菌在有青霉素环境下出现了抗青霉素的突变体，在紫外线作用下出现抗紫外线突变体，在较高的温度下培养出现耐高温的突变体等。表面上看分别是由于青霉素、紫外线或高温的"诱发"才产生了相应的变异性状，但真实因素可能并非如此。即以上性状的改变可能是自发或由其他未知因子诱发产生的，以上 3 种因素仅是起着淘汰原群体中的非突变型即敏感型个体的作用。如果有诱变作用，例如其中的紫外线，应可以诱发任何性状的变异，而不是专一地诱发抗紫外线的一种突变。

②独立性和稀有性。在一个群体中，各种性状都可以发生突变，但彼此之间独立进行；自发突变虽然可以随时发生，但是突变的频率是极低的，一般为 $10^{-6} \sim 10^{-9}$，若以突变率 10^{-8} 为例，意味着当 10^{8} 个细胞群体在分裂成 2×10^{8} 个细胞时，大约会自发地出现一个突变体。

③诱发性和可逆性。通过诱发因素的作用可以提高突变率，由原始的野生型基因变异为突变型基因的过程称为正向突变。相反，突变型基因也可以同样频率的回复到原野生型基因，称为回复突变。实验证明，任何性状既可有正向突变，也可发生回复突变，二者发生的频率基本相同。

④稳定性和遗传性。即经基因突变产生的新性状是稳定和可遗传的。

(2)常见的微生物变异

①形态的变异。细菌在某些环境下，同一菌株能发生形态、大小等方面的变异。变成与标准株不相同的细菌。如从炭疽病猪的咽喉部分离的炭疽杆菌，多不呈典型的竹节状排列，而是细长如丝状或扭曲状，发生表型变异。在实验室保存菌种，如不定期移植和通过易感动物接种，形态也会变异。

②结构和抗原性变异。

a. 荚膜。有荚膜的炭疽杆菌，在普通培养基上培养不形成荚膜，通过易感动物，则完全或部分恢复形成荚膜的能力，属于表型变异。又如无毒炭疽芽孢菌的菌株，失去了形成荚膜的能力，属于真正的变异。由于荚膜是致病菌毒力因素之一，又含有抗原物质，所以荚膜的丧失，就伴有毒力和抗原性的改变。

b. 鞭毛。有鞭毛的细菌，在某种培养条件下，可以失去鞭毛。例如在培养基中加入 0.1% 石炭酸，可以使沙门氏杆菌丧失产生鞭毛的能力。将这种失去鞭毛的变异称为 H-O 变异(H 是鞭毛的德文缩写，O 是菌体的德文缩写)。细菌失去了鞭毛，亦就丧失了运动力和鞭毛抗原性。

c. 芽孢。将炭疽杆菌长时间地培养于 43℃下，可使其失去形成芽孢的能力。如在培养基中加入 $CaCl_2$，也可完全丧失形成芽孢的能力。其毒力也相应减弱。

d. 菌落变异。细菌的菌落最常见的有 2 种类型，即光滑型(S 型)和粗糙型(R 型)。S 型菌落的边面粗糙、干而有皱纹、边缘不整齐，细菌的菌落从光滑型变为粗糙型时，称为 S-R 变异。S-R 变异时，细菌的毒力、生化反应、抗原性等也随之改变。在正常情况下，较少出现 R-S 的回归变异。

e. 耐药性变异。细菌对许多药物是敏感的，但发现在使用某些药物治疗过程中，其疗效逐渐降低，甚至无效，这是由于细菌对该种药物产生了抵抗力，这种现象为耐药性变异。如对青霉素敏感的金黄色葡萄球菌发生耐药性变异后，成为对青霉素有耐受性的菌株。

(3)变异的实际应用　微生物的变异在医学实践中的广泛应用，对传染病的诊断、治疗和预防方面具有重要的意义。在病原学诊断中，经常发现细菌的变异株，给诊断带来困难。因此，掌握病原菌的变异规律，避免由于病原菌生物性状的改变而造成错误的诊断。

由于耐药性病株的出现，给治疗传染性疾患带来了很大的困难。为了提高抗菌药物的疗效，防止耐药菌株出现和扩散，应该在治疗前做细菌药敏试验，选用敏感药物，按照抗生药物使用原则应用抗生素。

用人工变异方法，减弱毒力，保存抗原性，制成预防传染病的弱毒菌苗、疫苗。

分子遗传学及其新技术的发展，开辟了遗传工程的新领域。遗传工程，亦称为基因工程，是在分子水平上，用人工方法在体外进行遗传物质的重组，改变生物性状，创造生物新品系的一门新兴分支学科。在原核型细胞中，基因工程已有不少成功的事例。如 1972 年已有人将肺炎杆菌的固氮基因转移到大肠杆菌中，表现固氮性状；又有人将大白鼠的胰岛素基因转移到大肠杆菌，制造胰岛素。

3. 菌种选育

(1)自然选育　也称为自然分离，是指微生物细胞群体不经过人工处理，而是利用其自发突变进行菌种筛选的育种方法。其主要任务是对菌种加以纯化，以获得遗传背景较为均一的细胞群体。自然界能引起微生物发生突变的因素多种多样，自发突变实际上就是由众多因素低剂量和长期综合诱变的结果。宇宙间到处存在着各种各样的短波辐射以及一些低浓度的诱变物质，部分自发突变可能就是由于偶然接触自然界中的诱变物质所致。

除环境因素外，微生物自身产生的诱变物质也是引起其发生突变的因素之一。如在一些微生物中也曾发现具有诱变作用的物质如咖啡碱、过氧化氢等。自发突变的发生是偶然的，即在任何时间，任何一个基因都可能发生突变，因而是无法预测的，但并不意味着无规律可循和无法控制。随着研究工作的深入，对于突变的控制将愈加有效。

(2)诱变育种

①物理诱变。物理诱变剂主要是用于 DNA 诱变的各种辐射，包括非电离辐射和电离辐射。

a. 常见的非电离辐射是紫外线。核酸的最大紫外线吸收峰值在 260 nm 波长处，该波长的紫外线辐射为有效的致死诱变剂。紫外线会造成 DNA 链断裂，或使 DNA 分子内或分子间发生交联。交联是由二聚体引起的，二聚体可以在同一条链相邻的碱基间产生，也可以在两条链的碱基间形成，从而引起 DNA 复制错误，正常碱基无法配对，造成错义或缺失。其中，嘧啶比嘌呤对紫外线敏感得多。嘧啶的光化产物主要是二聚体和水化物，已了解较清楚的为胸腺嘧啶二聚体(图 2-25)。

b. 电离辐射则是一种较强的辐射形式，包括短波射线如 X 射线、宇宙射线以及 γ 射线。电离辐射能够引起水及其他物质的电离，形成化学自由基，其中最重要的为羟基。自由基可与细胞中的大分子(如 DNA)反应并使其失活。与其他大分子相比，DNA 对电离辐射并不是很敏感，但由于多数基因在 DNA 中仅一个拷贝，因此其失活作用可有长期效应。低剂量的电离辐射对 DNA 影响很小，但高剂量会使 DNA 因多处被击中而导致细胞死亡。

②化学诱变。具有高效诱变作用的化学诱变剂不多，根据作用方式可分为以下类型。

a. 碱基修饰。此类诱变剂并不掺入到 DNA 中，而是通过直接修饰碱基化学结构而导致诱变。主要有烷化剂、亚硝酸和羟胺等。其中，烷化剂是目前应用最广泛而有效的诱变剂。常用的有甲基磺酸乙酯、甲基磺酸甲酯和亚硝酸胍等。它们均带有一个或多个活泼的烷基，能够移入其他电子密度较高的分子中，使碱基上的许多位点被烷基化(如乙基或甲基)，从而使

DNA 碱基容易被水解而从 DNA 链上裂解，造成碱基的缺失；或者与磷酸形成不稳定的磷酸酯，磷酸酯易水解成磷酸和脱氧核糖，使 DNA 链断裂，从而引起突变。

亚硝酸具有氧化脱氨基作用，可使鸟嘌呤、胞嘧啶和腺嘌呤脱氨转化为黄嘌呤（X）、尿嘧啶（U）和次黄嘌呤（H）而使 DNA 发生突变。

b. 碱基类似物。是一类化学结构与 DNA 正常碱基十分相似的化学制剂，主要有 5-溴尿嘧啶、5-氟尿嘧啶、8-氮鸟嘌呤和 2-氨基嘌呤等。它们在 DNA 复制时可以被错误地掺入到新合成的 DNA 链中而引发诱变。

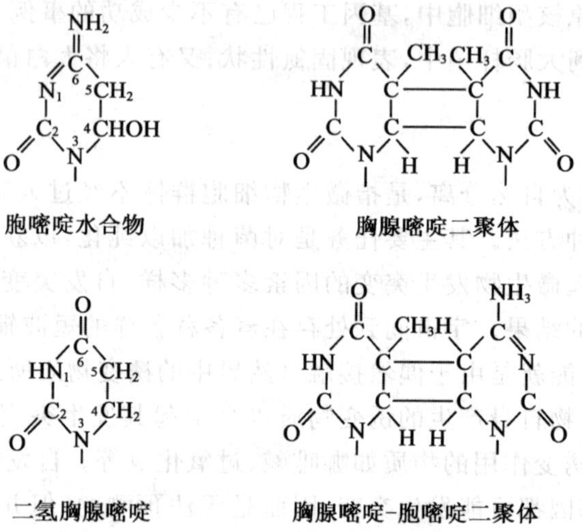

图 2-25　紫外线引起的 DNA 损伤

③代谢调控育种。由于微生物体内存在着一定的代谢调节机制，中间产物和终产物才不会被积累。但若要选育某种代谢产物大量累积的菌株，就必需破坏该微生物的正常调节机制而人为地控制微生物代谢。经典的诱变育种是盲目的，而微生物代谢调控育种是根据微生物代谢产物的生物合成途径和代谢调节机制，选择巧妙的技术路线，通过诱发突变技术获得改变微生物正常代谢调节的突变株，从而使目的产物大量合成和积累。其优点是定向、效率高及工作量适中。

④杂交育种。2 个不同性状个体内的基因片段组合到 1 个细胞内，经重新排列后形成新遗传型个体的方式，称为基因重组。重组可使微生物在碱基对结构未发生任何改变的情况下，组合产生新的遗传型个体。真核微生物与原核微生物在基因重组的形式上有所不同。因为真核微生物的基因重组是在有性繁殖过程中发生，即在 2 个配子融合为 1 个合子并进行减数分裂时，部分染色体片段发生交换而产生重组子，如真核微生物中的有性杂交和准性杂交实质上就是基因重组。

基因重组是杂交育种的理论基础，由于杂交育种是选用已知性状的供体菌和受体菌作亲本，因此，相比诱变育种具有更明确的方向性和目的性。

⑤基因工程育种。基因工程最突出的优点是打破了常规育种难以突破的物种间的界限，可以使原核生物与真核生物、动物与植物，甚至人与其他生物之间的遗传信息进行重组和转移。人的基因可以转移到大肠杆菌中表达，同样，细菌的基因可以转移到植物中表达。

基因工程的核心技术是 DNA 重组技术。重组即利用供体生物的遗传物质或人工合成的基因，经过体外或离体的限制酶切割后与适当的载体连接形成重组DNA分子，然后再将重组DNA分子导入受体细胞或受体生物构建转基因生物。该种生物可以按照人类事先设计好的蓝图表现出另外一种生物的某种性状。除DNA重组技术外，基因工程还包括基因表达技术，基因突变技术和基因导入技术等。

4. 菌种保藏技术

菌种是微生物学工作的重要研究对象和材料，也是工农业生产的宝贵资源。因此应采取相应的措施保持菌种存活率与优良遗传性状、防止菌种退化与污染或使已经退化的菌种恢复原有的性状。菌种保藏的目的就是为了防止优良遗传性状的丧失和菌种的死亡。

(1)菌种的退化与复壮　微生物菌种遗传性状的稳定性是相对的，变异是绝对和不可避免的。当变异导致生产菌种典型性状改变，如生长缓慢、生产能力下降、不良环境条件抵抗力下降或对营养需求改变等称为菌种的退化。

①菌种退化原因。

a. 基因突变。基因突变的结果是导致菌种DNA的损伤，从而造成其遗传性状的改变。若是负变则直接导致菌种退化；正变则可能获得高产量突变菌株，而一旦发生回复突变或新的负变则会失去高产能力并导致菌种的退化。

b. 多次传代。菌种传代的次数越多，变异的频率越高。通常退化性的变异是大量的，而进化性的变异是个别的。当群体中负变的个体比例逐步增高并占据优势时，整个群体便会表现为退化。

c. 环境改变。环境条件通常是指培养基成分、温度、湿度、pH和通气条件等，它们对菌种的生长和代谢能力影响较大。环境条件所诱发的生理变化随着逐代积累也可成为可遗传的，此即培养条件下自然选择的结果。

②菌种的复壮措施。用一定的方法和手段使已退化菌种恢复原有性状与生产能力的过程称为菌种的复壮。稳定和保持菌种的优良性状，防止菌种退化的主要措施如下。

a. 分离纯化。菌种的退化过程是一个从量变到质变的过程。群体发生退化时，其中还有未退化的个体存在，它们往往是经过环境选择更具有生命力的部分。采取单细胞纯种分离的方法可以获得未退化的个体。

b. 控制传代次数。为防止菌种多次传代导致退化，在生产实践中，经过分离纯化与生产性能测定的菌种第一代应采用良好的方法保藏，尽量多保藏第一代菌种，控制菌种的传代次数。

c. 提供良好的培养条件。即按菌种的需要改变培养基成分，寻找有利于菌种培养和提高其生产能力的条件等防止菌种退化。

d. 选用有效的保藏方法。在生产中，常需要根据菌种的类型采用有效的保藏方法，从而尽量避免菌种的退化。

防止菌种退化最好的方法是在菌种形态特征与生产性能尚未退化前即经常有意识地进行菌种的分离纯化和生产性能测定工作，从生产中不断选种，以保持或提高菌种的生产性能。

(2)菌种复壮操作技术

①菌种退化的判断。

a. 斜面菌落形态退化的判断。观察斜面培养的菌落形态并与原高产菌落对照，比较菌落形态是否改变，如菌落是否饱满、边缘是否应有皱折、中间是否应有突起、产孢子或色素情况等。应注意当菌落形态发生变异时，首先应检查培养基及环境条件等是否改变以排除表型变异；其次应检查是否有杂菌污染。若排除两方面因素后再做以下判断。

b. 菌种培养特性退化的判断。当菌种进行液体培养（如发酵培养）时，经代谢会表现出特有的生理生化特征。通过对培养特性的检测，可以作为菌种退化判断的依据。

c. 比较次级代谢产物。比较培养物的次级代谢产物（如抗生素单位），如果菌种退化则连续几批增长缓慢，无对数增长期或不增长。

d. 注意事项。以上现象也有可能是由于杂菌或噬菌体污染造成的，因此接种或转种时要严格无菌操作和进行噬菌体检查，经常清洁消毒环境，以排除因污染而导致培养物生长不良。

②菌种复壮技术。

a. 菌悬液的制备。用无菌生理盐水或缓冲液将斜面菌体或孢子洗下制成菌悬液，经一定浓度稀释后在平板上进行菌落计数。

b. 平板分离。根据计数结果，定量稀释后制成菌浓度为 50～200 个/mL 的菌悬液，取 0.1 mL 注入平皿，再倒入适量培养基，摇匀制成混菌平板，培养后长出分离的单菌落。

c. 纯培养。选取分离培养后长出的各型单菌落，接种斜面后培养。

图 2-26　菌种复壮流程图

d. 初筛。将成熟的斜面菌种对应接入发酵瓶，摇床发酵一段时间后测定各菌落生产性能（如抗生素发酵单位）。

e. 复筛。挑选初筛中高单位菌株的 5%～20%进行摇瓶复试。最好使用母瓶与发酵瓶二级发酵，重复 3～5 次后分析确定产量水平。初、复筛都需同时以正常生产菌种做对照，复筛出的菌株产量应比对照菌株提高 5%以上，并经糖、氮代谢检验，合格后在生产罐上试验。

(3)菌种的保藏　将复筛后得到的高单位菌株制成沙土管、冷冻管或用其他方法保藏。整个流程如图 2-26 所示。

菌种保藏的原理是根据不同菌种的生理和生化特点，创造条件使菌体的代谢活动处于休眠状态。因而首先应挑选优良纯种，最好是选取其休眠体（孢子、芽孢等），其次再人为地创造有利于菌种休眠的环境（如低温、干燥、缺氧缺营养等），以便降低菌种代谢活动的速度和延长其保藏期。

菌种保藏的方法很多。但任何一种方法都要求既能长期地保藏原有菌种的存活率、优良性状和纯度，同时又经济简便。一般每种菌株至少应采用 2 种不同的保藏方法，其中之一应为真空冷冻干燥保藏或液氮保藏（减少遗传变异的最好方法）。在实际工作中要根据菌种本身的特性与具体条件而定。

①斜面保藏法。将各类微生物菌种接种在不同成分的斜面培养基上，待菌种生长丰满后置 4℃左右冰箱中保藏，每隔一定时间进行移植新鲜斜面后继续保藏，如此连续不断。此法保藏简单，存菌率高，具有一定的保藏效果，所以许多生产单位和研究机构对经常使用的微生物多采用此法保藏。

②半固体琼脂柱保藏法。此法与斜面基本相同，仅将斜面改为直立柱，培养基中琼脂量减少，接种方法由斜面划线改为接种针穿刺。待菌在穿刺线上生长后加无菌石蜡油（150～170℃

烘箱灭菌 1 h)覆盖,最后用无菌橡皮塞换下棉花塞,则保存效果很好。

③干燥保藏法。是指把菌种接种到适当载体上后于干燥条件下进行保藏。能够作为载体的材料很多,如土壤、细沙、硅胶、滤纸片、麸皮等,主要适合于保藏细菌芽孢和霉菌孢子。细菌芽孢用沙土管保藏,霉菌孢子多用麸皮管保藏。

④隔绝空气保藏法。利用好气性微生物缺氧时不能生长繁殖的原理,取灭菌液体石蜡注入菌种斜面后,再用固体石蜡密封试管口以隔绝空气,最后放入低温冰箱中保藏,保藏效果好。如不用石蜡,可在斜面菌种长到最好时用灭菌橡皮塞代替原有的棉塞,塞紧试管口,放入冰箱或室温下暗处保藏,同样可以达到保藏目的。

⑤低温保藏法。主要利用低温对微生物的生命活动具有抑制作用的原理进行保藏。根据所用温度的高低分为 2 类:一类是普通低温保藏法,即将斜面菌种直接放入 0～4℃冰箱中保藏,但保存时间不宜过长,一般为 3～6 个月;另一类是利用超低温保藏法,用－20℃以下的超低温冰箱或干冰(－70℃)、液氮(－195℃)等进行冻结保藏,保藏效果好。

⑥真空冷冻干燥保藏法。真空冷冻干燥保藏法几乎利用了一切有利于菌种保藏的因素,如低温、缺氧、干燥等,因此是目前最好的一类综合性保藏方法。其保藏时间长,但操作过程复杂,需要一定的设备条件。其基本过程为菌种培养→加菌种保护剂→分装、预冻→真空冻干→真空封口。真空冻干菌种可在常温下长期保藏,也可在低温下保藏。

菌种是一个国家所拥有的重要生物资源,因而菌种保藏是一项重要的微生物学基础工作。菌种保藏机构的任务是在广泛收集实验室和生产菌种、菌株(包括病毒株甚至动、植物细胞株和质粒等)的基础上,将其妥善保藏,使之达到不死、不衰、不污染以及便于研究、交换和使用的目的。为此,国际上一些工业较发达的国家都设有相应的菌种保藏机构,如中国普通微生物保藏管理中心、中国农业微生物菌种保藏管理中心、美国典型微生物菌种保藏中心、英国 MIRCEN 国际生物工艺学研究所——欧洲菌物保藏中心等。

三、怎样用微生物生产动物饲料?

(一)青贮饲料与微生物

1. 青贮饲料中微生物的来源及作用

青贮是以天然发酵为主。在植物茎、叶表面附有多种微生物,在青贮饲料中发挥了重要的作用。

(1)乳酸菌　青贮饲料中主要细菌。正型发酵乳酸菌有乳酸链球菌、胚芽乳酸杆菌、弯曲乳杆菌,发酵后只产乳酸;异型发酵乳酸菌如棒状乳杆菌、短乳杆菌、纤维二糖乳杆菌等发酵后除产生乳酸外,还产生大量乙醇、醋酸、甘油和 CO_2。

乳酸链球菌是兼性厌氧菌,耐酸能力较弱,参加乳酸发酵较早。乳酸杆菌是厌氧菌,耐酸性强,能较长时间维持乳酸发酵,保证青贮质量。

(2)肠道杆菌　以大肠杆菌、产气杆菌为主,需氧和兼性厌氧,发酵产生乳酸、醋酸、琥珀酸等,同时形成大量 H_2 和 CO_2。属腐败性分解,破坏青贮饲料的营养成分,降低营养价值和适口性。

(3)丁酸(酪酸)菌　指一些厌氧、不耐酸梭状芽孢杆菌(酪酸梭菌、蚀果胶梭菌等),能发酵葡萄糖、乳酸生成有刺激气味的酪酸。只要在饲料中含万分之几就能影响饲料品质。但青贮时此类细菌数量少,因为乳酸菌的发酵产酸可抑制其活动。

(4)酵母菌　引起酒精发酵,使青贮饲料有良好的醇香味。但在糖分不足的青贮料中发酵会造成糖分减少,影响乳酸菌生长而造成危害。正常时只能在最初几天内繁殖,随氧气耗尽和乳酸菌产生乳酸便很快停止活动。

(5)霉菌　毛霉、青霉、曲霉、枝孢霉等。当青贮料切得不短、压得不实、封口不严,使青贮饲料中氧气含量较多时能大量繁殖,使料中糖分减少,酸度降低而产生黏滑物质,蛋白质破坏产生氨而使饲料霉败。

(6)腐败菌　凡能强烈分解蛋白质的细菌统称之。种类繁多,如需氧性枯草杆菌、马铃薯杆菌,厌氧性腐败梭菌,兼性厌氧的变形杆菌,能使蛋白质、脂肪、碳水化合物等分解,产生NH_3、CO_2、CH_4、H_2和H_2S,使青贮饲料变质。

2.乳酸发酵的青贮要求

获得优质青贮料关键在于乳酸菌旺盛生长,并应采取一定措施控制其他微生物活动。

(1)青贮原料含糖量　糖是乳酸发酵的基础物质,青贮原料中含糖量比青贮时最低需糖量大。玉米、高粱、甘薯、甘蓝等比豆科植物如苜蓿、三叶草、紫云英等易于青贮,因为前者含糖量大。

(2)水分含量适中　青贮原料中水分含量过高或过低都会影响乳酸发酵和菌群交替。水分过少青贮时难以压实,原料间有较多空气,使嗜氧菌大量繁殖,饲料易发霉变质;水分过多青贮时容易压紧,极易造成厌氧环境,酪酸菌活动猖獗,腐败发酵使饲料营养丧失过多并出现异味。最适乳酸发酵的原料含水量为65%～75%。

(二)发酵饲料与微生物

粗饲料经微生物发酵后制成发酵饲料。谷物农副产品,如小麦秸秆、玉米秸秆、谷糠等含有大量粗纤维,家畜(反刍动物例外)对于含粗纤维多的饲料因消化腺中缺乏纤维素分解酶不能有效消化利用。

1.纤维素酶解饲料

一定条件下利用微生物纤维素酶分解纤维素形成易消化吸收的糖,提高饲料营养价值制成的饲料。目前筛选出用于纤维素酶解饲料的菌种主要来自霉菌,如绿色木霉、漆斑霉、曲霉、青霉、根霉等。目前菌株产生纤维素酶能力及酶活性较低。故应该筛选出优良菌种。

2.瘤胃液接种发酵饲料

瘤胃液接种发酵饲料技术亦称为人工瘤胃技术,是将正常瘤胃液接种在含适量水、食盐和尿素(硫酸铵)的粗饲料中,在厌氧及保温环境下模拟瘤胃粗纤维转化,制成瘤胃液接种发酵饲料。目的在于提高粗饲料的适口性和营养价值。

3.担子菌发酵饲料

把担子菌菌种接种到含适量水、铵盐的粗饲料粉中,经调制而成的一种猪饲料。担子菌具有分解木质素的能力,并能将分解的产物合成菌体蛋白质和其他成分而提高粗饲料的营养价值。

(三)单细胞蛋白饲料

单细胞生物产生的细胞蛋白质饲料(single cell protein, SCP)。其特点是:原料来源极广,如农副产品加工下脚料、工业废气废液、烃类及其衍生物等;生产设备简单;与粮食生产无矛盾,不争地,不受气候限制;保护环境,减少农田、江河污染;生长周期短,效率高(适宜条件,细菌0.5～1 h,酵母1～2 h,微型藻2～6 h即可增殖1倍);蛋白质含量可达35%～70%,还有较多维生素和矿物质。

1.饲料酵母

酵母中含48%～52%蛋白质,此外还有赖氨酸等很多必需氨基酸。饲料酵母蛋白质水平可大大超过植物性饲料,接近动物性饲料。在良好的培养条件下接种500 kg酵母菌种1 d内可得2 500 kg酵母,而1头体重约500 kg的高产奶牛仅日产鲜奶25 kg(干物质<3.5 kg),故酵母生产蛋白质效率远超过畜牧业。

产朊假丝酵母、热带假丝酵母等,25～30℃,营养要求不高。亚硫酸盐纸浆液、稻糠、谷糠、木屑、树枝、棉籽壳、玉米芯,麦秆等水解物,制糖业废糖蜜等都是生产原料,其中以亚硫酸盐纸浆废液最经济。

2.石油蛋白

以石油为碳源,利用微生物生产蛋白质,经干燥制成的菌体蛋白(烃蛋白)。用酵母菌制造的石油蛋白称为石油酵母。

3.藻体饲料

用人工培养藻类作为畜禽饲料。泛指主要生长在水中(少数在陆地或土壤),没有根、茎、叶的一种低等生物。用于藻体饲料的藻类主要指小球藻、螺旋蓝藻。

四、畜产品中的微生物从何而来?

(一)肉中的微生物

鲜肉、肉制品保存及食用卫生与其中微生物数量和种类直接相关。动物肌肉、血液及内部器官一般都是无菌的,但由于屠宰、肉类运输、保存和加工各个过程的污染导致或多或少含有微生物。

1.鲜肉中微生物的来源

(1)内源性来源　动物屠宰后,肠道、呼吸道或其他部位(如皮毛)的微生物进入肌肉使之污染。

(2)外源性来源　动物在屠宰和加工过程中由于环境卫生条件、用具、工人个人卫生、用水、运输等不洁造成的污染,也是主要污染来源。

2.鲜肉中污染微生物类型

鲜肉中污染微生物类型主要是腐败菌和普通霉菌、酵母菌等。可降低鲜肉商品价值并给肉品卫生带来不良影响。例如引起鲜肉在保存时颜色及味道发生变化的细菌有灵杆菌、蓝乳杆菌、磷光杆菌等;引起鲜肉发霉的真菌有毛霉、青霉、曲霉等;引起鲜肉腐败的细菌有变形杆菌、枯草杆菌、马铃薯杆菌、蕈状杆菌、腐败杆菌、产气荚膜梭菌、产芽孢杆菌等。

3.鲜肉“成熟”对肉中微生物的影响

肉变成酸性(pH 5.5～5.8)对某些病原微生物有抑制甚至杀灭作用,腐败菌也停止生长。如家畜患口蹄疫、牛传染性胸膜肺炎等传染病时,其肉经“成熟”酸化后,即可做无害处理。

4.鲜肉的败坏

在常温下放置的鲜肉在“成熟”之后甚至同时,肉上污染的微生物即开始生长繁殖引起败坏过程。

5.肉类中病原微生物

肉类中病原微生物种类很多。包括炭疽杆菌、结核分枝杆菌、布鲁氏菌、沙门氏菌、巴氏杆菌、病原性链球菌、猪丹毒杆菌、口蹄疫病毒、鸭瘟病毒等。有些是人畜共患传染病病原,有些虽不感染人,但对畜禽有很大的危害性。

6. 肉中病原微生物对人畜的危害

(1)导致传染病的流行　带有活病原微生物的肉类被人畜食用,或者在运输、加工过程中感染健康人畜,都会引起传染病的流行。

(2)导致细菌性食物中毒　由食品中的病原细菌或细菌毒素引起的人和动物中毒称为细菌性食物中毒。肉制品被沙门氏菌、致病性大肠杆菌、变形杆菌、副溶血弧菌毒素、葡萄球菌或肉毒梭菌毒素等污染时,均能引起细菌性食物中毒。

另外,少数真菌也能通过肉品引起食物中毒。因此,加强动物宰前检疫,保证屠宰场及肉品市场的卫生,对肉品进行冷藏,坚持屠宰检疫和肉品卫生检验等,都是保证肉品卫生的有效措施。

(二)蛋中的微生物

1. 蛋品中微生物及其来源

健康鸡蛋不含微生物且可长时间处于无菌状态。其内源性污染多是在患结核病、沙门氏菌病和其他传染病母鸡的卵和输卵管发生的;外源性污染多是在蛋壳表面或外界环境微生物通过蛋壳气孔侵入蛋内发生的。蛋内常见细菌有卵荧光菌、变形杆菌、枯草杆菌、产气性假单胞菌等;霉菌有青霉、毛霉、曲霉等。

2. 微生物引起鲜蛋败坏

鲜蛋蛋白中存在一定量的溶菌酶,可杀灭入侵的微生物。但如储藏或加工处理不当或储存时间过长使蛋陈旧,溶菌酶作用减弱或消失,或侵入微生物过多而在蛋内生长繁殖,在较高温度、湿度下利于微生物活动而引起鲜蛋的败坏。严重腐败的蛋可能含有毒性产物,不应食用。

3. 鲜蛋储藏原则和方法

基本原则是防止微生物侵入蛋内,使蛋壳上或蛋内微生物停止发育,防止水分蒸发和蛋内各种酶的活动,如冷藏于－2.5～－2℃冷库中。

(三)鲜乳中的微生物

1. 鲜乳中微生物的来源

(1)来自乳房　健康乳房组织抗菌性强,一旦乳畜患病,乳房中细菌会大大增加。乳房的乳头管是向外开放的,微生物可经乳头管上行而栖息于乳头管和乳池内,挤乳时第一把乳中微生物很多,应弃去。

(2)来自皮肤　乳房及腹部皮肤易受污染,含大量微生物。如果管理不善,挤乳前擦洗不净,易被粪便、垫草等污染而使微生物大量污染鲜乳。

(3)来自空气中尘埃　鲜乳与空气直接接触,在牛舍空气中微生物很多。当尘埃多时,每升空气可达 10 000 个;如堆积有粪便和垫草则更严重。

(4)来自挤奶用的器具、设备　挤出的鲜奶要经存放、运输、冷藏、储存等过程,如挤奶器不洁,器具未经严格洗涤或消毒都会造成鲜奶污染。

(5)来自操作人员　挤奶人员的健康状况及操作时手的清洁,或饲养人员是否患有传染病,也是造成鲜乳污染的一个重要环节。

(6)来自生产用水　饲养场生产用水必须符合生活用水卫生标准,否则鲜奶极易被污染。

2.鲜乳中微生物的类型及作用

(1)可能的致病菌　主要来自患病乳畜。乳畜患某些传染病或乳房炎时,乳汁中可能会有牛型结核菌、布鲁氏菌、葡萄球菌、链球菌、口蹄疫病毒等。也会有来自患某些传染病工作人员的微生物,如伤寒杆菌、痢疾杆菌、化脓球菌等。上述微生物不仅影响鲜乳品质,也可能引起人畜传染病。其中,金黄色葡萄球菌等还能产生毒素引起食物中毒。

(2)乳酸菌　是乳中最常见、数量最多的一类细菌,有乳酸链球菌、乳酪链球菌,保加利亚乳酸杆菌、嗜酸乳酸杆菌、干酪乳酸杆菌等。一般都能使鲜乳中乳糖产生大量乳酸,使鲜乳均匀凝固,不破坏乳中蛋白质成分,还产生芳香物质。

乳酸能抑制腐败性微生物生长,所以乳品加工上常利用乳酸菌的作用。但也有乳酸菌,如乳房球菌能分泌皱胃凝乳酶使乳有苦味,乳制品品质下降。

(3)革兰氏阴性菌　如大肠杆菌、产气杆菌等,能使乳糖转化为乳酸、醋酸、丙酸、乙醇、CO_2 和 H_2 等,还能分解蛋白质,使乳及乳制品风味改变,统称为大肠菌群。此外还有如荧光杆菌,能分解鲜乳蛋白质,产生绿色色素,并能产生脂肪酶使乳及乳制品的脂肪酸破坏,产生鱼腥味。

(4)革兰氏阳性菌　部分能发酵乳糖产酸产气,如魏氏梭菌、丁酸梭菌、产气荚膜梭菌等,发酵过程中产生丁酸,气味恶臭。枯草杆菌常存在于饲草、垫草、谷类中,极易污染鲜乳,并能产生芽孢而影响鲜乳灭菌,使乳汁发生腐败。

(5)酵母菌和霉菌　酵母菌常见的有牛乳酵母、酿酒酵母、假丝酵母等,由于酵母菌活动能使牛乳产生大量 CO_2 和少量酒精,牛乳发生强烈酵母气味和苦味;霉菌有根霉、毛霉、曲霉、青霉等,能破坏牛乳酸性,分解脂肪。

3.鲜乳中微生物状况

注意观察鲜乳中微生物的状况,为乳制品提供合格的原料极为重要。

(1)挤乳各阶段鲜乳中微生物状况　刚挤出的鲜乳内含微生物与乳畜健康、乳房状况和泌乳期等有关。通常以无菌手段从正常乳房挤的牛乳平均每毫升菌数为500～1 000个。最初挤出的几把乳中含细菌数较高。

(2)混合乳中微生物状况　鲜乳在挤集、运输、储藏过程中要经多次混合。混合乳中微生物数量变化很大。

(3)正常鲜乳储存时微生物规律性交替现象

①抗菌期。挤出的鲜乳在一定温度和时间内具抑菌作用,菌数减少(乳内含溶菌酶、抗体、补体、白细胞等杀菌成分)。初乳的抗菌物质含量丰富,抗菌期长。初乳期结束后抗菌物质逐渐减少。储存温度越低,抗菌期延续时间越长。

②混合菌丛期。抗菌期结束后持续 12 h 或更久,首先腐败菌如大肠杆菌、产气杆菌活跃,发酵产酸使乳酸性增强,促使乳酸菌生长,其他微生物被乳酸菌抑制。

③乳酸菌期。先是乳酸链球菌生长旺盛,逐渐占绝对优势,随着乳酸积累又逐渐被乳酸杆菌代替,一般维持 2 d 以上。

④真菌期。乳酸杆菌产酸达一定数量后本身也被抑制而逐渐死亡,接着嗜好弱酸环境的真菌繁殖旺盛,中和了酸性环境,乳开始变质。

⑤腐败菌期。当乳酸因真菌繁殖被中和,牛乳由酸性变为中性或微碱性时,乳中被抑制的

腐败微生物(如葡萄球菌、枯草杆菌、荧光杆菌、乳球菌)开始繁殖,分解酪蛋白。酵母及霉菌又继续起作用,使乳中固形成分分解变为澄清的液体,称为胨化现象。牛乳变得澄清并有恶味与毒性,不能饮用。

4. 鲜乳生产的微生物学卫生要求

(1)牧场建筑卫生要求　牧场应设在远离居民区的地方,设畜舍、运动场、饲料间、冷藏室、兽医室和病畜隔离室。条件许可,单设挤奶室。

(2)乳畜兽医保健　建立乳畜健康卡片,定期检疫、预防接种和卫生检查,特别对结核病、布鲁氏菌病。

(3)工人卫生保健　进行定期体检,凡患皮肤病及传染病者应调离,经常进行卫生知识教育,提高业务素质。

(4)挤乳卫生　刷牛身、清扫牛舍应在挤乳工作开始前 20 min 完成。每头牛挤奶前应用温肥皂水洗乳房、乳头及下腹皮肤。工人要洗净双手至肘部,穿戴工作服。挤乳桶每天应用沸水消毒 5～10 min。

(5)奶的净化　挤出奶立即过滤,过滤用的细布每天清洗消毒。过滤后的奶迅速降至10℃左右,如无冷却设备,也不宜超过15℃。

(6)乳的消毒　目的是消灭病原菌及腐败菌,保持乳的品质、风味。常用煮沸法及巴氏消毒法。

5. 鲜乳微生物学检验

消毒乳不得检出病原菌。每 1 mL 消毒乳细菌总数不得超过 30 000 个,每 100 mL 消毒乳中大肠菌群最近似数不得超过 40 个。

(四)乳制品中的微生物

鲜乳加工方法很多,经浓缩或使其失去水分能制成炼乳和奶粉,经乳酸菌发酵能制成酸乳制品,从乳中分离的稀奶油经成熟、搅拌、压炼能制成奶油,乳中干物质经酸凝固压块、盐渍、成熟可制成营养丰富的乳酪。

1. 微生物发酵在乳制品中的作用

(1)乳酸发酵　酸乳酪、酸牛乳制作都离不开乳酸发酵过程。酸乳酪是将稀奶油经过乳酸发酵制成的乳酪。产酸细菌主要是乳酸链球菌和乳酪链球菌,大量乳酸可防止稀奶油败坏并有利于乳脂的分离,也为芳香物质的产生创造了适合酸性环境。

酸乳是在鲜奶中接种经培养的乳酸链球菌和保加利亚乳酸杆菌,通过乳酸发酵使乳汁形成均匀凝块,变成含有丰富蛋白质、糖、脂肪及维生素的酸凝乳。

(2)酒精发酵　奶酒是在乳中加入一定量发酵剂发酵制成的,含酒精量低,是一种很好的清凉饮料。

(3)丙酸发酵　通过丙酸菌的酶作用于乳酸,发生丙酸发酵,从而使干酪产生气孔,增加干酪特有风味。

(4)酪酸发酵　一些厌氧芽孢杆菌进行酪酸发酵,产生带刺激性的酪酸气味,从而使乳制品丧失风味。

2. 微生物腐败作用

(1)蛋白质分解　部分乳酸菌能产生一定量的蛋白酶,使蛋白质分解成氨基酸(有益),但液化链球菌、乳房链球菌等能使蛋白质强力消化形成氨或胺,使乳变黏、碱化、胨化以致腐败变质。

(2)脂肪分解 一些酵母、霉菌、荧光假单胞菌、灵杆菌能产生脂肪分解酶,使脂肪分解成甘油和有机酸、酪酸、已酸等,有酸臭味,使乳品酸败变味。

(3)霉变 由霉菌大量污染而引起的霉变,能使甜炼乳凝结成"纽扣"团块发生变质,奶油、干酪发生霉斑等。

五、识病原、助防疫

(一)厌氧芽孢杆菌

厌氧芽孢杆菌又称为梭状芽孢杆菌。革兰氏阳性杆菌,能形成芽孢,芽孢直径较菌体粗,使菌体呈梭状,故名梭状芽孢杆菌。在自然界中分布广泛,常存在于土壤、水、人和动物的肠道及腐败物中。多数为腐生菌,少数为致病菌。致病菌能分泌外毒素和侵袭性酶,可使人和动物致病。引起人类的疾病主要有破伤风梭菌、气性坏疽、肉毒病和假膜性肠炎等。

1.破伤风梭菌

破伤风梭菌是破伤风的病原菌。广泛分布于自然界,大量存在于土壤及人和动物的肠道中。当机体受伤创口被污染或新生儿接生时使用污染器械剪割脐带时,破伤风杆菌可侵入伤口生长繁殖,产生外毒素,引起机体痉挛抽搐,称为破伤风。

(1)主要特性 菌体细长,周围有鞭毛,能运动,无荚膜形成,芽孢正圆形且位于顶端,较菌体横径大,使细菌呈鼓槌状,为本菌典型特征;革兰氏染色阳性。专性厌氧,最适生长温度为37℃,pH 7.4。营养要求不高。常用肉渣培养基培养,能消化部分肉渣,使肉渣变黑,产生气体;生成甲基硫醇、H_2S、H_2 等。有腐败性恶臭。在厌氧条件下,于普通琼脂平板上,培养24～48 h后,形成不规则的菌落,中心紧密,四周疏松似羽毛,边缘不整齐,呈羊齿状,在培养表面迁徙扩散。血琼脂平板上有溶血环。本菌不发酵糖类,能液化明胶,产生 H_2S,形成吲哚,不能还原硝酸盐。

本菌繁殖体抵抗力与其他无芽孢细菌相似,但芽孢抵抗力甚强,在土壤中可存活数十年,能耐煮沸 1 h、干热 150℃ 1 h、5%石炭酸 10～15 h,对青霉素敏感。

(2)致病性 破伤风梭菌能产生 2 种外毒素:一种为强直性痉挛毒素,主要作用于神经系统,使动物出现特征性的强直症状;另一种为溶血毒素,可使红细胞崩解,但与致病性无关,引起疾病的是痉挛毒素。各种动物对破伤风毒素的感受性,以马最易感,猪、牛、羊和犬次之,人很敏感,实验动物中以小鼠和豚鼠感受性最强。在有氧的环境中,破伤风梭菌生长繁殖受到抑制。在深而窄的创口内易形成厌氧环境,使细菌在局部大量生长繁殖,产生毒素而致病。

破伤风痉挛毒素是一种神经毒素,为蛋白质,由十几种氨基酸组成,不耐热,可被蛋白酶破坏,故口服毒素无作用。痉挛毒素的毒性非常强烈,提纯的结晶每毫克可杀死 3 000 万只小鼠,对人的致死量小于 1 μg,但性质不稳定,60℃经 20 min 或直射日光以及多种化学药品,如 0.55% HCl、0.3% NaOH 或 70%乙醇溶液 1 h 均能破坏其毒性。经 0.3%甲醛溶液作用 4 周后,毒素可脱去毒性但保存抗原性,成为类毒素。

(3)检查 破伤风具有特征性的临床症状,一般不需微生物学诊断。如有特殊需要,可采取创伤部分泌物或坏死组织进行细菌学检查和动物接种试验。

(4)防制 主动免疫预防可用明矾沉淀破伤风类毒素,注射后 1 个月产生免疫力,免疫期 1 年,第 2 年再注射 1 次,则免疫力可持续 4 年。紧急预防接种或治疗破伤风病畜时可用破伤风抗毒素血清，其免疫力仅能维持14～21 d。

家畜一旦感染发病，及时清创扩创，加强护理，早期足量注射抗破伤风血清并结合对症治疗，可收到良好效果。

2.魏氏梭菌

魏氏梭菌即产气荚膜杆菌，在自然界分布极广，土壤、污水、饲料、食物、粪便以及人畜肠道等都有存在，在一定条件下可引起多种严重疾病。

(1)主要特性　魏氏梭菌为两端钝圆的粗大杆菌，大小为(0.6～2.4) μm×(1.3～19.0) μm，单在或成双，革兰氏阳性。无鞭毛，不运动。偏端芽孢呈椭圆形，芽孢直径不比菌体大，但在一般条件下罕见形成芽孢，必须在无糖培养基中才能形成芽孢。多数菌株可形成荚膜。

本菌对厌氧要求并不严格，在普通平板上形成灰白色、不透明、表面光滑、边缘整齐的菌落。有些菌落中间有突起，外周有放射状条纹，边缘呈锯齿状。在血液琼脂平板上，多数菌株有双层溶血环，内环透明，外环淡绿。在牛乳培养基中，能分解乳糖产酸，并使酪蛋白凝固，产生大量气体，冲开凝固的酪蛋白，气势凶猛，称为“暴烈发酵”，是本菌的特点之一。本菌的抵抗力与一般病原梭菌相似。

(2)致病性　魏氏梭菌由消化道或伤口侵入机体，产生致死毒素、坏死毒素和溶血毒素等多种外毒素和酶，引起局部组织的分解、坏死、产气、水肿和全身中毒。

魏氏梭菌的外毒素有α、β等12种。根据产生外毒素不同可将本菌分成A、B、C、D、E等5型。每型菌产生一种重要毒素、一种或数种次要毒素。A型菌主要产生α毒素，B、E型主要产生β毒素，D型产生ε毒素。α毒素最为重要，具有坏死、溶血和致死作用，β毒素有坏死和致死作用。

魏氏梭菌能引起人畜多种疾病，A型菌主要引起人气性坏疽和食物中毒，B型菌主要引起羔羊痢疾，C型菌主要是绵羊猝疽的病原，D型菌引起羔羊、绵羊、山羊、牛以及灰鼠的肠毒血症，E型菌可致犊牛、羔羊肠毒血症，但很少发生。实验动物以豚鼠、小鼠、鸽和幼猫最易感，家兔次之。

(3)检查　A型菌所致人气性坏疽和食物中毒的微生物学诊断，主要依靠细菌分离鉴定。其余各型所致的疾病，均是细菌在肠道产生毒素所致，正常人畜肠道中常有此菌存在，因此，从病料中检出该菌，并不能说明它就是病原，细菌学检查只有当分离到毒力强大的此菌时，才具有一定参考价值。鉴定本菌的要点：厌氧生长、菌落整齐、生长快、革兰氏阳性粗大杆菌、不运动、有双层溶血环，引起牛奶暴烈发酵，胸肌注射的鸽过夜死亡、胸肌涂片可见有荚膜的菌体。有效的微生物学诊断方法是肠内容物毒素检查。

(4)防制　预防羔羊痢疾、猝疽、肠毒血症以及仔猪肠毒血症，可用羊快疫(腐败梭菌引起)-猝疽-肠毒血症三联菌苗，或用羊快疫-猝疽-肠毒血症-羔羊痢疾-羊黑疫五联菌苗免疫接种，注射后14 d产生免疫力，免疫期6个月以上。治疗本病，早期可用多价抗毒素血清，并结合抗生素和磺胺类药物，有较好的疗效。

(二)新城疫病毒

该病毒能使鸡发生新城疫，又称亚洲鸡瘟或伪鸡瘟。此病具有高度的传染性。死亡率在90%以上，对养鸡业危害极大。

1. 主要特性

新城疫病毒(NDV)是 RNA 病毒,属副黏病毒科的副黏病毒属。病毒呈圆形,直径 140～170 nm,能凝集鸡、鸭、鸽、火鸡、人、豚鼠和小白鼠等的红细胞,该血凝特性能为特异的抗血清所抑制。多用鸡胚或鸡胚细胞培养来分离病毒。病毒易被日光及各种消毒剂所灭活。新城疫病毒只有 1 个血清型,但不同毒株的毒力有较大差异,根据毒力的差异可将其分成强毒型、中毒型和弱毒型 3 个类型。

2. 致病性

新城疫病毒对鸡有很强的致病力,使之发生新城疫,而对水禽、野禽的致病力较差。强毒株可引起火鸡感染但症状轻。哺乳动物中牛及猫也有感染死亡的病例。绵羊、猪、猴、小鼠及地鼠可用人工方法感染。人也可感染,引起结膜炎、流感样症状及耳下腺炎等。病毒主要通过饲料、饮水传播,也可由呼吸道或皮肤外伤而使鸡感染。

3. 检查

必须做病毒分离及血清学诊断,并在国家认可的实验室进行。当怀疑患鸡患新城疫时,应采取病鸡脑、肺、脾、肝和血液等作为备检病料。取上述病料制成的匀浆液,通过鸡胚尿囊腔接种 9～11 日龄鸡胚分离病毒,若病毒能凝集鸡、人及小鼠的红细胞,再做血凝抑制试验进行鉴别。分离株有必要进一步测定其毒力。检测鸡群的血凝抑制抗体可作为辅助诊断方法。在慢性新城疫流行区,可用血凝抑制试验作为监测手段。近些年,ELISA 快速诊断法及 PCR 技术在 ND 的诊断及进出口检疫中也被广泛应用。

4. 防制

新城疫是 OIE 规定的 A 类疫病,许多国家都有相应的立法。防制须采取综合性措施,包括卫生、消毒、检疫和免疫等。由于 ND 只有 1 个血清型,疫苗免疫效果良好。通常采用由天然弱毒株筛选制备的活疫苗及强毒株制备的油乳剂灭活苗。

目前我国常用的生产弱毒疫苗的毒株有 Mukteswar 系(又称印度系)、B_1 系、F 系以及 Lasota 系 4 种,制备的疫苗分别称为Ⅰ、Ⅱ、Ⅲ、Ⅳ系疫苗。其中Ⅰ系疫苗为中毒型,适用于已经新城疫弱毒苗免疫过的 2 月龄以上的鸡,不得用于雏鸡,常用方法是皮下刺种和肌内注射。新城疫Ⅱ、Ⅲ、Ⅳ系疫苗毒力较弱,适用于所有年龄的鸡,可做滴鼻、点眼、饮水和气雾免疫等。ND 的免疫除使用弱毒苗外,近些年来新城疫油佐剂灭活苗的应用也很广泛,灭活苗可用于各种日龄鸡的免疫,免疫方法为皮下注射或肌内注射。

免疫接种时,必须根据疫病的流行情况、鸡的品种、日龄、疫苗的种类等制订好免疫程序并按程序进行免疫。由于鸡在免疫接种后 15 d 内仍能排出疫苗毒,因此,有些国家规定鸡在免疫接种 21 d 后方可调运。

◈复习思考题

1. 什么是选择培养基？举例说明选择培养基在生产上的重要性。
2. 何谓菌落？细菌菌落有何特点？
3. 试述细菌群体生长规律及其在生产实践中的应用。
4. 病毒培养特性有何应用？
5. 细菌对药物的敏感性试验有什么实际意义？

探索与发现

生命起源的探索

目前，有关生命起源最为坚实的证据还是来自于地球，科学家们一直在寻找地球上最古老的生命化石。从已得到的非常稀少的化石推算，地球生命出现在35亿年前，之后地球在漫长的岁月中经历了剧烈的火山活动和地质变迁，彻底地改变了模样，寻找古老生命化石并非易事。尽管人们对生命起源有不同的看法，但有一点是一致的，那就是最早生命的诞生必须有水。正因如此，人们发现木星的一颗卫星表面覆盖大量冰时，自然会联想起是否存在有生命的可能。就地球而言，最早的生命肯定起源于海洋。科学家认为海水能溶解许多物质，这些物质的分子在水中不停地碰撞和结合，极有可能产生一些大而复杂的生命诞生所必需的大分子物质。由于合成这样的大分子物质需要巨大的能量，而这种能量很可能来自海底的火山活动，为此，科学家将探索的目光瞄向海底的火山。

1977年，海洋生物学家在海底火山口附近发现了生物，尽管火山口附近的水温高达350℃，生命却依然生机勃勃。在火山附近的热水中生活着巨蛤、贻贝、有孔线虫和其他一些说不出名的生物，它们不需要阳光，仅仅依靠海水中的硫化物作为能量。令人称奇的是，海底的活火山口会不断向外喷射出黑色的液体，就像股股的黑色烟雾袅袅上升，科学家将这一景观称之为"黑色烟雾"。"黑色烟雾"的形成似乎非常简单，活火山通过地壳的裂缝不时向外喷射熔岩，熔岩遇到低温的海水立即冷却下来，使得喷射口处熔岩凝固成像"烟囱"一样。火山喷发时，海水不断地通过缝隙流入"烟囱"，由于"烟囱"内温度极高，海水会在极短的时间内急剧升高到1 000℃左右。在极度的高压下，海水无法变为气体，这样，极度高温的海水就会与周围的岩石发生作用，使岩石内含有的硫化铁、硫化锌和硫酸钙等矿物质溶解在水中。然后含有大量矿物质的海水随着熔岩一起从"烟囱"口喷射出来，遇到冰冷的海水时，这些硫化物又形成黑色的沉淀物，随着水流上升，就形成所谓的"黑色烟雾"。

"黑色烟雾"大小不一，多数高度为10 m，最高的可达13 m，直径也从30 cm到1 m不等。认为生命起源于海洋的科学家相信，"黑色烟雾"是产生生命的摇篮，海水中所含有硫和其他矿物质在高温、高压下合成有机化合物，当黑色的海水逐渐上升时，这些有机物分子开始冷却，水中含铁颗粒和其他矿物质与有机物分子相互作用，吸附在有机物的表面，然后再经过一系列复杂的化学反应，使水中的有机物质形成氨基酸或更大的有机分子，这些分子再通过链接成为蛋白质样颗粒。这些蛋白质样颗粒非常小，呈球形，冷却后就成了细胞最基本的结构。

值得注意的是，在实验室模仿海底火山口高温高压情况已合成了相应的一些大分子物质支持了这一学说。科学家还认为黑色的海水除了为生命的起源提供了必需的物质外，还可以遮挡来自太空的有害射线的辐射，这一点在生命诞生时的确是至关重要的。为了证明这一学说，2000年，海洋生物学家乔治和安娜乘坐深海潜水器对海底"黑色烟雾"进行了探险。他们操纵潜水器上的机械臂对"黑色烟雾"化学成分和温度以及是否存在微生物进行探测。果然，在"烟囱"出口处的海水中发现了微生物，他们认为这种生活在极端高温下的微生物是最早微生物的后代，是地球上所有生物的祖先。由于微生物生存的海水中硫化氢和硫化铁含量很高，推测这2种化学物质反应后能产生氢气是微生物生长所需的能量。当然也有人不同意他们的这一看法，认为只有当微生物学家对微生物的DNA进行分析鉴定后才能定论。

项目三　免疫预防与监测

任务一　免疫预防接种

◈**知识目标**

认识免疫的基本理论

◈**能力目标**

会给动物打预防针

◈**主要应用**

动物疫病的预防

一、边做边学　怎样给鸡打预防针?

(一)目的

学会动物预防接种的基本操作与注意事项。

(二)材料

消毒注射器、头皮针、滴管、疫苗、酒精棉球、染色液、鸡等。

(三)方法

1.皮内注射

助手捉鸡,注射者左手捏住鸡冠或肉髯,消毒,在鸡冠或肉髯皮内注射 0.1～0.2 mL。

2.皮下注射

操作方法及注射量同皮内注射,但进针方向有所不同,针头与皮肤成 45°左右的角即可,注射后,注射局部不出现肿胀。

3.肌内注射

取鸡 1 只,由助手捉住或用小绳绑其两腿保定,小鸡也可由注射者左手提握保定,然后在其胸肌、腿肌或翅膀内侧肌肉处注射 0.1 mL。

4.滴鼻

注射者左手握住鸡,以拇指和中指握住鸡头喙部,并用食指按住一侧鼻孔,用滴管向另一侧鼻孔内滴入疫苗 1 滴,利用鸡的呼吸将疫苗吸入即可。

二、动物机体免疫力是怎样产生的?

(一)传染与免疫

1.传染概述

能使动物机体致病的微生物称为病原微生物。有些病原微生物只能在宿主细胞内生活,属于严格寄生生物，如病毒、立克次氏体等。另一些病原微生物如巴氏杆菌等，只有在机体抵抗力降低的条件下，才对人和畜禽表现寄生性的致病作用，称之为条件性病原微生物。大多数病原微生物既可寄生于宿主体内，又可在适宜外界环境中生长繁殖，属于兼性寄生物。

传染(感染)：病原微生物在一定环境条件下，突破机体的防御屏障侵入机体，在一定部位生长、繁殖并引起的病理过程。在传染过程中，病原微生物及其代谢产物对机体组织器官造成损害或引起生理功能障碍，出现临床症状的现象称为传染病。

(1)病原微生物的致病作用　取决于它的病原性和毒力。

病原性：又称为致病性，是指一定种类的病原微生物在一定条件下，能在宿主体内引起传染过程的能力。病原微生物引起传染的过程具有特异性，一种病原微生物常只能引起一定的传染过程，如猪瘟病毒只能使猪发生猪瘟。

毒力：是指病原微生物的不同菌株或毒株的致病能力，不同菌株或毒株因致病力的不同可分为强毒、弱毒和无毒菌(毒)株 3 种。

①细菌的致病性。包括细菌对宿主引起致病的特性以及对宿主致病能力 2 方面。如猪丹毒杆菌之所以能引起猪丹毒，是由细菌的基本特性决定的。另外，同一种细菌的不同菌株之间往往也具有不同的致病能力，即细菌的毒力。构成细菌毒力的因素有侵袭力和毒素 2 个方面。

a. 与侵袭力有关的酶类。均属胞外酶，本身不具备毒性，但可以分解或凝固动物组织中的某些物质，有利于细菌侵入组织并在其中生长繁殖，呈现毒害作用。病原菌能产生一种或数种与侵袭力有关的酶。

透明质酸酶。能水解机体结缔组织中的透明质酸，使组织疏松，通透性增强，有利于细菌在组织中扩散蔓延。如葡萄球菌、链球菌等均能产生此酶。

凝血浆酶。如大多数致病性葡萄球菌能产生此酶，可使血浆中形成纤维蛋白(纤维素)，从而使血液凝固，可保护细菌不易被体内吞噬细胞吞噬或抗体的作用。

链激酶。又称为链球菌溶纤维蛋白酶，是一种激酶，能激活血液中的溶纤维蛋白酶原，成为溶纤维蛋白酶，可溶解感染组织局部的凝固性纤维蛋白，有利于链球菌及其毒性产物在组织内的扩散。

卵磷脂酶。能水解组织细胞和红细胞上的卵磷脂，使组织细胞坏死和红细胞溶解。如魏氏梭菌可产生此酶。

脱氧核糖核酸酶。能溶解组织坏死时所析出的 DNA。DNA 能使渗出物黏稠，溶解后则有利于细菌的扩散。

胶原酶。如魏氏梭菌能产生此种蛋白水解酶，能水解肌肉或皮下网状结缔组织，使肌肉溶解、软化、坏死，有利于病原菌的侵袭和蔓延。

b. 毒素。病原菌可以通过 2 种方式损害宿主，一是由细菌的毒素直接引起，另一种是使宿主对细菌产物致敏，然后通过免疫反应间接地造成组织损伤。后者也属于免疫病理学范畴，在变态反应中介绍。

细菌如金黄色葡萄球菌、破伤风梭菌、肉毒梭菌等能产生对机体有毒害作用的化学物质，称为毒素。细菌的毒素可分为外毒素和内毒素 2 种。

毒素的存在部位。外毒素是细菌合成的“毒性蛋白质”，能分泌到菌体外，所以常存在于细菌培养液中。通过细菌滤器即可获得粗制的外毒素。产生外毒素的细菌主要是革兰氏阳性厌氧梭菌，如破伤风梭菌、肉毒梭菌等和某些霉菌，如黄曲霉素等。

内毒素主要是细菌细胞壁中的脂多糖。活细菌不能释放内毒素，只有菌体细胞死亡溶解时才释放出来。大多数革兰氏阴性杆菌都具有内毒素，如大肠杆菌、沙门氏菌等。

外毒素和内毒素的主要区别。外毒素和内毒素在毒性作用、化学组成、耐热性和抗原性等方面都具有明显的区别(表 3-1)。

外毒素经 0.3%～0.5%甲醛溶液于 37℃处理一定时间后即可丧失毒性，但仍保留很强的抗原性，称为类毒素，主要用于预防相应的传染病。

表 3-1 外毒素与内毒素的区别

	产生细菌	来源	化学成分	毒性	耐热性	抗原性
外毒素	主要是革兰氏阳性细菌	由活的细菌产生并释放到菌体外	蛋白质	强，具有高度的特异性，引起特征性症状	不耐热，60℃以上迅速被破坏	强，能刺激机体产生抗毒素，能制成类毒素
内毒素	主要是革兰氏阴性细菌	是细菌细胞壁成分，细菌崩解后释放出来	多糖-磷脂-蛋白质复合物	弱，无明显的特异性，各种细菌的内毒素毒性作用相似，无特征性症状	耐热，能耐60℃数小时	弱，不能刺激机体产生抗毒素。不能制成类毒素

②病毒的致病性。病毒对宿主细胞的致病作用颇为复杂，主要包括以下 4 个方面。

a. 直接杀伤宿主细胞。宿主细胞被病毒感染后，病毒在细胞内增殖，最终能使细胞死亡，称为杀细胞效应。其机理可能是因新的病毒颗粒在细胞内堆积或从细胞内释放过程中引起，也可因病毒增殖，阻断了细胞蛋白质和核酸的合成，导致正常细胞代谢障碍而引起细胞死亡。此外，有的病毒增殖，堆积大量的病毒衣壳蛋白质，对细胞也有直接的损伤作用。有的病毒能使受感染细胞的溶酶体膜和通透性发生改变，释放蛋白分解酶到胞浆内，引起细胞溶解。

b. 细胞膜的改变。病毒感染细胞后，部分细胞膜成分为病毒编码的蛋白质所替代，使细胞膜的成分发生变化，从而引起细胞膜的通透性增强，无法保持细胞内外离子的平衡，减少了养料的摄入与废物排出等而导致细胞膜功能衰退。

c. 包涵体形成。某些病毒在细胞内增殖过程中，在普通显微镜下可看到大小和数量不同的圆形或卵圆形小体，称为包涵体。包涵体多数位于胞浆内，如狂犬病病毒包涵体；少数位于核内，如腺病毒包涵体；也有些位于胞浆和核内，如麻疹病毒包涵体。经荧光抗体染色和电镜检查证明，大多数包涵体是病毒增殖的部位，有的可能是病毒形成的结晶状堆积物，但有的则是细胞的退行性病变，故检查包涵体对诊断某些病毒性传染病具有重要的意义。

d. 细胞融合。有些病毒，如黏病毒中的仙台病毒，其囊膜的某些糖蛋白能与宿主细胞膜相互作用，因而与邻近细胞发生细胞膜融合，不论活病毒或灭活病毒均有此特性。细胞融合的结果是形成多核细胞或合胞体。融合细胞有 2 个亲代的基因组(染色体)，可用于细胞遗传学的研究和确定基因在染色体上的部位。

(2)传染发生的条件　传染过程是机体与病原体相互斗争的过程，该过程的发生、发展和结局取决于病原体与宿主双方势力的动态平衡状态，即取决于病原体的毒力大小和数量、侵入门户，机体的防御机能与免疫力的强弱。另外，外界环境条件也直接或间接影响传染的发生和发展。

①病原微生物的毒力大小和数量、侵入门户。病原微生物必须具有病原性和足够的毒力

才能引起传染。因为病原微生物只有具备了强大的毒力才能够突破机体的防御功能和进一步生长繁殖。在入侵过程中,病原微生物还必须具有足够的数量才能够不断侵入机体。

a. 最小致死量(MLD)。指特定动物于感染后一定时间内发生死亡的最小微生物量或毒素量。

b. 半数致死量(LD_{50})。指一定时间内能使半数实验动物于感染后发生死亡的活微生物量或毒素量。

c. 最小感染量(MID)。指病原微生物对半数试验对象(定位、鸡胚、组织培养等)引起传染的最小剂量。

d. 半数感染量(ID_{50})。指病原微生物对半数试验对象发生传染的剂量。

具有一定毒力和足够数量的病原微生物,还要有适当的侵入门户,如消化道、呼吸道、皮肤、黏膜、生殖道等,才能引起感染。如破伤风梭菌必须要在深而狭窄的伤口感染,才能引起破伤风,经消化道侵入对机体无害。但少数病原微生物,如炭疽杆菌、结核杆菌、布鲁氏菌等,既可通过皮肤、黏膜,又可经消化道、呼吸道和生殖道等多种途径侵入动物机体。

②易感动物。对病原微生物具有感受性的动物称为易感动物。各种病原微生物的易感动物均不相同,具有种的特性。如猪肺炎支原体只能感染猪,牛、羊则不传染。也有同种动物中的不同品种或品系甚至不同个体,对病原微生物的易感性亦各不相同,如猪瘟流行时常有个别或部分猪不发病的情况。

另外,易感动物由于年龄、性别、营养状况的不同,对病原微生物的易感性也有差别。如小鹅瘟只感染小鹅,不感染成年鹅。母畜由于生理上的特点,泌乳期易感染乳房炎链球菌。易感动物缺乏维生素B时,对大肠杆菌和魏氏梭菌等的易感性增强。

③外界环境条件在传染发生中的作用。外界环境因素在传染过程中的作用,一是影响动物机体的防御机能及病原微生物的活动和毒力,二是影响病原微生物的接触和侵入动物机体的可能性与程度。如夏秋季节易发生日本乙型脑炎的流行,因有媒介昆虫(蚊)传染,故此类传染病多在昆虫活跃的季节流行。

总之,传染的发生,病原微生物的入侵是首要条件,但还必须与易感动物的抵抗力强弱及适宜的外界环境条件等相配合才能够引起传染。

2.免疫概述

(1)免疫的概念　是指机体对外源性或内源性的异物进行识别、排斥和清除的过程,即“识别异己”和“排斥异己”的反应,以保持机体内外环境平衡和稳定。免疫是动物在长期进化过程中形成的一种保护性生理功能。

机体的免疫可分为特异性免疫和非特异性免疫两大类。非特异性免疫是机体固有的一种抵御异物进入机体,以及对进入体内异物加以清除的防御机能,是机体与生俱有的免疫功能,故又称为先天性免疫。特异性免疫是机体受抗原(异物)刺激而产生的针对该特种抗原的免疫清除作用,是后天获得的免疫功能,故又称为获得性免疫,包括特异性的细胞免疫和体液免疫2种类型。

(2)免疫的功能

①抵抗感染。又称为防御作用,即抗御外界病原微生物的侵害,使动物机体保持或恢复正常生理机能,防止传染的发生。如果该免疫功能发生异常,则可能对机体造成损害。例如,当免疫功能异常亢进时,会造成组织损伤和功能障碍,引起变态反应;相反,若免疫功能低下,则

机体可能会受到病原微生物的反复感染。

②自身稳定。即清除机体内损伤或衰老的自身细胞,保持机体正常生理活动。该功能失调则会将正常的自身细胞误以为异物而加以排斥和清除,导致自身免疫病。

③免疫监视。即严密监视和及时清除体内出现的肿瘤细胞。在致癌因素的诱导下,正常机体常有可能出现少量的肿瘤细胞,它们可以被体内有关的细胞及时识别、清除。若此功能缺乏或不足,少量的肿瘤细胞就可能发展形成肿瘤。

由此可见,在多数情况下,免疫的结果对机体是有利的,但有可能在一定条件下表现出有害作用而造成机体的损伤和发生疾病。

3. 传染与免疫的关系

从传染与免疫角度来看,免疫是相对传染而言的,没有传染就无所谓免疫。传染是由病原体的入侵而引起的,免疫则是机体针对入侵的病原体形成的防御机能。当非特异性免疫不足以抵抗或消灭入侵的病原体时,针对该病原体的特异性免疫即逐渐形成并发挥其主力军的作用,所以特异性免疫是机体最重要的抗传染力量。特异性免疫的产生必然大大加强了机体抗传染的能力,从而使传染和免疫的发生、发展朝着有利于机体的方向转化直至传染中止。在多数情况下,由传染激发免疫,又由免疫终止传染,但有时传染可以抑制免疫,导致继发性传染的发生。有时免疫不是终止传染,反而造成自身组织的损伤,发生自身免疫病,如马传染性贫血和水貂阿留申病等。此外,不同病原体的结构与组成不同,所导致疾病的特点与传染方式各不相同,因此,所引起的免疫反应也必然表现多种多样。

(二)非特异性免疫

非特异性免疫又称为先天性免疫,是个体出生后就具有的天然免疫力。非特异性免疫能识别与清除一般性异物,但不能区别异物之间的差异,因此它的作用范围相当广泛,对多种病原微生物都有一定程度的防御作用,没有特殊的针对性,所以称为非特异性免疫。在抗传染免疫中,非特异性免疫发挥作用最快,起着第一线的防御作用,是特异性免疫的基础和条件。所以增强机体的非特异性免疫力是提高机体免疫力的重要方面。

1. 非特异性免疫的机理

构成动物机体非特异性免疫的因素很多,其中主要有皮肤黏膜等组织的生理屏障功能、吞噬细胞的吞噬作用和体液中的各种抗微生物物质等。

(1)防御屏障

①皮肤和黏膜屏障。是机体的体表防御机构。绝大多数病原微生物都不能通过健康完整的皮肤和黏膜。除机械阻挡作用外,汗腺分泌的乳酸和皮脂腺分泌的脂肪酸及黏膜分泌的多种杀菌物质,如溶菌酶、胃酸等亦都有抑菌和杀菌的作用。此外,皮肤和黏膜上存在的多种正常菌群对病原微生物的生存亦有抑制作用。因此,皮肤和黏膜能通过机械、化学和生物等多种作用抵抗病原微生物的入侵。

②血脑屏障。是防止中枢神经系统发生感染的一种防御机构。主要由脑毛细血管壁和胶质细胞共同构成,能阻止病原体和大分子毒性物质随血液进入脑组织和脑脊液。婴幼儿及仔畜的血脑屏障发育尚未完善,较容易发生中枢神经感染。

③胎盘屏障。是保护胎儿在母体子宫内免受感染的一种防御机构。各种动物胎盘屏障的组织结构不完全相同,但都能有效地阻止绝大多数病原微生物经由胎盘感染胎儿。然而,某些病毒如牛白血病病毒、猪乙型脑炎病毒等在妊娠期间也可感染胎儿,布鲁氏菌则可引起胎盘发

炎而导致胎儿感染。

(2)吞噬作用 突破机体屏障结构进入体内的病原微生物将会遭到吞噬细胞的围歼。

①吞噬细胞的种类。主要包括中性粒细胞和单核细胞2类。由于定居部位不同,单核吞噬细胞可有许多不同的名称,如各种组织中的吞噬细胞:肝脏中的枯否氏细胞、肺脏中的尘细胞、血液中的单核细胞、神经组织中的小胶质细胞等。吞噬细胞内含有许多具有杀菌或降解异物作用的物质和溶酶体。

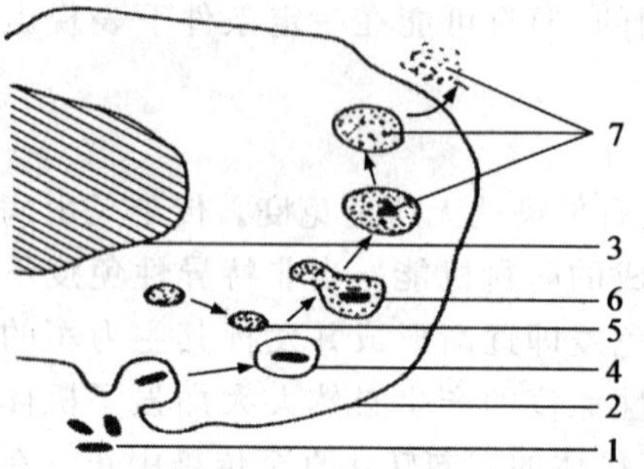

图3-1 吞噬细胞对细菌的吞噬和消化过程
1.细菌 2.细胞膜 3.细胞核 4.吞噬体 5.溶酶体 6.吞噬溶酶体 7.细菌残渣

②吞噬、杀菌过程。吞噬细胞具有捕捉病原体的能力。当吞噬细胞与细菌接触后,能伸出伪足将细菌包围并进入细胞浆内形成吞噬体,吞噬体逐渐向溶酶体靠近并相互融合成吞噬溶酶体。然后,溶酶体中的各种水解酶和其他杀菌物质等即可发挥消化、溶解和杀灭细菌的作用(图3-1)。

③吞噬作用的结果。

a.完全吞噬。一般细菌在吞噬后1~2 h内便可被杀灭、消化并排出残渣。

b.不完全吞噬。有些细菌如结核杆菌、布鲁氏菌等胞内寄生菌及一些病毒被吞噬后,不但不被杀灭,反而可在吞噬细胞内生长繁殖,甚至随吞噬细胞的游走而扩散,引起更广泛的感染现象。

此外,吞噬细胞在吞噬过程中可向胞外释放出溶酶体酶,因此,过度的吞噬往往会造成周围组织的损伤。

(3)正常体液中的抗微生物物质 正常体液中含有多种非特异性的抗微生物物质,具有广泛的抑菌、杀菌及协助和加强吞噬的作用。

①补体(complenent)。是一个包括20多种成分的复杂系统,由M细胞、肠上皮细胞、肝细胞和脾细胞合成,是一组不耐热、具有酶活性的蛋白质,常以符号C表示。补体成分通常以无活性状态存在于血液和体液中。经抗原抗体复合物、细菌脂多糖和酵母多糖等激活物活化后形成多种生物活性片段,可导致趋化、黏附,促进吞噬和引发炎症等,增强抗感染作用。在感染早期,某些革兰氏阴性菌细胞壁成分可直接激活补体,在特异性抗体形成之前发挥防御作用。补体缺陷病患者常易发生严重的细菌感染。

②乙型溶素(B-lysin)。血液凝固时自血小板释出,故其含量在血清中远高于血浆中的含量。可破坏革兰氏阳性菌的细胞膜,产生非酶性破坏作用。对革兰氏阴性细菌无作用。

③溶菌酶。存在于机体大部分组织内,主要来源于吞噬细胞的一种碱性蛋白质,广泛分布于血清和多种外分泌液中。在唾液、泪液、乳汁和鼻咽分泌物中的溶菌酶,作用于革兰氏阳性菌细胞壁中的肽聚糖,可使细菌溶解。革兰氏阴性菌的肽聚糖因有外膜等包裹,溶菌酶不能对其直接发挥作用。但是,在有抗体和补体同时存在时,则对革兰氏阴性菌亦有溶解作用。

(4)炎性反应 病原体一旦突破机体屏障而侵入体内,机体中各种吞噬细胞及体液因素则趋向病原入侵部位,围歼病原,往往在病原体侵入部位出现炎症反应。在炎症区内积聚大量体液防御壁垒,细胞死亡崩解后释放的抗感染物质(溶菌酶)以及炎症部位的糖原酵解作用增强所产生的有机酸，都可有效地杀灭病原微生物。在炎症过程中还能抑制病原体向外扩散，局限于炎症部位。

(5)机体组织的不感受性　即某种动物或动物的某种组织对该种病原微生物或其毒素无反应性。例如，龟于皮下注射大量破伤风毒素却不发病，但几个月后取其血液注入小鼠体内，仍能使小鼠死于破伤风。使鸡的体温降至37℃后，注射炭疽杆菌会引起感染，但正常鸡体温较高，不感染炭疽杆菌。

2.影响非特异性免疫的因素

动物的遗传特性、年龄及环境因素等是影响非特异性免疫的重要因素。

(1)遗传因素　不同种或品种甚至不同的动物个体，对病原微生物的易感性和免疫反应性都有差异。此种差异取决于动物的遗传因素。例如草食兽对炭疽杆菌十分易感，而家禽无感受性。因为炭疽杆菌的最适生长温度是37～39℃，而家禽的正常体温高达41℃，不适宜炭疽杆菌的生长，所以不能致病。

(2)年龄因素　不同年龄的动物对病原微生物的感受性和免疫反应亦有不同。在自然条件下，有不少传染病仅发生于幼龄动物，例如小鹅瘟、仔猪黄痢、仔猪白痢等；而猪丹毒主要发于架子猪，布鲁氏菌病则主要见于性成熟的动物；幼龄动物由于血脑屏障尚未健全，故易引起脑炎疾病；老龄动物的器官组织功能及机体防御能力趋于低下，因此容易发生肿瘤等老年性疾病。

(3)环境因素　自然环境如气候、温度和湿度等对机体免疫力有一定的影响，例如寒冷能使呼吸道黏膜的抵抗力下降；营养极度不良，常会使抗体的产生及吞噬细胞的吞噬能力下降；缺乏维生素A，皮肤黏膜易发生感染。因此注意加强饲养管理和适当运动，可以增强机体的非特异性免疫，从而明显增强动物机体的抗病能力。

3.非特异免疫增强剂的应用

(1)微生物疫苗制剂　卡介苗可增强细胞免疫功能，对于肿瘤治疗有辅助作用，对感冒及流感有一定的预防作用，因而广泛应用于基础免疫及疫苗的增强剂(如弗氏完全佐剂中的卡介苗)。除细菌外，真菌多糖(如香菇、茯苓等)均能增强非特异免疫，目前主要用于肿瘤的治疗。

(2)生物制剂类增强剂　胸腺素能诱导淋巴细胞转化，促进淋巴细胞分裂与再生，加强细胞免疫，应用胸腺素制剂治疗胸腺功能不全及各种肿瘤疾病；从脾脏提取转移因子(TF)，亦可作为细胞免疫增强剂，通常根据治疗对象的不同，选择相应的动物作为供体，如治疗结核病时选择结核菌素强阳性反应动物制备转移因子。

免疫功能低下的动物和人，使用相应动物和人的γ球蛋白和干扰素，均能增强非特异免疫。

(3)化学免疫增强剂　一种合成的驱虫药——左旋咪唑，有增强细胞免疫、能使受抑制的吞噬细胞和淋巴细胞功能恢复正常，从而增强对细菌、病毒、原虫或肿瘤的防御作用。聚肌胞是人工合成的干扰素诱生剂，它不仅能强有力诱导干扰素的产生，同时也是一种有力的免疫增强剂，且对瘤细胞有毒性反应，故可应用于某些病毒性疾病和肿瘤的治疗。

(4)中草药免疫增强剂　不少中草药可增强非特异性免疫，提高机体抵抗各种微生物感染的能力，如黄芪、党参和灵芝等能增强单核巨噬细胞系统的功能，有类似卡介苗的作用；当归、白术、黄芩和红花等有一定的刺激机体增强免疫功能的作用。

(三)特异性免疫

1. 免疫系统

免疫系统是动物在种系发生和个体发育过程中逐渐进化和完善起来的，是机体执行免疫功能的组织机构，是产生免疫应答的物质基础。由免疫器官、免疫细胞和免疫分子组成(图3-2)。

- 免疫系统
  - 免疫器官
    - 中枢免疫器官
      - 骨髓
      - 胸腺
      - 腔上囊
    - 外周免疫器官
      - 淋巴结
      - 脾脏
      - 骨髓
      - 哈德氏腺
      - 黏膜相关淋巴组织
  - 免疫细胞
    - 免疫活性细胞（T淋巴细胞、B淋巴细胞）
    - 辅佐细胞（单核巨噬细胞系统、树突状细胞等）
    - 其他免疫细胞（K细胞、NK细胞、粒细胞、红细胞等）
  - 免疫分子
    - 细胞因子
    - 补体
    - 抗体

图 3-2　动物免疫系统的构成

(1)免疫器官　是免疫细胞发生、分化成熟、定居和增殖以及产生免疫应答的场所。根据发生和作用不同，将免疫器官分中枢免疫器官和周围免疫器官两大类(图 3-3)。

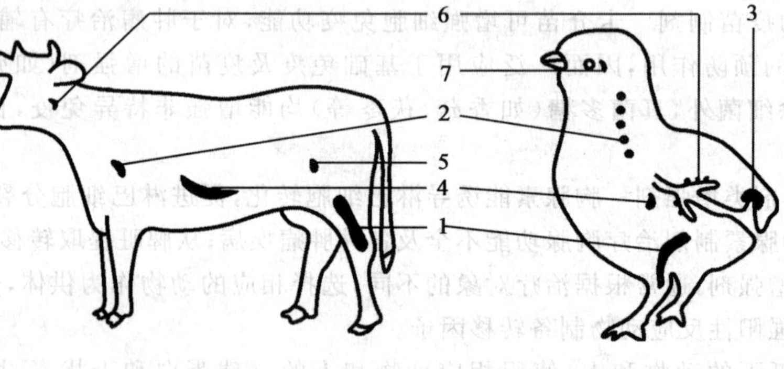

图 3-3　畜禽免疫器官示意图

1.骨髓　2.胸腺　3.法氏囊　4.脾脏　5.淋巴结　6.扁桃体　7.哈德氏腺

①中枢免疫器官。骨髓、胸腺和腔上囊都是中枢免疫器官。它们是免疫细胞发生、分化和成熟的场所。胸腺和法氏囊在胚胎早期出现，青春期后退化。其特点是在胚胎期发生较早，为淋巴上皮结构，可诱导来自骨髓的造血干细胞分化为具有免疫活性的细胞，此过程不需要抗原物质的刺激作用。若在动物发育早期切除中枢免疫器官，会使机体的免疫功能低下或丧失。

a. 骨髓(bone marrow)。是机体重要的造血器官和免疫器官，主要包括四肢长骨骨髓。骨髓中的多能干细胞首先分化成髓样干细胞和淋巴样干细胞。髓样干细胞进一步分化成红细胞系、单核细胞系、粒细胞系和巨核细胞系等。后者则发育成各种淋巴细胞的前体细胞，如一部分淋巴干细胞分化为T细胞前体细胞，随血流进入胸腺后，被诱导并分化为成熟的淋巴细胞，称为胸腺依赖性淋巴细胞（简称T细胞），参与细胞免疫。一部分淋巴样干细胞分化为B细胞前体细胞。鸟类的B细胞前体细胞随血液进入法氏囊，发育为成熟的淋巴细胞，称为囊依赖性淋巴细胞（简称B细胞），参与体液免疫；而在哺乳动物，这些前体细胞则在骨髓内进一步分化发育为成熟的B细胞（图3-4）。

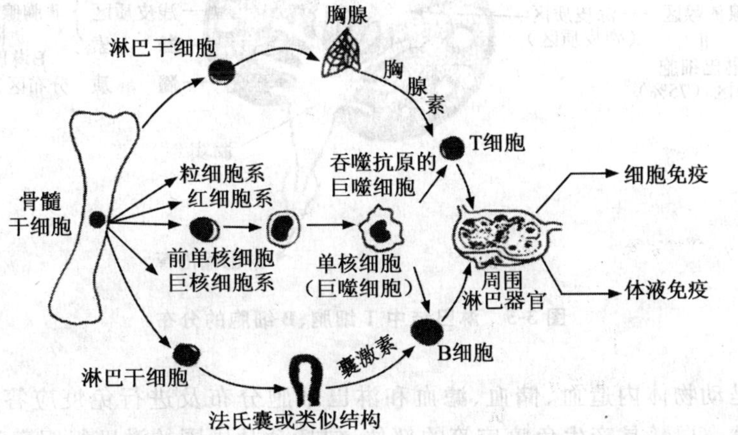

图3-4 免疫细胞产生与分布示意图

哺乳类动物的骨髓还能直接诱导淋巴干细胞成熟为B细胞，并且骨髓中的B细胞也可直接对抗原产生免疫应答，缓慢、持久地大量产生特异性抗体，骨髓中产生的抗体量可占40%。因此，骨髓也是重要的外周免疫器官。若骨髓受到破坏，不仅严重损害造血功能，也将导致免疫缺陷症的发生，如大剂量放射线可破坏骨髓功能，使机体的造血和免疫功能同时丧失。

b. 胸腺（thymus）。位于颈部（禽类）或胸腔前纵隔，是T细胞成熟的场所。胸腺能分泌胸腺素、胸腺生成素等，对T细胞的发育、成熟起重要作用。来自骨髓的淋巴干细胞，在胸腺中受胸腺素作用，增殖分化成具有免疫功能的T细胞，大部分经2～3 d均在胸腺内死亡（95%），只有小部分转化为成熟的T细胞（5%），然后离开胸腺到达外周免疫器官参与细胞免疫。

c. 腔上囊。又称为法氏囊（bursa fabricius），是鸟类特有的淋巴器官，位于泄殖腔后方，是B细胞成熟的场所。来自骨髓的淋巴干细胞在腔上囊内受囊激素的作用，分化、成熟为具有体液免疫功能的B细胞，并随淋巴和血液迁移到外周免疫器官，参与机体的体液免疫。

②外周免疫器官。是免疫活性细胞（如T细胞、B细胞等）分布、增殖及进行免疫应答的场所。包括淋巴结、脾脏、禽哈德氏腺、黏膜免疫系统等。与中枢免疫器官的主要差别在于来源不同，出现较晚，终生存在，切除后对免疫影响较小。

a. 淋巴结。为网状组织结构，呈圆形或豆状，分布于全身各部位淋巴管的径路上，定居着大量巨噬细胞、T细胞和B细胞，其中T细胞占75%，B细胞占25%。其实质分皮质和髓质两部分，其中皮质又分为浅皮质区和深皮质区（副皮质区）。副皮质区是T细胞集中的部位，浅皮质区与骨髓中的髓索是B细胞定居的部位（图3-5）。

当受到相应抗原刺激时，浅皮质区和深皮质区分别出现明显的变化。即浅皮质区出现明显的淋巴小结，其中心部位，即生发中心有大量分裂活跃的B细胞，几天后便可见到抗体形成；深皮质区则可见明显增厚，T 细胞大量增殖并逐渐形成具有不同功能的 T 细胞，参与机体的细胞免疫。淋巴结起过滤捕捉淋巴液中抗原和进行免疫应答的作用。因此，抗原刺激淋巴细胞大量增殖引起局部淋巴结肿大。抗原消除后，淋巴结又可恢复正常。

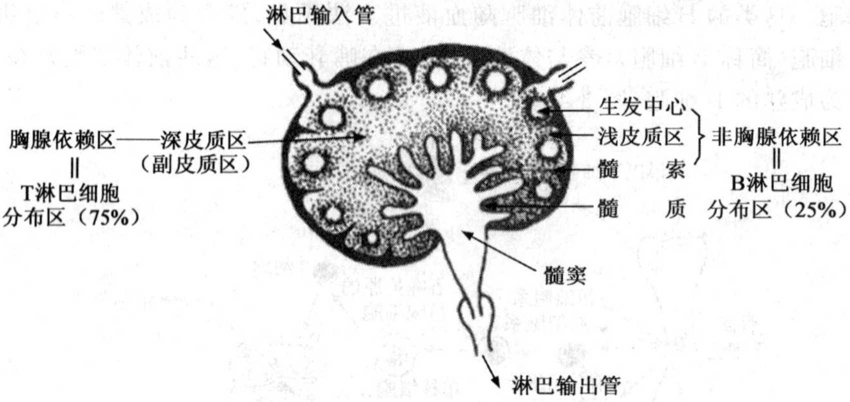

图 3-5 淋巴结中 T 细胞、B 细胞的分布

b. 脾脏。是动物体内造血、储血、滤血和淋巴细胞分布及进行免疫应答的器官。其实质分为白髓和红髓。白髓是产生免疫应答的部位，包括动脉周围的淋巴组织鞘和脾小结，前者相当于淋巴结的副皮质区，是 T 细胞集聚的部位；后者相当于淋巴结中的淋巴小结，是 B 细胞集中的部位，受抗原刺激后可形成发生中心。红髓的主要功能是生成红细胞和储存红细胞，其脾索也分布有 B 细胞，因而有捕获抗原的功能；脾脏中 T 细胞占 35％～50％，B 细胞占 50％～65％。

禽类的脾脏较小，白髓和红髓的分界不明显，主要参与免疫，储血作用很小。

c. 禽哈德氏腺。又称瞬膜腺、副泪腺，是禽类眼窝内腺体之一。能接受抗原的刺激，分泌特异性抗体，通过泪液进入呼吸道，参与上呼吸道的局部免疫。在幼禽点眼免疫时，哈德尔氏腺会发生强烈的免疫反应，并不受母源抗体的干扰。因此哈德尔氏腺对于禽类的早期免疫起着非常重要的作用。

d. 黏膜免疫系统。包括肠黏膜、气管黏膜、肠系膜淋巴结、阑尾、腮腺、泪腺和乳腺管黏膜等的淋巴组织，共同组成黏膜免疫应答网络，称为黏膜免疫系统。据研究，该系统中分布的淋巴细胞总量比脾脏和淋巴结中还要多，疫苗抗原到达黏膜淋巴组织引起免疫应答，产生大量分泌性 IgA 抗体，分泌到黏膜表面，形成第一道特异性免疫保护防线，尤其是对经呼吸道、消化道感染的病原微生物的作用至关重要。

骨髓是中枢免疫器官，同时也是体内最大的外周免疫器官。就器官的大小比较而言，脾脏产生抗体的量最多，但骨髓产生的抗体总量最多，对某些抗原的应答，骨髓所产生的抗体可占抗体总量的 70％。

(2)免疫细胞　是参与免疫反应细胞的统称，包括免疫活性细胞、辅佐细胞和其他免疫细胞。其中，接受抗原刺激后自身能活化增殖并分化为效应性淋巴细胞，产生特异性免疫应答的细胞，称为免疫活性细胞，主要是指 T 细胞和 B 细胞。T 细胞与 B 细胞除主要存在于外周免疫器官外，也分布于血循环和其他组织和器官中。

①MHC和MHC限制现象。

a. 主要组织相容性复合体及其产物。20世纪初，人们发现了不同种属或同种动物不同系别的个体之间存在正常组织的移植排斥反应，而且此种排斥反应具有记忆性、特异性和可转移性。研究表明，该排斥反应是一种典型的免疫反应，是由细胞表面的某种抗原诱导的，此类抗原称为组织相容性抗原，存在于细胞表面，不同程度地分布在各种组织细胞上。一般同种动物不同个体之间，组织相容性抗原的特异性是互不相同的，但是从同一个卵细胞发生的孪生儿之间或同一纯系动物的不同个体之间，此种抗原的特异性却完全相同，说明其是受遗传基因控制的。

组织相容性抗原包括许多复杂的抗原。其中，引起强烈而迅速的移植排斥反应的称为主要组织相容性抗原系统，引起弱的移植排斥反应的称为次要组织相容性抗原，它们由相应的基因编码产生。编码主要组织相容性抗原系统的一组基因，包括多个不同的位点，集中分布于各种脊椎动物的某一染色体上的特定区域，是一组紧密连锁的基因群，称为主要组织相容性复合体(major histocompatibility complex，MHC)。

MHC类主要表达2类分子：MHCⅠ类分子和MHCⅡ类分子。MHCⅠ类分子广泛分布于体内各种有核细胞表面，MHCⅡ类分子主要分布在某些免疫细胞表面，如B细胞、单核巨噬细胞、树突状细胞、激活的T细胞等。

MHC产物行使着将抗原递呈给T细胞的重要作用。抗原的加工和递呈有2条不同的途径：一是内源性抗原途径，抗原在内质网和高尔基体内加工并与MHCⅠ类分子结合后，被递呈到细胞表面，加工后的抗原能被CD_8^+T细胞识别。二是外源性抗原途径，抗原在内吞体内被加工降解，并与MHCⅡ类分子结合后，转运到细胞表面细胞识别。分子的抗原，它可被CD_4^+T细胞识别。MHC分子的抗原递呈功能是免疫应答和免疫调节的关键，因为MHC分子是免疫细胞间沟通信息、相互协作的基础。

b. 免疫限制(约束)现象。免疫应答的发生须有抗原的刺激和免疫细胞间的相互作用。在免疫应答发生的过程中，无论是T细胞和B细胞、T细胞和巨噬细胞、T细胞和T细胞间的相互作用，或是T细胞对靶细胞的裂解作用，都需要涉及一个重要问题：T细胞对细胞表面抗原的反应不仅是对抗原的特异性识别，而且也必须识别自身抗原或MHC分子，否则反应不会发生。可见反应的发生受限于MHC分子(MHCⅠ类抗原为α链，几乎分布于所有的有核细胞和血小板表面；MHCⅡ类抗原为α、β链)，称此为MHC限制现象。

②免疫活性细胞。

T细胞和B细胞在光学显微镜下均为小淋巴细胞，形态上难以区分。但2种淋巴细胞的表面存在大量不同种类的蛋白质分子，这些表面分子又称为表面标志。T细胞和B细胞的表面标志包括表面受体和表面抗原。表面受体是指淋巴细胞表面上能与相应配体如特异性抗原、绵羊红细胞和补体等发生特异性结合的分子结构；表面抗原是指在淋巴细胞或其亚群细胞表面上能被特异性抗体，如单克隆抗体所识别的表面分子。由于表面抗原是在淋巴细胞分化过程中产生的，故又称为分化抗原。

不同的研究者和实验室已建立了多种单克隆抗体系统，用以鉴定淋巴细胞表面抗原。为了便于区分，将识别同一分化抗原的来自不同实验室的单克隆抗体归为一个分化群(cluster differentiation，CD)，简称为CD系列。将单克隆抗体检测鉴定的淋巴细胞表面抗原称为CD抗原或CD分子。至今已命名了300余种CD抗原。表面抗原和表面受体并无严格区别，有些表面受体已命名为CD抗原，如E受体即为CD_2；有些CD抗原亦有受体特性，如CD_4可视为MHCⅡ类分子的受体等。

a. T细胞的来源与分布。来源于骨髓多能干细胞分化的前体T细胞，进入胸腺发育为成熟的T细胞，又称为胸腺依赖性淋巴细胞，简称T淋巴细胞或T细胞。定居在外周免疫器官的T细胞可经血液→组织→淋巴→血液再循环巡游于全身各处，称为淋巴细胞的再循环。在受到抗原刺激后分别分化为效应性T细胞及少量的长寿记忆性淋巴细胞，即记忆性T细胞。效应性T细胞可介导细胞免疫应答，大多数寿命较短，一般只存活4～6 d；记忆性淋巴细胞参加淋巴细胞再循环，可存活几个月到几年。

Ⅰ. T细胞表面标志。

T细胞抗原受体(TCR)：是指T细胞表面具有识别和结合特异性抗原的分子结构。人和各种动物的T细胞表面均具有TCR，每个成熟的T细胞克隆内的各个细胞具有相同的TCR，在每个机体内可能有数百万种T细胞及其特异性的TCR，故能识别多种抗原。

TCR识别和结合抗原的性质是有条件的，只有当抗原片段或决定簇与抗原递呈细胞上的MHC分子结合在一起时，T细胞的TCR才能识别或结合MHC分子-抗原片段复合物中的抗原部分。即TCR识别抗原须受MHC分子与抗原片段结合的限制，不能识别和结合单独存在的抗原片段或决定簇。

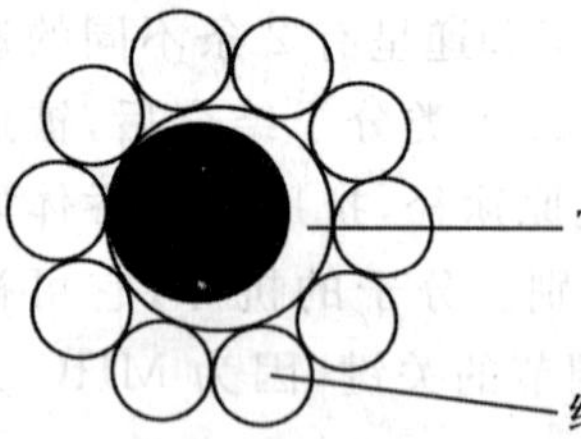

图 3-6　E玫瑰花环

CD_2：曾称为红细胞受体或E受体，是T细胞重要的表面标志，B细胞缺乏这一标志。在体外将某种动物T细胞与绵羊红细胞混合，可见红细胞围绕T细胞形成玫瑰花环(图3-6)。E玫瑰花环试验是鉴别T细胞及检测外周血中T细胞比例与数目的常用方法。

CD_3：仅存在于T细胞表面，常与TCR紧密结合形成TCR-CD_3复合体。CD_3分子的功能是把TCR与外来结合的抗原信息传递到细胞内，启动细胞内的活化过程，在T细胞被抗原激活的早期过程中起重要作用。

CD_4和CD_8：分别为MHCⅡ类分子和MHCⅠ类分子的受体。CD_4和CD_8分别出现在具有不同功能亚群的T细胞表面，在同一细胞表面只表达其中一种。据此可将T细胞分为两大类群：CD_4^+细胞和CD_8^+细胞。正常情况下，2类T细胞的比值为2∶1，亦是评估机体免疫状态的重要依据之一。如比值偏离正常值甚至出现比值倒置，则说明机体免疫机能失调。

白细胞介素受体。T细胞表面具有多种白细胞介素受体(如IL-2受体)，可结合白细胞介素，并接受白细胞介素的刺激和调控。此外，在T细胞的表面还有丝裂原受体、IgG或IgM的Fc受体以及各种激素或介质，如肾上腺素、皮质激素和组织胺等的受体。

Ⅱ. T细胞亚群。根据T细胞发育阶段和免疫功能的不同，将其分为以下主要亚群。

细胞毒性T细胞(T_C)：又称为杀伤性T细胞(T_K)，活化后成为细胞毒性淋巴细胞(CTL)。能特异性地杀伤带有抗原的靶细胞，如感染微生物的细胞、同种异体移植细胞及肿瘤细胞等。通过释放穿孔素和其他机理使靶细胞溶解。T_C的杀伤力较强，可连续杀伤数个靶细胞，并具有高度特异性的记忆性能。

抑制性T细胞(T_S)：具有抑制细胞免疫和体液免疫的作用。其抑制作用与TH细胞的辅助作用，对于稳定与调节免疫系统的生理功能和免疫应答的强度起着重要作用。

辅助性 T 细胞(T_H):具有协助体液免疫和细胞免疫的功能。

诱导性 T 细胞(T_I):能诱导 T_H 和 T_S 细胞的成熟。

迟发型变态反应 T 细胞(T_D):介导迟发型变态反应。能分泌多种细胞因子,作用于单核巨噬细胞、淋巴细胞和粒细胞,引起单核细胞浸润为主的炎症反应,发挥清除抗原的功能。

辅助性 T 细胞、诱导性 T 细胞和迟发型变态反应 T 细胞属 CD_4^+ T 细胞;抑制性 T 细胞和细胞毒性 T 细胞属 CD_8^+ T 细胞。

b. B 细胞的来源与分布。来源于骨髓多能干细胞分化的前体 B 细胞,在哺乳动物的骨髓或鸟类的腔上囊分化为成熟的 B 细胞,又称为骨髓依赖性淋巴细胞或囊依赖性淋巴细胞,简称 B 淋巴细胞或 B 细胞。成熟的 B 细胞分布到外周免疫器官的非胸腺依赖区定居和增殖。

定居在外周免疫器官的 B 细胞和 T 细胞一样进行淋巴细胞再循环,当受到抗原刺激后,分别分化为浆细胞及少量的长寿记忆性淋巴细胞,即记忆性 B 细胞,浆细胞直接介导体液免疫应答,记忆性淋巴细胞参加淋巴细胞再循环。

Ⅰ. B 细胞表面标志。

B 细胞抗原受体:是细胞表面的免疫球蛋白(SmIg),其分子结构与血清中的 Ig 相同。SmIg Fc 段的几个氨基酸镶嵌在细胞膜脂质双层中,Fab 段则伸向细胞外侧以便与抗原结合。只有 SmIg 与抗原发生结合后,才能引起 B 细胞发生免疫应答。每个 B 细胞表面有 10^4～10^5 个 SmIg。SmIg 是鉴别 B 细胞的主要特征,常用荧光素或铁蛋白标记的抗免疫球蛋白抗体来鉴别 B 细胞。

Fc 受体:是指大多数 B 细胞都具有的能够与免疫球蛋白 Fc 片段结合的受体。当 B 细胞表面的 Fc 受体与抗原-抗体复合物结合,有利于 B 细胞对抗原捕获和结合以及 B 细胞激活和抗体的产生。

补体受体:大多数 B 细胞表面存在能与补体结合的受体,从而有利于 B 细胞捕捉与补体结合的抗原-抗体复合物。此受体被结合后可促使 B 细胞活化。

此外,在 B 细胞表面还有丝裂原受体、白细胞介素受体以及 CD_{79}、CD_9、CD_{10}、CD_{19}、CD_{20} 分子等。

Ⅱ. B 细胞亚群。根据 B 细胞产生抗体时是否需要 T_H 细胞的协助,将其分为 B_1 和 B_2 2 个亚群。B_1 为 T 细胞非依赖细胞,产生抗体时不需 T 细胞的协助;B_2 为 T 细胞依赖细胞,必须在 TH 细胞的协助下才能产生抗体。

③辅佐细胞。T 细胞和 B 细胞是免疫应答的主要承担者,但免疫应答的完成需要体内的巨噬细胞、树突状细胞等对抗原进行捕捉、加工和处理,这些细胞称为免疫辅佐细胞,简称 A 细胞。由于辅佐细胞在免疫应答中能将抗原递呈给免疫活性细胞,因此称为抗原递呈细胞(antigen presenting cells,APC)。

a. 单核吞噬细胞。主要包括血液中的单核细胞和组织中的巨噬细胞。单核吞噬细胞具有多种免疫功能。

Ⅰ. 吞噬和杀伤作用。组织中的巨噬细胞可吞噬和杀灭多种病原微生物,并处理机体自身凋亡损伤的细胞,是机体非特异性免疫的重要因素。特别是结合有抗体(IgG)和补体(C_{3b})的抗原性物质更易被巨噬细胞吞噬。巨噬细胞可在抗体存在下发挥 ADCC 作用。巨噬细胞也是细胞免疫的效应细胞,经细胞因子如 IFN-γ 激活的巨噬细胞更能有效地杀伤细胞内寄生菌和肿瘤细胞。

Ⅱ.递呈抗原作用。在免疫应答中,巨噬细胞是重要的抗原递呈细胞,外源性抗原物质由巨噬细胞通过吞噬、胞饮等方式摄取,经过胞内酶的降解处理,形成许多具有抗原决定簇的抗原肽,随后这些抗原肽与 MHCⅡ类分子结合形成抗原肽-MHCⅡ类分子复合物,并呈送到细胞表面,供免疫活性细胞识别。因此,巨噬细胞是免疫应答中不可缺少的免疫细胞。

Ⅲ.合成和分泌各种活性因子。活化的巨噬细胞能合成和分泌 50 余种生物活性物质,如许多酶类(中性蛋白酶、酸性水解酶、溶菌酶)、白细胞介素 1、干扰素、前列腺素、血浆蛋白和补体成分等。这些活性物质的产生具有调节免疫反应的功能。

b.树突状细胞。简称 D 细胞,来源于骨髓和脾脏的红髓,成熟后主要分布于脾脏和淋巴结中,结缔组织中也广泛存在。树突状细胞表面伸出许多树突状突起,胞内线粒体丰富,高尔基体发达,但无溶酶体和吞噬体,故无吞噬能力。大多数树突状细胞有较多的 MHCⅠ类分子和 MHCⅡ类分子,少数细胞表面有 Fc 受体和 C_{3b} 受体。不能吞噬抗原,但可通过其表面的 MHC 分子与抗原结合,主要功能是处理与递呈不需巨噬细胞处理的抗原,尤其是可溶性抗原,能将病毒抗原、细菌内毒素抗原等递呈给免疫活性细胞。大量研究证明,D 细胞是体内递呈抗原功能最强的专职 APC。

此外,B 细胞、红细胞、郎罕氏细胞也具有抗原递呈作用。

④其他参与免疫的细胞。

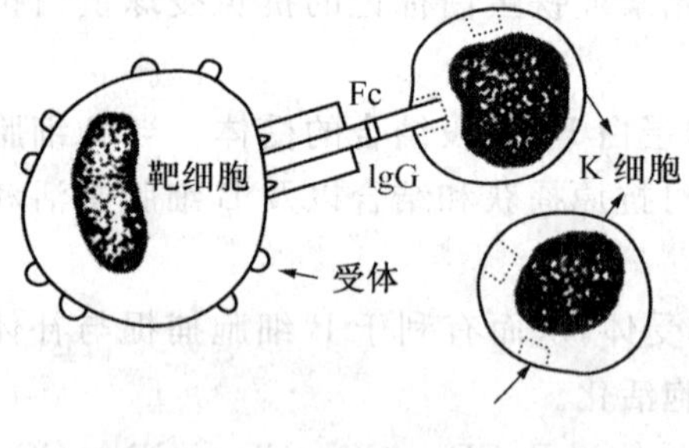

图 3-7 K 细胞破坏靶细胞示意图

a.K 细胞。又称为杀伤细胞,是一种直接来源于骨髓的淋巴细胞。K 细胞单独不能杀伤靶细胞,只能杀伤与特异性抗体(IgG)结合的靶细胞。其杀伤机理是当靶细胞与相应的 IgG 结合,K 细胞的 Fc 受体即可与靶细胞上 IgG 的 Fc 段相结合而激发 K 细胞的活性,释放细胞毒,破坏靶细胞,这种杀伤作用称为抗体依赖性细胞介导的细胞毒性作用(antibody dependent cellmediated cytotoxicity,ADCC),简称 ADCC 作用。K 细胞能杀伤肿瘤细胞、受微生物或寄生虫感染的细胞等(图 3-7)。

b.自然杀伤细胞(natural killer cell,NK 细胞)。也是一种来源于骨髓能直接杀伤靶细胞的淋巴细胞。NK 细胞只需与靶细胞接触即可引起靶细胞溶解,而不需要抗体参与。NK 细胞能杀伤 K 细胞所能杀伤的细胞。

c.粒细胞。是细胞浆中含有颗粒的白细胞的统称。可分为嗜中性粒细胞、嗜碱性粒细胞和嗜酸性粒细胞 3 种。其中嗜中性粒细胞是血液中主要的吞噬细胞,在抗感染中起重要作用;嗜碱性粒细胞主要参与Ⅰ型变态反应;嗜酸性粒细胞则具有抗寄生虫的作用。

2.抗原

凡能刺激机体产生抗体或致敏淋巴细胞,并能与之发生特异性结合的物质称为抗原(antigen)。抗原刺激机体产生抗体和致敏淋巴细胞的特性称为抗原性。

(1)抗原的条件　抗原是特异性免疫反应的启动物质,是决定免疫反应发生与发展的前提。抗原分子一般必须具备以下 3 种基本特性。

①异物性。抗原通常是非自身物质。例如微生物或异种动物的蛋白质等都是良好的抗原。通常亲缘关系越远,与自身组织结构差异大的物质,其抗原性越强。例如鸭的血清蛋白质对鸡的抗原性弱,但对家兔的抗原性强,此种抗原称为异种抗原。

同种异体的器官、组织和细胞等的结构成分存在差异，因此也具有抗原性。在不同个体间进行组织和器官移植时可引起移植排斥反应，不同血型的个体之间输血时则可导致输血反应。此类抗原称为同种抗原。

自身组织一般没有抗原性，但有时由于烧伤、感染、电离辐射或某些药物的作用而使一些组织蛋白质的结构与成分发生改变，从而成为自身抗原。

②一定的理化性状。

a. 大分子胶体。抗原必须是大分子胶体，平均分子质量一般在10 000以上，且平均分子质量越大，抗原性越强。蛋白质的平均分子质量大，抗原性一般较强，如被降解为肽等物质，则由于平均分子质量变化而丧失抗原性。平均分子质量低于10 000的小分子物质一般无抗原性，但与蛋白质（载体）结合后即可获得抗原性。大分子物质抗原性强的原因是由于平均分子质量越大，分子表面的化学基团（抗原决定簇）越多，化学结构也较稳定，因而不易被排除和降解，在体内停留时间较长，刺激免疫系统的机会多。

b. 化学组成和结构的复杂性。除分子大小外，抗原的化学结构和组成还必须具有一定的复杂性。例如明胶平均分子质量虽高达100 000，但由于其化学组成主要是直链氨基酸，结构简单，故抗原性弱。如在明胶分子中加入少量酪氨酸，则抗原性明显增强。有些低平均分子质量的天然蛋白质，由于化学组成与结构复杂多样而具有良好的抗原性，例如平均分子质量不足6 000的胰岛素。

③特异性——抗原决定簇。是抗原分子表面的特殊化学基团，是抗原与抗体或致敏淋巴细胞结合的部位。由抗原刺激机体产生的抗体或致敏淋巴细胞以及它们之间的结合具有高度的特异性，该特异性是由抗原分子表面的决定簇决定的。例如小鹅瘟病毒刺激机体产生的抗体只能与小鹅瘟病毒相结合，原因是小鹅瘟病毒的抗原决定簇与禽流感等其他病毒不同。

抗原分子的化学组成、空间构型不同，抗原决定簇就不同，抗原的特异性也因此不同。在蛋白质抗原中，大约5个氨基酸构成1个抗原决定簇，其中如有1个氨基酸不同便可构成不同的抗原。天然蛋白质分子表面往往有多个抗原决定簇，1个抗原决定簇只能刺激机体产生1种特异性抗体，因此，由蛋白质抗原刺激机体产生的免疫血清常常是多种特异性抗体的混合物。

(2)抗原的分类　一般情况下，不同抗原的抗原决定簇不同。但有时在2个不同的天然抗原之间存在着共同的抗原决定簇，称之为共同抗原（类属抗原）。亲缘关系相近的细菌，可能含有部分共同抗原。在血清学试验中，两者可出现交叉反应。根据不同的分类法可将抗原分为多种类型。

①根据抗原性质可将其分为完全抗原与不完全抗原2类。

a. 完全抗原。简称抗原，是具有免疫原性与反应原性的物质。大多数蛋白质都是良好的完全抗原。

b. 不完全抗原。又称为半抗原，仅有反应原性而无免疫原性的物质，如大多数多糖、所有的类脂类以及某些简单的化学药品等。如将不完全抗原与蛋白质结合则可成为完全抗原。

②根据对胸腺（T细胞）的依赖性分为胸腺依赖性抗原和非胸腺依赖性抗原2类。

a. 胸腺依赖性抗原（TD抗原）。是指刺激机体B细胞产生抗体的过程中需要T细胞协助的抗原，又称为T细胞依赖性抗原。绝大多数抗原都属于此类，如异种组织、细胞、蛋白质、微生物以及半抗原-载体复合物等。

b. 非胸腺依赖性抗原（TI抗原）。是指不需要T细胞协助就能直接刺激B细胞产生机体的抗原，如细菌的脂多糖等。

③重要的天然抗原有微生物抗原、毒素和类毒素及动物血清等。

a. 微生物抗原。细菌、病毒等微生物虽结构简单，但抗原组成十分复杂，每种微生物都含有多种抗原成分。以细菌为例，一般将细菌抗原分为菌体（O）抗原、鞭毛（H）抗原和荚膜（K）抗原等。因此每种细菌都是多种抗原组成的复合体，由细菌刺激机体产生的抗体相应的有抗菌体抗体、抗鞭毛抗体和抗荚膜抗体等。

b. 毒素和类毒素。细菌的外毒素有很强的抗原性，可刺激机体产生抗体，即抗毒素。外毒素经甲醛或其他适宜方法处理，失去毒性而保留抗原性，称为类毒素。类毒素也可刺激机体产生抗毒素，因此可用于预防接种。

c. 动物血清。异种动物血清也是一种完全抗原，具有很强的抗原性。临床上用异源免疫血清治疗时，机体一方面立即获得被动免疫力，另一方面又可对该种血清产生抗体，反复应用不仅降低免疫血清预防或治疗效果，而且还常引起变态反应。

3. 免疫应答

免疫应答是指免疫活性（T 细胞和 B 细胞）对抗原的识别、自身活化、增殖和分化（结构和功能的改变）以及产生免疫效应的过程（图 3-8）。因此免疫应答基本过程可分为 3 个阶段。

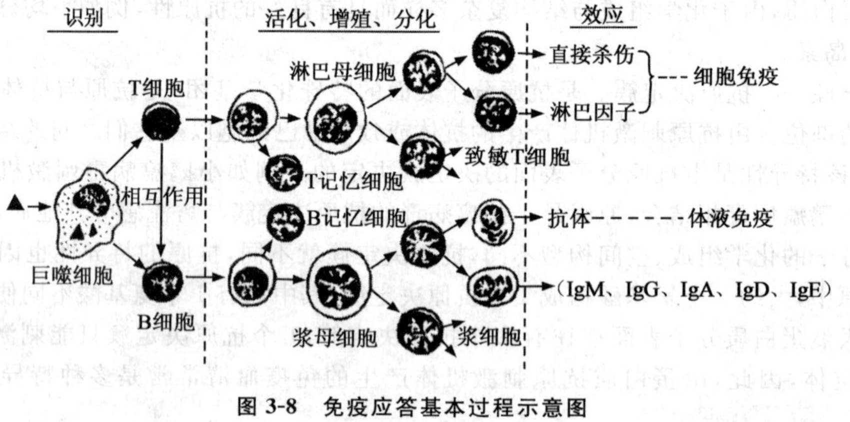

图 3-8 免疫应答基本过程示意图

致敏阶段：又称为感应阶段，是抗原物质进入体内，抗原递呈细胞对其识别、捕获、加工处理和递呈以及 T 细胞和 B 细胞对抗原的识别阶段。当抗原物质进入体内，机体的抗原递呈细胞先对抗原物质进行识别，然后通过吞噬、吞饮作用或细胞内噬作用将其吞入细胞内，在细胞内经过胞内酶消化降解成抗原肽，抗原肽与主要组织相容性复合体 MHC 分子结合形成抗原肽-MHC 复合物，然后将其运送到抗原递呈细胞表面，供 T 细胞和 B 细胞识别。

反应阶段：又称为增殖分化阶段，是 T 细胞和 B 细胞识别抗原，进行活化、增殖与分化，以及产生效应性淋巴细胞和效应分子的过程。T 细胞增殖分化为淋巴母细胞，最终成为效应性 T 淋巴细胞，并产生多种细胞因子；B 细胞增殖分化为浆母细胞，最终成为浆细胞，由浆细胞合成并分泌抗体。一部分 T 细胞、B 细胞在分化过程中转变为记忆细胞。此阶段有多种细胞间的协作和多种细胞因子参加。

效应阶段：主要体现在活化的效应性细胞（T_C、T_D 细胞）和效应分子（细胞因子和抗体）发挥细胞免疫效应和体液免疫效应。以上效应细胞与效应分子共同作用清除抗原物质。

（1）体液免疫应答　是指 B 细胞受抗原刺激后抗体的形成过程及其在体液中的免疫效应。

①B细胞对抗原的识别。B细胞表面具有大量的抗原受体，能识别抗原而被选择性地激活。B细胞对抗原的识别视抗原性质不同而异。

T细胞非依赖性(TI)抗原，如细菌的鞭毛蛋白、多糖、脂多糖等不需要巨噬细胞和辅助细胞的协助，能直接与B细胞表面的抗原受体特异性结合，引起B细胞活化；而对于T细胞依赖性(TD)抗原，如异种细胞、血清蛋白、半抗原-蛋白质复合物等，则必须首先经过巨噬细胞的处理和辅助T细胞的协助，B细胞才能够加以识别。

巨噬细胞对抗原的处理与递呈。巨噬细胞能通过吞噬等方式捕捉并摄取抗原。抗原在巨噬细胞内90%以上被水解破坏而失去免疫原性，只有少部分不被破坏并附着在巨噬细胞表面，从而使免疫原性大大增强。然后，巨噬细胞将相应抗原信息直接传递给T细胞和B细胞。

辅助T细胞(T_H细胞)的作用。当B细胞对半抗原-蛋白质复合物进行识别时，T_H细胞的作用尤其重要。T_H细胞负责识别蛋白质载体，B细胞识别半抗原。而且只有在载体被T_H细胞识别后，B细胞才能识别半抗原(载体效应)。载体效应具有普遍意义，因为在本质上，任何一个完全抗原均可看做是半抗原与载体的复合物。虽然大多数TD抗原具有多种抗原决定簇，但仍可看做是多种半抗原与载体的复合物。所以B细胞对TD抗原的识别必须有T_H细胞的协助。

②B细胞的活化、增殖和分化。当B细胞表面的抗原受体与抗原结合后，B细胞即被激活，由原来的静止状态变成活跃状态，在形态和生理生化方面出现一系列激烈变化。细胞的生化活动加强，代谢活泼。细胞形态呈母细胞化，体积增大，胞浆丰富，胞核增大，核仁明显。接着细胞开始增殖分裂，一个细胞约可分裂10次，产生约1 000个子代细胞。在细胞分裂的同时，细胞的结构和功能也发生改变(分化)，最终形成能合成和分泌抗体的浆细胞。浆细胞的寿命一般只有2 d。

TD抗原在诱导B细胞活化的过程中，有一小部分细胞中途停顿下来，不继续活化、增殖、分化为记忆细胞。记忆细胞分布全身，能迅速地表现出免疫应答。

TI抗原不能刺激产生记忆细胞，并且只产生IgM抗体，不产生IgG抗体。

③抗体的合成和效应。抗体(antibody)又称为免疫球蛋白(Ig)，其生物合成与一般蛋白质合成过程一致。浆细胞的寿命只有2 d，但每秒钟可合成300个抗体分子。在正常情况下，抗体形成后被很快排出胞外，进入血液发挥效应功能，从而构成体液免疫应答。

体液免疫在抗感染中，尤其是中和毒素、抵抗非细胞寄生的微生物方面作用显著，但也可以引起Ⅰ～Ⅲ变态反应。

(2)细胞免疫应答　是指T细胞受抗原刺激后，致敏淋巴细胞形成过程及其在体内的免疫效应。

T细胞能以与B细胞类似的方式识别抗原，并与抗原相应答。在巨噬细胞的协助下，抗原必须与T细胞表面的抗原受体特异性结合才能激活T细胞。T细胞的各个亚群被选择激活后母细胞化，转化为淋巴母细胞，最后形成具有不同功能的致敏淋巴细胞(效应T细胞)。例如有的成为调节体液免疫的辅助性T细胞和抑制性T细胞；有的产生具有不同生物活性的淋巴因子；也有的表现为直接杀伤靶细胞，称为细胞毒性T细胞。与体液免疫一样，T细胞在活化过程中，也有小部分形成记忆细胞。

细胞毒性T细胞和各种细胞因子是构成细胞免疫的基础。它们对细胞性抗原的作用比抗体明显，在迟发性变态反应、抗细胞内寄生感染、抗肿瘤免疫和移植排斥反应等方面起主要作用。

4.免疫应答中的效应物质和效应细胞

免疫应答中的效应物质主要包括抗体和淋巴因子,而效应细胞则包括细胞毒性T细胞在内的所有表现出免疫应答的细胞。

(1)抗体　机体在抗原刺激下能产生一种具有免疫活性的球蛋白,能够与相应抗原在体内或体外发生特异性结合反应。根据其化学结构和抗原性差异,可将免疫球蛋白分为IgG、IgM、IgA、IgE和IgD,家畜只有猪体内发现有少量IgD。

①免疫球蛋白的基本结构。任何一种免疫球蛋白都具有相似的基本结构,称为单体Ig分子。1分子单体Ig是由2对相同的多肽链组成。其中一对肽链较长,平均分子质量较大,称为重链(H链);另一对肽链较短,平均分子质量较小,称为轻链(L链)。以上4条多肽链通过二硫键相互连接形成单体Ig分子(图3-9)。

根据多肽链上氨基酸序列的变化,重链和轻链可分成若干区段:每条轻链分为2段,靠近氨基端(N端)轻链的1/2部分为可变区(VL),剩余部分为恒定区(CL);每条重链可分4段,靠氨基端相当于重链的1/4部分是第一段,为重链的可变区,另3/4为重链的恒定区,自N端至C端,分别称为CH_1、CH_2和CH_3。

肽链的可变区(V区)是免疫球蛋白与抗原特异性结合的部位,该区氨基酸种类和排列顺序随抗体特异性的不同变化较大。

肽链的恒定区(C区)是免疫球蛋白与补体、细胞等结合的部位,该区氨基酸序列较为恒定不变。

在重链的CH_1和CH_2之间有一个铰链区。铰链区的作用类似"万能关节",可使Ig分子成为"T"形或"Y"形,因此铰链区与Ig分子的变构有关。Ig分子的变构与许多重要的生物学活性有关。如IgG与抗原结合后构型发生改变,暴露了补体结合点,因而能与补体结合,激活补体,产生多种生物学效应(图3-10)。

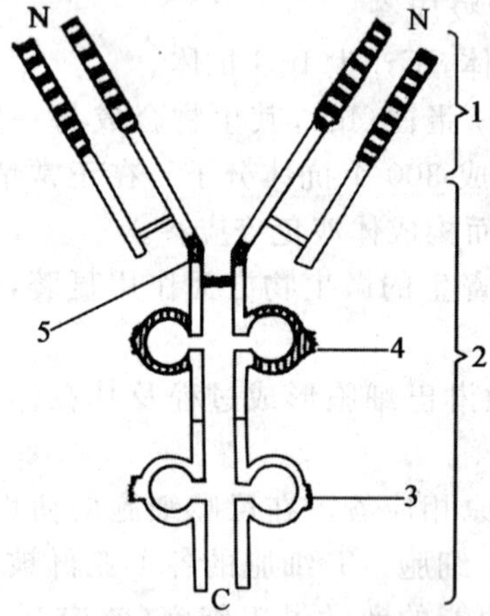

图3-9　单体Ig分子结构示意图

1.可变区　2.恒定区　3.细胞结合点
4.补体结合点　5.铰链区
C.羧基端　N.氨基端

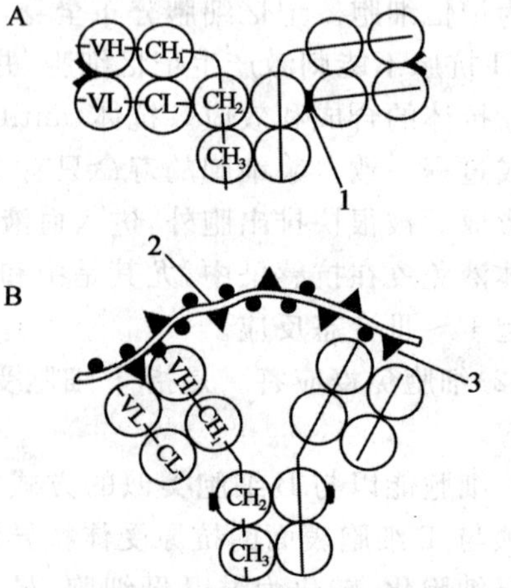

图3-10　Ig分子结合抗原前后构型变化

1.补体结合点　2.抗原　3.抗原决定簇
A.结合前　B.结合后

IgG、IgD和IgE等均由一个单体Ig分子构成,而分泌型IgA和IgM则分别是由2个和5个单体通过J键(一种多肽)和二硫键连接组成的二聚体和五聚体(图3-11)。

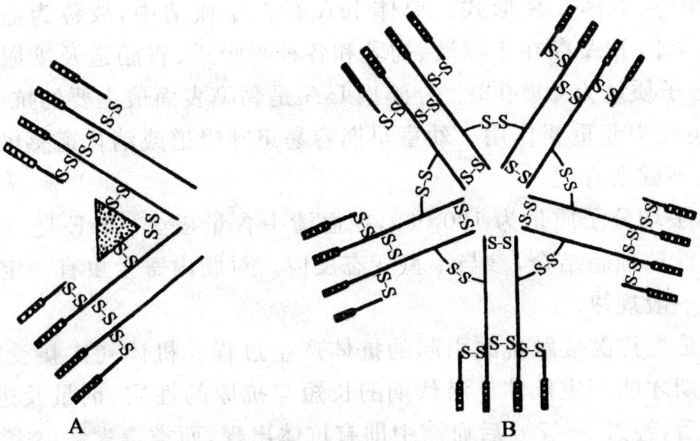

图 3-11 多聚体免疫球蛋白示意图

A. 分泌型 IgA(二聚体) B. IgM(五聚体)

②免疫球蛋白水解片段及其功能。用木瓜蛋白酶可将 IgG 分子裂解为 3 个大小相似的片断,其中 2 个片段相同,均能与抗原特异性结合,称为 Fab 段(抗原结合段);1 个 Fc 段(可结晶段),Fc 段有结合动物细胞的功能(图 3-12)。

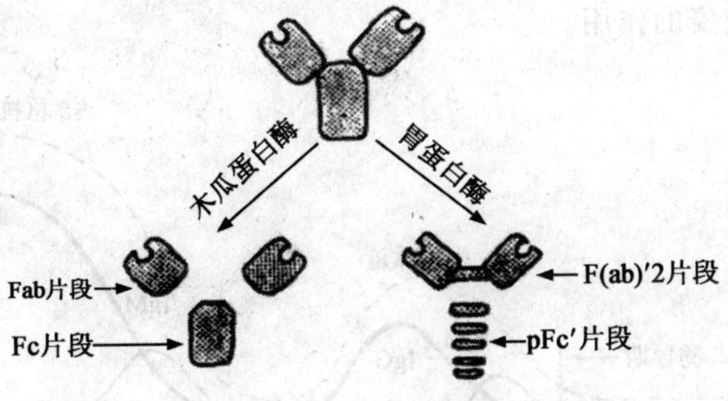

图 3-12 免疫球蛋白的酶消化片段

Fab 片段由一条完整的轻链和 N 端的 1/2 重链组成,包括 CH_2 和 CH_3。Fc 段与 Ig 的许多重要生物活性有关,包括激活补体、增强巨噬细胞的吞噬作用、激发 K 细胞对靶细胞的杀伤作用(ADCC 作用)等。

③免疫球蛋白的理化特性与功能。

IgG。为单体 Ig,平均分子质量为 160 000~180 000;占血清免疫球蛋白总量的 70%~80%;半衰期最长约 23 d。人工主动免疫或自然感染后,机体所产生的抗体主要是 IgG。它是抗感染免疫的主力,具有抗菌、抗病毒和抗外毒素等多种活性。此外 IgG 还参与Ⅱ型与Ⅲ型变态反应。

IgM。为五聚体 Ig,平均分子质量为 9 000 000。占血清免疫球蛋白总量的 6%;半衰期约 5.1 d。在机体的免疫应答中,IgM 产生最早,在感染早期起着先锋免疫作用。与 IgG 相比较,IgM 具有更强的溶菌、溶细胞、中和病毒和固定外体的能力。但由于 IgM 在体内持续时间较短,含量低且只能在血管内发挥作用,不能像 IgG 一样起主力免疫作用。

IgA。主要有单体、双体 2 种形式。单体 IgA 存在于血清中，故称为血清型 IgA，平均分子质量为 170 000；双体 IgA 存在于唾液、初乳和各种呼吸道、胃肠道及泌尿生殖道中，故称为分泌型 IgA，平均分子质量为 400 000。分泌型 IgA 是黏膜表面最主要的抗菌、抗病毒抗体，在气管、肠道等局部免疫中起重要作用。幼畜早期容易患呼吸道或消化道感染，可能与其局部合成分泌型 IgA 功能不健全有关。

IgE。单体 Ig，平均分子质量为 190 000，在血清中含量极少。IgE 是一种亲细胞抗体，易与肥大细胞和嗜碱性粒细胞结合，参与Ⅰ型变态反应。对肠内寄生虫有一定抵抗作用。

④抗体产生的一般规律。

a. 初次应答。是指初次接触抗原引起的抗体产生过程。机体初次接受抗原刺激后，需经过一段潜伏（诱导）期才能产生抗体。潜伏期的长短与抗原的性质、剂量及进入机体的途径等有关。如疫苗注射后，经过 5～7 d 后血清中即有抗体出现，而类毒素注射需经过 2～3 周才出现抗体。初次应答所产生的抗体量一般不多，持续时间相对较短（图 3-13）。

b. 再次应答。初次应答间隔一定时间后，如机体受同一抗原的再次刺激，则出现抗体水平迅速升高的现象。再次应答的特点主要有潜伏期显著缩短，仅 2～3 d，抗体产生的量比初次应答多几倍甚至几十倍，持续时间也较长，抗体大部分为 IgG，IgM 很少。再次应答现象是由于机体在初次应答时产生了记忆性免疫细胞。

根据再次免疫应答的特点，通常在预防接种时，间隔一定时间再进行疫苗或类毒素的第 2 次接种，可起到强化免疫的作用。

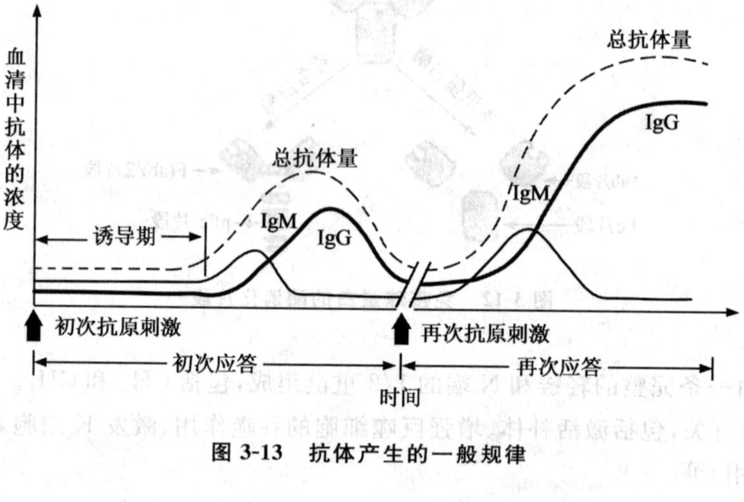

图 3-13 抗体产生的一般规律

⑤单克隆抗体。克隆是指由一个细胞无性增殖而来的一个细胞群体。因此，由 B 细胞增殖而来的 B 细胞群体称为 B 细胞克隆。由 B 细胞克隆所产生的抗体即单克隆抗体。

虽然 B 细胞克隆能产生单克隆抗体，但 B 细胞的寿命很短，因此，实际应用受到限制。骨髓瘤细胞是一种能在体外培养的传代肿瘤细胞，具有无限生长的特性。因此，有人采用淋巴细胞杂交瘤技术，将产生特定抗体的 B 细胞与能无限生长的骨髓瘤细胞融合，形成 B 细胞杂交瘤。B 细胞杂交瘤兼有 2 个亲本的特性，即既能产生抗体，又能无限增殖。就如同一个制造抗体的工厂，能源源不断地产生大量高度纯净的抗体。通常所说的单克隆抗体，即是由克隆化的 B 细胞杂交瘤所产生的抗体。

由于一个 B 细胞克隆只能针对一个抗原决定簇产生相应的一种特异性抗体，因此单克隆抗体是一种高度同质的抗体。它与一般的免疫血清不同，后者由于抗原具有多种不同的抗原决定簇，使免疫血清中的抗体为多克隆的混合抗体，亦称为第一代抗体。单克隆抗体在微生物分类鉴定、疾病诊断、治疗和发病机制研究等方面具有重要的意义。

(2)效应细胞　是指凡是表现免疫应答现象的细胞。种类很多，包括细胞毒性 T 细胞、辅助性 T 细胞、抑制性 T 细胞、K 细胞及武装巨噬细胞等。其中细胞毒性 T 细胞(T_C)和迟发型变态反应性 T 细胞(T_D)为免疫应答中的主要效应细胞。

①T_C 细胞与细胞毒作用。细胞毒性 T 细胞在动物机体内以非活化的前体细胞形式存在，当与抗原结合，并在活化的 T_H 产生的白细胞介素作用下，前体细胞活化、增殖，分化成具有杀伤能力的效应 T_C 细胞。T_C 细胞必须与靶细胞特异性结合，才能使靶细胞发生不可逆的损伤而最终完全破裂溶解。其完成杀伤作用后即可离开，并再与另一个靶细胞结合，继续产生细胞毒作用。在所有的杀伤性细胞中，T_C 细胞对靶细胞的杀伤力最强。例如一个 T_C 细胞在数小时内可杀死数十个靶细胞，而一个特异性武装巨噬细胞在数小时内只能杀死一个靶细胞。T_C 细胞的效应既有初次应答，也有再次应答。

②T_D 细胞与炎症反应。T_D 细胞在动物体内也是以非活化的前体细胞形式存在的，当其表面抗原受体与靶细胞特异性结合，并在活化的 T_H 产生的白细胞介素作用下，前体细胞活化、增殖，分化成具有免疫效应的 T_D 细胞。其免疫效应是通过释放多种可溶性淋巴因子发挥作用，主要引起以局部单核细胞浸润为主的炎症反应。

(3)细胞因子　是指由免疫细胞(如单核-巨噬细胞、T 细胞、B 细胞、NK 细胞等)和某些非免疫细胞合成和分泌的一类高活性、多功能的蛋白质多肽分子。能够产生细胞因子的细胞很多，概括起来主要有 3 类：第 1 类是活化的免疫细胞；第 2 类是基质细胞类，包括血管内皮细胞、上皮细胞、成纤维细胞等；第 3 类是某些肿瘤细胞。抗原刺激、感染、炎症等许多因素都可以刺激细胞因子的产生，各细胞因子之间也可彼此促进合成和分泌。

细胞因子的种类繁多，就目前所知，具体包括干扰素、白细胞介素、肿瘤坏死因子、集落刺激因子等四大系列几十种。它们有各自的生物学活性，在介导机体多种免疫反应如肿瘤免疫、感染免疫、移植免疫和自身免疫过程中起着重要甚至是关键作用。在细胞因子的概念提出之前，人们将由活化的淋巴细胞产生的，除抗体以外的免疫效应物质称为淋巴因子(表 3-2)。

表 3-2　淋巴因子及其免疫活性

淋巴因子名称	免疫生物学活性
巨噬细胞趋化因子(MCF)	吸引巨噬细胞至抗原所在部位
巨噬细胞移动抑制因子(MIF)	抑制巨噬细胞移动
巨噬细胞活化因子(MAF)	活化和增强巨噬细胞杀伤靶细胞的能力
巨噬细胞聚集因子(MaggF)	促使巨噬细胞聚集
趋化因子类(CFs)	分别吸引粒细胞、单核细胞、巨噬细胞、淋巴细胞等至炎症部位
白细胞移动抑制因子(LIF)	抑制嗜中性粒细胞的随机移动
肿瘤坏死因子(TNF)	选择性地杀伤靶细胞
γ干扰素(IFN-γ)	抑制病毒增殖，激活细胞，增强巨噬细胞的活性，免疫调节作用
转移因子(TF)	将特异性免疫信息传递给正常淋巴细胞，使其致敏
皮肤反应因子(SRF)	引起血管扩张，增加血管通透性

1979年，在瑞士举行的第二届国际淋巴因子专题讨论会上，将在白细胞间发挥作用的一些淋巴因子统一命名为白细胞介素，并按发现顺序以阿拉伯数字排列，如IL-1、IL-2、IL-3…，至今已报道的有23种。白细胞介素是一类由免疫系统分泌，主要在白细胞间起免疫调节作用的蛋白质。

5. 影响特异性免疫应答的因素

影响机体免疫应答的因素很多，从免疫预防的角度主要包括抗原与抗体2方面。

(1)抗原方面

①抗原的性质。抗原的性质对免疫应答的影响是多方面的。例如注射类毒素主要引起体液免疫应答，而寄居在细胞内的慢性感染病毒则主要激发细胞免疫应答；类毒素等可溶性抗原的免疫潜伏期较长，而细菌、病毒等颗粒性抗原的免疫潜伏期则较短；一般活疫苗产生的保护力以及免疫应答的持续时间都较灭活苗优越。此外，虽然许多病毒和细胞内寄生菌可同时引起体液免疫应答和细胞免疫应答，但主要是依靠细胞免疫发挥的抗感染作用。

②抗原剂量、滞留时间、免疫次数与间隔时间。在一定限度内抗原的剂量越大，免疫应答越强。剂量过大或太小均可能影响机体的免疫应答。但当抗原用量过多，超过了一定限度，抗体的形成反而受到抑制，称为免疫麻痹。剂量过小则不足以刺激机体产生抗体。因此在进行预防接种时，疫苗的剂量必须严格按照规定，不得随意增减。

抗原在体内的滞留时间与抗原的性质、免疫途径及是否使用佐剂有关。通常抗原在体内滞留时间较长，则对免疫系统的刺激较持久而强烈，免疫应答的效应也较显著。为了获得再次应答，可在一定的时间间隔内，连续接种2～3次。一般菌苗需间隔7～10 d，类毒素则至少间隔4～6周。但接种弱毒疫苗，由于活的微生物可在局部适当繁殖，对机体的刺激较强，因此常常一次接种即可达到目的。

③免疫途径。免疫途径的选择应以能刺激机体产生良好的免疫应答为原则，不一定必须是自然感染的侵入门户。接种途径有滴鼻、点眼、刺种、皮下注射或肌内注射、饮水、气雾、滴肛或擦肛等。由于抗原易被消化酶降解而失去免疫原性，因此多数抗原需要非经口途径接种，特别是灭活疫苗、类毒素和亚单位疫苗一般用于肌内注射或皮下注射。注射时应选择活动少、易于注射的部位，如颈部皮下，禽胸部肌肉等。但某些有活性的弱毒苗，由于它们能通过消化道侵入机体，因此可以经口免疫。

分泌型IgA的产生与免疫途径关系密切，一般认为，经口(如饮水)或黏膜(如气雾)途径容易诱导产生分泌型IgA。分泌型IgA是黏膜上重要的抗感染物质。

④佐剂。是指与抗原合并使用，能增强抗原免疫原性的物质。兽医上大部分灭活苗都用氢氧化铝、明矾等作为佐剂以加强免疫。

(2)抗体方面

①年龄因素。出生或出生不久的动物对许多抗原的刺激常不能激起有效的免疫应答。其原因一是机体免疫应答的能力较差，二是从母体获得母源抗体。

所谓母源抗体，是指动物通过胎盘、初乳、卵黄等途径从母体获得的抗体。母源抗体一方面可以保护幼龄动物免于感染，但同时也能抑制或中和相应的抗原，使其对抗体的刺激强度大为减弱，从而削弱了机体对该抗原的免疫应答。因此，在应用鸡新城疫、猪瘟、猪丹毒等弱毒苗给雏鸡、幼畜初次免疫时，必须考虑到母源抗体的影响。

②其他因素。遗传因素、营养因素、某些内分泌激素以及疾病等均可影响机体的免疫应

答。例如某些先天性体液免疫缺陷症动物，无体液免疫应答能力，也无抗体产生；传染性腔上囊病毒能引起雏鸡的腔上囊炎症，并导致雏鸡的体液免疫应答能力下降。

总之，由于免疫是机体的一种生理功能，因此，凡是影响机体生理功能状态的因素，均能或多或少的影响免疫应答能力。

6.特异性免疫的获得途径

动物出生后可以通过不同的途径或方式获得特异性免疫。机体因受抗原刺激而获得的特异性免疫称为主动免疫；因输入或接受免疫血清而获得的特异性免疫称为被动免疫。不论主动免疫或被动免疫均可通过人工途径或天然途径而形成。

特异性免疫的获得途径可概括如下。

(1)天然主动免疫　是指动物患某种传染病康复后，或动物发生隐性传染或轻微传染后所产生的特异性免疫。天然主动免疫一旦建立往往持续期较长，如动物耐过马腺疫、猪瘟等病后，甚至可以终身获得免疫。

(2)人工主动免疫　是指动物由于接种了某种疫苗或类毒素等所产生的特异性免疫。与被动免疫相比，人工主动免疫最重要的优点是免疫持续期较长，并可通过重复接种疫苗产生再次应答效应，从而使免疫保护得到加强和延长。一般初次接种弱毒活苗产生的免疫保护期为1年或更长的时间；接种灭活苗的免疫期一般不超过4～6个月。人工主动免疫是防止家畜传染病的重要措施之一。

(3)天然被动免疫　是指动物通过初乳、卵黄或胎盘获得母源抗体所形成的特异性免疫。天然被动免疫的持续期只有数周至几个月，但对于保护幼龄动物免于感染，特别是对于预防某些初生动物易感的传染病具有十分重要的意义，例如仔猪黄痢、小鹅瘟等，如果初生仔猪或雏鹅不能获得相应的母源抗体保护，可能引起大批发病和死亡。

(4)人工被动免疫　是指机体注射了高度免疫血清或康复动物血清后所获得的特异免疫。人工被动免疫的持续时间一般为2～3周，多用于治疗或紧急预防某些疾病或大家畜破伤风。

7.特异性免疫的抗感染作用

特异性免疫的抗感染作用包括体液免疫和细胞免疫2个方面。由于每种微生物感染的特点不同，特异性免疫的抗感染作用也不尽相同。例如对于细胞外细菌感染，以体液免疫的抗感染作用为主；对于细胞内细菌感染，则以细胞免疫的抗感染作用为主；而对许多病毒感染，虽然抗体有中和病毒能力，但一般说来细胞免疫在抗病毒感染中起着主要的作用。

尽管如此，在一般情况下，机体内的体液免疫和细胞免疫是同时存在的，且互相配合和互相调节，共同清除入侵的病原微生物，保持机体内部环境的平衡。

(1)体液免疫的抗感染作用

①抗吸附作用。许多微生物引起感染时首先是吸附于黏膜上皮，而黏膜表面的分泌型IgA能阻止细菌的吸附作用。例如肠道致病性大肠杆菌带有K_{88}或K_{99}等菌毛抗原，能使菌体吸附于肠绒毛上皮而致病。K_{88}或K_{99}抗体则可阻止肠道致病性大肠杆菌对绒毛上皮的吸附，从而保护仔猪免于致死性黄痢的感染。此外病毒中和抗体也可阻止病毒对易感细胞的吸附和侵入。

②调理作用。是指由于抗体或补体与细菌的结合导致巨噬细胞的吞噬作用增强。某些具荚膜的细菌能抵抗吞噬作用，但如果IgG与荚膜抗原结合，则细菌就失去抗吞噬能力并很快被吞噬细胞清除。由于抗原抗体复合物能激活补体，而活化的补体也有调理作用，所以抗体常

和补体联合产生更强大的调理作用。

③溶细胞作用。IgG 或 IgM 与靶细胞结合后可激活补体引起靶细胞的溶解，终止病毒复制。例如被新城疫病毒、痘病毒、牛病毒性腹泻病毒感染的细胞，均可通过此方式引起感染细胞的溶解。但抗体与细菌（某些革兰氏阴性菌）结合后，虽可激活补体，但只能引起细胞膜损伤，菌体膨大，而不能杀灭和溶解它们。如此时有溶菌酶协同作用，破坏细菌表层的黏多糖，则补体的作用可直接达到细胞膜上，导致细菌彻底溶解。

④抗体依赖细胞介导的细胞毒作用（ADCC 作用）。当 IgG 与靶细胞结合后，K 细胞能通过其 FC 受体与 IgG 的 FC 段相结合，并特异性地杀伤靶细胞。除 K 细胞外，B 细胞、巨噬细胞等也具有 ADCC 作用。

⑤中和作用。主要包括对病毒、细菌外毒素及其酶的中和。病毒抗体与病毒结合能改变病毒表面结构，从而阻止病毒吸附和穿入易感细胞，保护细胞免受病毒感染。抗毒素能特异性地消除外毒素或酶的毒性或阻止毒素或酶与感受细胞的受体结合，从而使毒素或酶不能发挥毒性作用。

(2)细胞免疫的抗感染作用

①对病毒及其感染细胞的杀灭作用。许多病毒特别是有囊膜病毒在离开感染细胞的同时，往往引起感染细胞表面出现新的抗原。带抗原的感染细胞必然激发机体免疫应答，并最终被排斥或清除。在该过程中细胞免疫起主要作用。一方面 T_C 细胞能特异地杀死病毒或裂解感染细胞，另一方面细胞因子直接破坏病毒或抑制病毒复制，有的可显著增强巨噬细胞、NK 细胞对病毒及其感染细胞的吞噬能力。

②对细胞内寄生菌的杀灭作用。兽医上重要的胞内寄生菌有布鲁氏菌、结核杆菌、李氏杆菌和马鼻疽杆菌等。胞内寄生菌虽可被巨噬细胞吞噬，但不被破坏，甚至能在细胞内有限繁殖。由于抗体等体液因子不能进入细胞内起作用，所以体液免疫应答对胞内寄生菌的作用不大。也未发现 T_C 细胞对胞内寄生菌有杀灭作用，但已证明活化的巨噬细胞能杀灭胞内寄生菌。因为只有细胞因子才能激活巨噬细胞，所以对胞内寄生菌杀灭作用是以细胞免疫为前提。

③活化的巨噬细胞对胞内寄生菌的吞噬破坏作用是非特异性的，即能杀灭、破坏多种通常对巨噬细胞有抵抗能力的细菌。例如受李氏杆菌感染而康复的动物，对结核病的抵抗能力显著增强。值得注意的是，灭活菌苗对胞内寄生菌不能引起足够的保护性免疫，而活菌苗常能激发机体产生保护性免疫。

(四)生物制品

根据生物制品的性质和作用，概括地将其分为疫苗、免疫血清及诊断液 3 种类型。

1.疫苗

疫苗是指病原微生物、寄生虫及其组分或代谢产物制成并用于人工自动免疫的生物制品。通过疫苗的动物接种，刺激了机体产生免疫应答，从而抵抗特定病原微生物或寄生虫的感染，达到了预防疾病的目的。

(1)活疫苗　简称活苗，有强毒苗、弱毒苗和异源苗 3 种。

强毒苗是应用最早的疫苗种类，如我国古代民间预防天花所使用的痂皮粉末就含有强毒。使用强毒进行免疫有较大危险，免疫过程就是散毒的过程，所以在现在的生产中应严格禁止。

弱毒苗是目前使用最广泛的疫苗。在一定条件下，使病原微生物毒力减弱，但仍保持良好的免疫原性或筛选自然弱毒株，扩大培养后制成的疫苗为弱毒疫苗。如鸡新城疫Ⅱ系、Ⅳ系弱毒苗。弱毒苗的优点是能在动物体内有一定程度的增殖,免疫剂量小,免疫保护期长,不需要使用佐剂,应用成本低。缺点是有散毒的可能或有一定组织反应,难以制成联苗,运输保存条件要求高,现多制成冻干苗。

异源苗是用具有共同保护性抗原的不同种病毒制成的疫苗。例如用火鸡疱疹病毒(HVT)预防鸡马立克氏病,用鸽痘病毒疫苗预防鸡痘等。

(2)灭活疫苗　简称死苗。是选用免疫原性强的病原微生物经人工培养后用理化方法将其灭活制成的疫苗。如鸡传染性法氏囊病油乳剂灭活苗。灭活苗的优点是研制周期短,使用安全,易于保存和运输,容易制成联苗或多价苗;缺点是不能在动物体内增殖,使用剂量大,免疫保护期短,通常需加佐剂以增强免疫效果,常需多次免疫,且只能注射免疫。

(3)代谢产物疫苗　是利用细菌的代谢产物如毒素、酶等制成的疫苗。破伤风毒素、白喉毒素、肉毒毒素经甲醛灭活后制成的类毒素有良好的免疫原性,可作为主动免疫制剂,如预防破伤风用的破伤风类毒素就是成功的例子。另外,致病性大肠杆菌肠毒素、多杀性巴氏杆菌的攻击素和链球菌的扩散因子等都可用做代谢产物疫苗。

(4)亚单位疫苗　是将病毒的衣壳蛋白与核酸分开,除去核酸用提纯的蛋白质衣壳制成的疫苗。此类苗仅含有病毒的抗原成分,无核酸,因而无不良反应,使用安全,效果较好。如猪口蹄疫、伪狂犬病、狂犬病等亚单位疫苗均已有成功的试验报道。亚单位疫苗的不足之处是制备困难,价格昂贵。降低成本是推广的关键。

(5)联苗与多价苗　联苗是指不同种微生物或其代谢产物组成的疫苗,如鸡新城疫-鼻炎-传染性支气管炎灭活苗;多价苗则是指同种微生物不同型或株所制成的疫苗。联苗和多价苗的应用可简化接种程序,减少接种动物应激反应的次数,因而对畜牧生产有利。通常的使用原则是不加重接种副作用,不发生免疫干扰现象并且能提高各疫苗制剂或其中之一的免疫效果。

(6)寄生虫疫苗　由于寄生虫大多有复杂的生活史,其虫体抗原极其复杂并具有高度多变性,因而至今仍无理想的寄生虫疫苗。多数研究者认为,只有活的虫体才能诱发机体产生保护性免疫。目前已应用并收到良好免疫效果的疫苗有犬钩虫疫苗及抗球虫苗等,随后又相继出现了旋毛虫虫体组织佐剂苗、猪全囊虫匀浆苗、弓形虫佐剂苗和伊氏锥虫致弱苗等。

(7)生物技术疫苗　是利用生物技术制备的分子水平的疫苗,包括基因工程亚单位疫苗、合成肽疫苗、抗独特型疫苗、基因工程活疫苗以及DNA疫苗。

①基因工程亚单位疫苗。是指用DNA重组技术,将编码病原微生物保护性抗原的基因导入受体菌(如大肠杆菌)或细胞,使其在受体细胞中高效表达,分泌保护性抗原肽链。提取保护性抗原肽链,加入佐剂制成的疫苗。预防仔猪和犊牛下痢的大肠杆菌菌毛基因工程疫苗即是一个成功的例子。

②合成肽疫苗。是指用化学合成法人工合成病原微生物的保护性多肽,并将其连接到大分子载体上,再加入佐剂制成的疫苗。其优点是可在同一载体上连接多种保护性肽链或多个血清型的保护性抗原肽链,因而只需一次免疫就可预防几种传染病或几个血清型。合成肽疫苗的不足之处是只具有线性构型,免疫原性较弱。

③抗独特型疫苗。是免疫调节网络学说发展到新阶段的产物。抗独特型抗体可以模拟抗原物质,刺激机体产生与抗原特异性抗体具有同等免疫效应的抗体,由此制成的疫苗称为抗独特型疫苗或内影像疫苗。抗独特型疫苗不仅能诱导体液免疫,亦能诱导细胞免疫,并不受MHC的限制;具有广谱性,即针对发生抗原性变异的病原亦能提供良好的保护力。但制备不

易，成本较高。

④DNA 疫苗。是一种最新分子水平的生物技术疫苗，将编码保护性抗原的基因与能在真核细胞中表达的载体重组，重组的 DNA 可直接注射(接种)到动物(如小鼠)体内，刺激机体产生体液免疫和细胞免疫。

⑤基因工程活疫苗。包括基因缺失苗、重组活载体疫苗及非复制性疫苗 3 类。

a. 基因缺失疫苗。是用基因工程技术将毒株毒力相关基因切除构建的疫苗。该苗安全性好，不易返祖。其免疫接种与强毒感染相似，机体可对病毒的多种抗原产生免疫应答，免疫力坚实，尤其适于局部接种，诱导产生黏膜免疫力，因而是较理想的疫苗。目前已有多种基因缺失苗问世，如将霍乱弧菌 A 亚基基因中切除的 94%A_1 基因缺失变异株，获得无毒活菌苗。另外，将某些疱疹病毒的 *TK* 基因切除，其毒力下降，但不影响病毒复制及其免疫原性，从而成为良好的基因缺失苗。猪伪狂犬病基因缺失苗已商品化并普遍使用。

b. 重组活载体疫苗。是用基因工程技术将保护性抗原基因(目的基因)转移到载体中使之表达。痘病毒、腺病毒和疱疹病毒等都可用做载体，痘病毒的 *TK* 基因可插入大量的外源基因，大约能容纳 25 kb，而大多数目的基因均在 2 kb 左右，因此可在 *TK* 基因中插入多种病原的保护性抗原基因，制成多价苗或联苗。国外已研制出以腺病毒为载体的乙肝疫苗，以疱疹病毒为载体的新城疫疫苗。

c. 非复制性疫苗。又称为活-死苗。与重组活载体疫苗类似，但载体病毒接种后只产生顿挫感染，不能完成复制过程，无排毒的隐患，同时又可表达目的抗原，产生有效的免疫保护。如以金丝猴痘病毒为载体，表达新城疫病毒 HF 基因，可用于预防鸡新城疫。

2. 免疫血清

用于人工被动免疫的制剂称为免疫血清，根据抗原种类不同，可分康复血清、免疫血清和抗毒素 3 种。

(1)康复血清　是利用患传染病自然康复的动物，在康复后一定的时期，采血分离血清而得的。如鸡新城疫、口蹄疫等均可利用康复血清做紧急预防用。由于康复血清中抗体含量较少，需用较大剂量才能有效。

(2)免疫血清　是人工使动物高度免疫后所制成的血清。如抗猪瘟血清、抗炭疽血清、抗小鹅瘟血清等。

(3)抗毒素　是用类毒素和毒素反复免疫动物后制成的免疫血清，常用的有破伤风抗毒素、肉毒抗毒素等。

免疫血清的优点是注射后能立即生效，缺点是免疫时间短，一般仅能维持 2～3 周。免疫血清的被动免疫时间常因血清来源不同而异，如同源血清的半衰期为 3 周，即注射后 3 周抗体剩余 1/2，6 周为 1/4；异源血清清除很快，仅为 2 周左右。

3. 诊断液

诊断液主要用于免疫诊断，可分为诊断抗原和诊断血清 2 类。诊断抗原常用的有布鲁氏菌凝集反应抗原、鸡白痢全血玻板凝集抗原、鸡霉形体抗原、鸡滑液囊霉形体抗原、鸡马立克抗原、鸡传染性法氏囊病琼扩抗原、马鼻疽补体结合抗原等；诊断血清常用的有炭疽沉淀素血清、沙门氏菌因子血清、布鲁氏菌阳性血清、鸡白痢阳性血清、鸡霉形体阳性血清、鸡滑液囊霉形体阳性血清、鸡马立克阳性血清、鸡传染性法氏囊病阳性血清以及现已商品化的荧光抗体和酶标抗体等。

生物制品作为一类特殊的制品,其生产环节和质量检验必须按照严格的法规、程序和标准进行。只有这样,才能保证其对动物疾病防治和诊断的可靠性与准确性,以及对人畜和环境的安全性。生物制品种类繁多,生产中用量较大的主要有疫苗和免疫血清(包括卵黄抗体)两大类。

4.疫苗的制备

(1)菌种、毒种的一般要求

菌种、毒种是国家的重要生物资源,世界各国均为此设置了专业性保藏机构。用于疫苗生产的菌种和毒种应该符合以下要求。

①背景资料完整。我国《兽医生物制品制造及检验规程》规定,经研究单位大量研究选出,并用于生产的现有菌种、毒种均由中国兽药监察所或中国兽药监察所委托分管单位负责供应,而且其分离地、分离纯化时间等背景资料必须记录完整。

②生物学特性典型。指形态、生化、培养、免疫学特性以及对动物的致病性和引起细胞病变等特征均应符合标准。同时,用于制苗的菌种和毒种的血清型必须清楚。

③遗传性状稳定。菌种、毒种在保存、传代和使用过程中,因受各种因素影响容易变异,因此,菌种和毒种遗传性状必须稳定。

(2)菌种、毒种的鉴定与保存

①菌种、毒种的鉴定。在疫苗生产之前,须鉴定所用菌(毒)种的毒力、免疫原性及稳定性,确定强毒菌(毒)种对本动物、实验动物或鸡胚的致死剂量,弱毒株的致死和不致死动物范围及接种的安全程度,通过强毒攻击免疫后动物,确定制造疫苗所用菌(毒)种的免疫原性;对制造弱毒活苗菌(毒)种需反复传代和接种易感动物,以检查其毒力是否异常增强。

②菌种、毒种的保存。为了保持稳定性,最好采用冷冻真空干燥法保存菌种和毒种。冻干的细菌、病毒分别保存于4℃和-20℃以下,液氮是长期保存菌种、毒种的理想介质。

(3)灭活、灭活剂与佐剂　灭活是指破坏微生物的生物学特性,如病原微生物的繁殖能力及致病性,但尽可能避免影响其免疫原性或破坏血清中补体活性的过程。灭活的方法有物理(如加热)和化学方法2种,但疫苗生产上主要采用化学法灭活。

①灭活与灭活剂。用来进行灭活的试剂称为灭活剂,如甲醛、苯酚、结晶紫及烷化剂等,其中甲醛应用最为广泛,其灭活作用是其醛基能够破坏微生物蛋白质和核酸的基本结构,导致细菌死亡。

灭活的效果与温度、pH、微生物的种类和含氮量、灭活剂的特异性及浓度以及是否存在有机物等因素有关。通常高温与碱性环境能加速灭活但易破坏抗原性,而含氮量较高及有机物的存在会消耗部分灭活剂,使灭活速度减慢。

②佐剂。单独使用一般无免疫原性,而与抗原物质结合后能增强抗原物质的免疫原性和机体的免疫应答,或改变机体免疫应答类型的物质称为佐剂。佐剂通过增加抗原分子的表面积,提高抗原的免疫原性,延长抗原在体内的存留时间和增强机体特异性及非特异性免疫反应等方式发挥作用,是免疫增强剂的一种类型。

佐剂必须是无毒、无致癌性及其他明显的副作用和易于吸收、吸附力强的化学纯物质;佐剂疫苗经1～2年保存应不致引起不良反应,效力无明显改变。

佐剂可简单地分为储存型和非储存型2种(表3-3)。前者常与抗原混合成悬浊状态,使抗原在注射局部存留时间延长,通过抗原的缓慢释放,持续刺激机体的免疫系统;后者不同抗原混合，两者在相互隔开的部位分别注射也可产生免疫效果。氢氧化铝和白油-Span 佐剂是应用最为广泛的储存性佐剂。

氢氧化铝胶，又称为铝胶，是常用佐剂之一，既有良好的吸附性，又能浓缩抗原，减少注苗剂量；铝胶成本低，使用方便，且基本无毒，因而是动物疫苗的常用佐剂。我国目前在生产猪瘟-猪丹毒-猪肺疫三联苗及单价猪肺疫疫苗时，其中的猪肺疫疫苗用铝胶稀释比用生理盐水稀释免疫效果更好。但铝胶亦有不足之处，如易引起轻度局部反应、冷冻后易变性、不引起明显的细胞免疫、可能对动物神经系统有影响等。

表 3-3　常见各类佐剂

类型		佐剂
储存型佐剂	不溶性胶体	$Al(OH)_3$，$AlPO_4$，$KAl(SO_4)_2 \cdot 12H_2O$，$Ca_3(PO_4)_2$，炭末等
	油乳剂	弗氏完全佐剂，弗氏不完全佐剂，Span 白油佐剂等
非储存型佐剂	生物佐剂	分枝杆菌、卡介苗、乳酸菌类，短小棒状杆菌，葡萄球菌，链球菌，百日咳杆菌，布鲁氏菌，细菌脂多糖，酵母多糖，1L-1，1L-2 等
	非生物佐剂（表面活性剂胺及其类似物核酸及其类似物药物及其他）	吐温-80，溶血卵磷脂类似物，溴化十八烷基三甲铵等癸胺，癸胍等 DNA，RNA，低核苷酸，多聚核苷酸，cAMP 等左旋咪唑，蜂胶等

白油-Span 佐剂是当前的主要油乳佐剂，该佐剂用轻质矿物油，即白油作为油相，Span-80 或 Span-85 及吐温-80(Tween-80)作为乳化剂。配制时可将白油与 Span-80 按 94∶6 比例混合，再加总重量 2%的硬脂酸铝溶化混匀后，116℃高压灭菌 30 min 即为油相，将以抗原溶液和吐温-80 按 96∶4 比例混合作为水相，再将油相和水相按 1∶1 比例充分混匀，达到完全均质化即可。有研究证明，同时含油相和水相乳化剂的疫苗比仅含油相的疫苗免疫效果好，在 37℃体温条件下更稳定，黏度也较低。

(4)细菌性灭活苗的制备

①种子培养。选取 1～3 个品系毒力强、免疫原性好的菌株（由中监所提供），按规定定期复壮和鉴定，将合格菌种增殖培养并经纯粹检查、活菌计数达到标准后作为种子液。种子液保存于 2～4℃冷暗处，不得超过规程规定的使用期限。

②菌液培养。可选用固体表面培养、液体静置培养、液体深层通气培养和连续培养法等。一般固体培养易获得高浓度细菌悬液，含培养基成分少，但生产量较小，因此大量生产疫苗时常用液体培养法。

③灭活与浓缩。根据细菌的特性选用最有效的灭活剂和最适当的灭活条件灭活，如猪丹毒氢氧化铝苗可加入 0.2%～0.5%甲醛溶液，37℃灭活 18～24 h。此外，为提高某些灭活苗的免疫力，常采用离心沉降或氢氧化铝吸附沉淀等方法使菌液浓缩 1 倍以上。

④配苗与分装。配苗即按比例加入佐剂。可根据具体情况在灭活同时或之后进行。配苗及分装时都必须充分混匀，即时加塞、贴签或印字。

上述制备过程都必须在无菌条件下按照无菌操作进行。

(5)细菌性活疫苗的制备

①种子液及菌液培养。选择经检验合格的弱毒菌种增殖培养制备种子液，种子液在 0～4℃可保存 1 个月。按 1%～3%的量将种子液接种于培养基上，依不同菌苗的要求制备菌液，

如猪丹毒弱毒苗在深层通气培养中须加入适当植物油作为消泡剂和通入过滤除菌的热空气。菌液于0～4℃的阴暗处保存，经抽样纯检、活菌计数合格后使用。

②浓缩、配苗与冻干。利用吸附剂吸附沉降和离心沉降等方法浓缩菌液可以提高单位活菌数，增强疫苗的免疫效果。浓缩菌液应抽样做纯检及活菌计数。

将检验合格的菌液按比例加入冻干保护剂(如5%蔗糖脱脂乳)配苗，充分摇匀后立即分装。随后将菌苗迅速放入冻干柜预冻和真空干燥，并立即加塞、抽空、封口，移入冷库保存后由质检部门抽样检验(图3-14)。

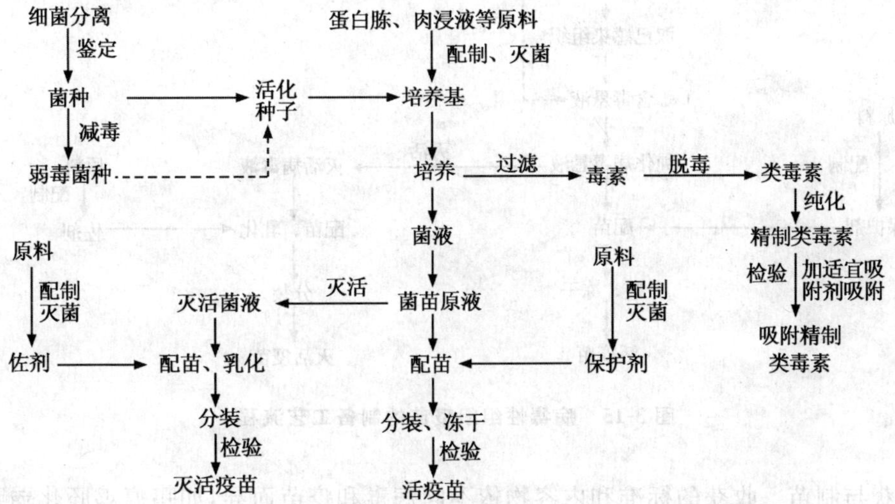

图3-14 细菌性活疫苗的制备工艺流程

(6)病毒性组织疫苗的制备

①种毒与接种。种毒既可用抗原性优良、致死力强的自然毒株脏器组织毒或强毒株的增殖培养物，也可用弱毒株组织毒种，但都必须经纯检及免疫原性检验合格后使用。被接种的动物应该是清洁级(二级)以上且对种毒易感性高的动物，接种途径可依目的和病毒性质分别选用脑内注射、静脉注射、肌内注射、皮下注射与腹腔注射等，如狂犬病疫苗是用兔脑毒种接种绵羊脑内途径获得。此外，动物在接种感染后应每天观察和检查规定的各项指标，如精神、食欲和体温等。

②收获与制苗。根据观察和检查结果选出符合要求的发病动物按规定方式剖杀，收集含毒量高的组织器官，如兔出血症组织灭活苗采集病兔肝脏后生产。

弱毒苗需用无菌手段剔除脏器上脂肪与结缔组织，称重后剪碎并加适量保护剂制成匀浆，过滤和合理稀释后加余量保护剂及青霉素、链霉素500～1 000 IU，充分摇匀并置0～4℃的冷暗处处理后再做纯检与毒价测定，合格者进行分装和冻干。

组织灭活苗可收获组织经纯检和毒价测定，合格者按比例加平衡液和灭活剂制成匀浆后灭活与制苗(图3-15)。

(7)病毒性禽胚苗的制备

①种毒与接毒。迄今，痘病毒和正黏病毒等一些疫苗仍利用禽胚，特别是鸡胚制备。目前适应于鸡胚的种毒多系弱毒且为冻干毒种，使用前需在鸡胚上继代复壮3代以上和检验合格

后方可用于生产。用于接毒的鸡胚必须来自SPF(无特定病原动物)鸡群或未用抗生素的非免疫鸡群,以免除母源抗体及残留抗生素的影响。一般选用一定日龄和发育正常的鸡胚接毒培养。

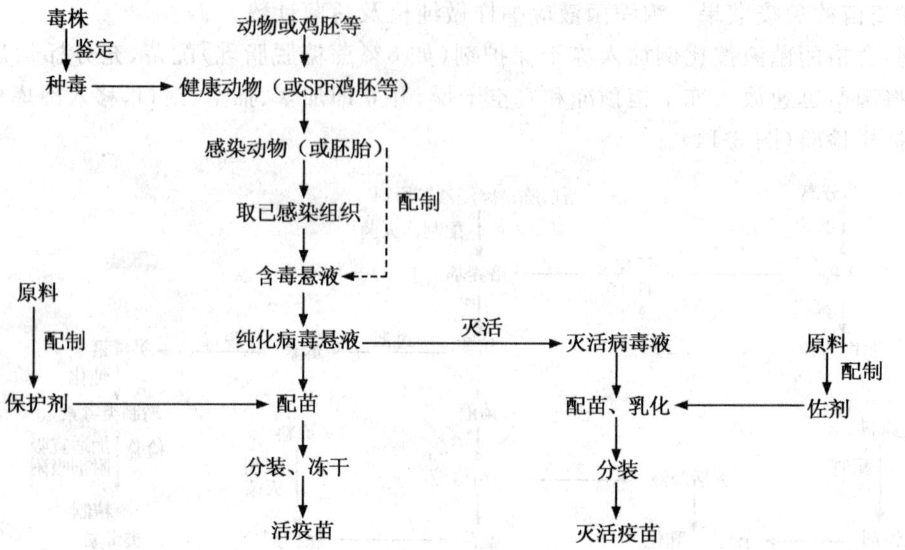

图 3-15　病毒性组织疫苗的制备工艺流程

②收获与制苗。收获的标准和内容物依不同病毒和疫苗而异,如鸭瘟鸡胚化弱毒苗收集接毒后 48～120 h 内死亡的鸡胚,冷却后取绒毛尿囊膜、尿囊液及胎儿作冻干苗用,经纯检合格的收集液按比例加入抗菌素后,方可用于制造湿苗或冻干苗。

(8)病毒性细胞疫苗的制备

①营养液与细胞。营养液又称为培养液,包括细胞培养生长液与病毒增殖维持液,二者的区别仅在于生长液中含5%～10%的血清,比后者(2%～5%)高出1倍以上。常用的营养液有 MEM、DMEM 及 EMEM 等。制备疫苗用细胞通常有原代细胞、二倍体细胞和传代细胞系,一般选用来源方便、生命力强及病毒适应性强的细胞,制成单层进行静止培养或转瓶培养,如鸡胚成纤维细胞(生产鸡新城疫Ⅰ系苗)、地鼠肾细胞(BHK_{21}细胞)以及非洲绿猴肾细胞(Vero 细胞)等。

②接毒、收获和制苗。领取的种毒应按规定在细胞继代培养适应后用作毒种,制苗用毒种需控制在一定代数以内、病毒接种有同步与异步之分,前者在细胞分装同时或不久即接毒培养,如细小病毒;后者在细胞形成单层后再接毒,如猪水疱病毒弱毒细胞苗,通常在细胞形成单层后倾去培养液,按1%～2%的量接毒,并使之吸附后加入维持液继续培养,待出现70%～85%以上细胞病变时即可收获。

收毒的时间和方法依疫苗性质而定,有的将培养瓶冻融数次后收集,或者加入 EDTA-胰蛋白酶液消化分散后收取。收获的细胞毒经纯检和毒价测定合格后即可按常规方法配制灭活苗或冻干苗。

(9)成品检验　成品检验是把握疫苗质量关的最后一道环节,一般由监察室在接到检验通知书后执行。按规定需对产品随机抽样,分别用于成品检验和留样保存。国内要求灭活苗在

500 L以下、500～1 000 L以及10 000 L以上者，分别每批抽样5瓶、10瓶和15瓶；冻干苗每批5瓶。抽样后必须在规定期限内进行检验和出示结论。

①纯粹检验及活菌计数。

a. 纯粹检验(无菌检验)。活菌苗及灭活苗灭活之前都必须做纯粹检验，不得混有杂菌。凡含有防腐剂、灭活剂或抗生素的疫苗均需用小瓶或大管培养基稀释后再移植培养。通常选择最适宜于各种易污染菌(需氧或厌氧菌)生长，但对活菌苗细菌不适宜的培养基。如马丁肉汤琼脂斜面、普通琼脂斜面、血琼脂斜面及厌气肉肝汤培养基和改良沙氏培养基等，分别接种被检物0.2 mL于50～100 mL培养基中。除改良沙氏培养基置20～30℃外，其余均置37℃培养3～10 d(视不同产品要求而定)，观察有无杂菌生长或按要求再做移植培养后判定结果。

灭活苗培养应无细菌生长，弱毒活苗应无杂菌生长。某些组织苗(如鸡新城疫鸡胚组织苗)按规程允许存在一定数量非病原性杂苗，如经纯检证明含污染菌，则必须进行污染菌病原性鉴定及杂菌计数后再做结论。

b. 活菌计数。弱毒活菌苗需通过活菌计数来计算头份数和保证免疫效果。通常用适量稀释的疫苗均匀接种于最适平板培养基，置37℃培养24～48 h后计数，以3瓶样品中最低菌数者确定每批菌苗的使用头份。

②安全与效力检验。

a. 安全检验。安全性是疫苗的首要条件，它主要包括外源性细菌污染、灭活或脱毒状况以及残余毒力检验等内容。用于疫苗安全检验的动物多属普通级或清洁级，且敏感性高，符合一定的品种或品系、年龄、体重等规定，如猪丹毒菌以鸽和10日龄小鼠最敏感。除禽类疫苗可用本动物外，其他多可用小型实验动物进行安全检验。

安全检验疫苗剂量常用免疫剂量的5～10倍以上，以确保疫苗使用的安全性。凡规定要用多种动物做安全检验的产品，应以全部动物符合安全指标为合格；用小动物检验不合格的产品若按规定可用同源动物重检时，如同源动物仍不合格，则不能再用小动物重检。在安全检验期内如出现非本疫苗所致症状及病变或难以得出结论时，可做重检或用加倍动物重检。只有安全检验合格的疫苗方可出具证明，允许出厂。

b. 效力检验。主要包括免疫原性、免疫产生期与持续期的检验。菌(毒)种的免疫原性决定疫苗的免疫力，但在生产过程中如处理不当，会使其免疫原性受到影响，从而影响疫苗的免疫效果。此外，通常抗原性强的疫苗株对同源动物的免疫力产生较早，而且免疫保护期长。

任何疫苗免疫动物时均需一定的抗原量，即最小免疫量，通常以半数保护量(PD_{50})或半数免疫量(IMD_{50})表示。测定时，细菌或病毒的量应以菌落单位(CFU)或空斑单位(PFU)作为疫苗分装的剂量单位，而不是以稀释度为标准，如马立克氏病火鸡疱疹病毒疫苗以1 500 PFU作为一个最小免疫量。

疫苗的效力检验可采用活菌计数、病毒量滴定或血清学试验等多种方法。但最常用的仍是动物保护试验，即体内中和试验。设立对照动物，用疫苗对敏感实验动物或同源动物实行定量或变量免疫，一定时间后用强毒攻击，如对照组动物死亡而免疫组动物受保护且符合规定要求，表明疫苗效力合格；也可通过检测免疫动物血清中特异性抗体效价来检验疫苗的效力。

③其他检验。

a. 物理性状检验。各种液体疫苗均有其规定的外在和内在物理性状标准。凡含有异物、凝块、霉团或变色、变质者均应剔除；装量不准、封口不严、外观不洁及标签不符者均应废弃。

灭活的铝胶苗静置时上部为黄棕色、黄褐色、粉红色或褐色透明液体，下部为铝胶沉淀，振摇后为均匀的混悬液。冻干苗应为海绵状疏松物，呈微白色、微黄色或微红色，无异物和干缩现象，安瓿口无裂缝及碳化物，常温下加水后应在 5 min 内完全溶解成均匀一致的混悬液。

b. 真空度检查。冻干苗在入库保存时或出库前 2 个月均应做真空度检查，剔除无真空制品。不符合真空标准的不得重抽真空后出厂。目前多用高频火花真空测定器检查，凡瓶内出现蓝紫色、紫色或白色亮光者为合格。

c. 残余水分测定。冻干苗残余水分含量不得超过 4%，否则会严重影响疫苗的保存期和质量。每批疫苗随机抽取 4 瓶（每瓶冻干物不少于 0.3 g），用真空烘箱测定法或卡氏测定法测定其含水量。

(10)疫苗使用注意事项

①疫苗的质量要求。疫苗应购自国家批准的生物制品厂家。购买及使用前检查是否过期，并剔除破损、封口不严及物理性状（色泽、外观、透明度、有无异物等）与说明不符者。

②疫苗的保存和运输。供免疫接种的疫苗购买后，必须按规定的条件保存和运输，否则会使疫苗质量明显下降，影响免疫效果甚至会造成免疫失败。一般而言，灭活苗要保存于 2～15℃的阴暗环境中，非经冻干的活菌苗（湿苗）要保存于 4～8℃的冰箱中，灭活苗不应冻结保存。冻干的弱毒苗一般都要求低温冷冻于－15℃以下保存，且保存温度越低，疫苗病毒（或细菌）死亡越少。如猪瘟兔化弱毒冻干苗在－15℃可保存 1 年，0～8℃可保存 6 个月，25℃可保存约 10 d。有些国家的冻干苗因使用耐热保护剂而保存于 4～6℃。所有疫苗的保存温度均应保持稳定，温度高低波动大，尤其是反复冻融，疫苗病毒（或细菌）会迅速大量死亡。如马立克氏病疫苗有一种细胞结合型疫苗，必须于液氮罐中保存和运输，要求更为严格。

疫苗运输的理想温度应与保存的温度一致，在疫苗运输时通常都达不到理想的低温要求，因此，运输时间越长，疫苗中病毒（或细菌）的死亡率越高，如果中途转运多次影响就更大，生产中对此环节要引起注意。

③疫苗的稀释与及时使用。

器械的消毒：一切用于疫苗稀释的器具，包括注射器、针头及容器等，使用前必须洗涤干净，并经高压灭菌或煮沸消毒，不干净的和未经灭菌的用具，容易造成疫苗污染或将疫苗病毒（或细菌）杀死。注射器和针头尽量做到一头（只）换一个。绝不能一个针头从头打到尾。用清洁的针头吸药，使用完毕的疫苗瓶、剩余疫苗及给药用具一起消毒灭菌处理。

稀释剂的选择：必须选择符合要求的稀释剂稀释疫苗，除马立克氏病疫苗等个别疫苗要用专用稀释剂以外，一般用于滴鼻、滴眼、刺种、擦肛及注射的疫苗，可用灭菌生理盐水或灭菌蒸馏水作为稀释剂；饮水免疫时，稀释剂最好用蒸馏水或去离子水，也可用洁净的深井水，但不能用含消毒剂的自来水；气雾免疫时，稀释剂可用蒸馏水或去离子水，如果稀释水中含有盐类，雾滴喷出后，由于水分蒸发，盐类的浓度增高，亦会使疫苗病毒死亡。为了保护疫苗病毒，可在饮水或气雾稀释剂中加入 0.1%的脱脂奶粉或山梨糖醇。

稀释方法：稀释疫苗时，首先将疫苗瓶盖消毒，然后用注射器把少量稀释剂注入疫苗瓶中，充分摇动，使疫苗完全溶解后再加入其余量的稀释剂。如果疫苗瓶太小，不能装入全部的稀释剂，应把疫苗吸出置于一容器中，再用稀释剂把原疫苗瓶冲洗若干次，以便将全部疫苗病毒（或细菌）冲洗下来。

疫苗应于临用前才由冰箱内取出，稀释后应尽快使用。尤其是活毒疫苗稀释后，于高温条件下或被太阳光照射易死亡，时间越长，死亡越多。一般来说，马立克氏病疫苗应于稀释后1～2 h内用完，其他疫苗也应于2～4 h内用完，超过此时间的要灭菌后废弃，更不能隔天使用。

④制订合理的免疫程序。目前没有适用于各地区及各饲养场的固定免疫程序。由于影响免疫的因素很多，免疫程序应根据疫病在本地区的流行情况及规律、畜禽用途（种用、肉用或蛋用）、年龄、母源抗体水平和饲养条件以及疫苗的种类、性质、免疫途径等因素制订，不宜做统一规定。免疫程序应随情况变化而做适当调整，不存在普遍适用的最佳免疫程序。血清学抗体检测是重要的参考依据。

⑤疫苗型别与疫病型别的一致性。有些传染病病原有多种血清型，并且各血清型之间无交互免疫性，因此对于此类传染病的预防需要对型免疫或用多价苗，如口蹄疫、禽流感、鸡传染性支气管炎等的免疫。

⑥药物的干扰。使用活菌苗前后10 d不得使用抗生素及其他抗菌药；活菌苗和活病毒苗不能随意混合使用。

⑦防止不良反应的发生。免疫接种时，应注意被免疫动物的年龄、体质和特殊生理时期（如怀孕和产蛋期）。幼龄动物应选用毒力弱的疫苗免疫，如鸡新城疫的首次免疫用Ⅳ系而不用Ⅰ系；鸡传染性支气管炎首次免疫用H_{120}，而不用H_{52}。对体质弱或正患病的动物应暂缓接种。对怀孕母畜和产蛋期家禽使用弱毒疫苗，可导致胎儿的发育障碍和产蛋下降，因此，生产中应在母畜怀孕前、家禽产蛋前做好各种疫病的免疫工作，必要时，可选择灭活疫苗，以防引起流产和产蛋下降等不良后果。

免疫接种完毕，要将用过的用具及剩余疫苗高压灭菌。同时注意观察动物的状态与反应，有些疫苗使用后会出现短时间的轻微反应，如发热、局部淋巴结肿大等，属正常反应。如出现剧烈或长时间的不良反应，应及时治疗。

5.免疫血清的制备

(1)动物的选择与管理

①动物的选择。由于动物存在个体免疫应答能力的差异，用于制备抗血清的动物应为一个群体，达到一定数量。此外，还必须是选自非疫区，经过隔离观察和严格检疫后确认为健康的动物方可投入使用。

通常制备抗毒素用异种动物，一般选择体型较大、体质强健的青壮年动物为宜。如破伤风抗毒素多用青年马制备；抗病毒血清常用同种动物制备，如抗猪瘟血清用猪制备。总体来看，马和驴血清含量高且外观颜色较好，所以常用于免疫血清的制备。

②动物的管理。制备抗血清用动物应制订严格的管理制度，由专人负责饲养。经常喂以营养丰富及多汁的饲料、刷拭体表及每日给予4 h以上的运动。定期检查免疫及采血期间的动物体温和健康状况。

(2)免疫程序

①免疫原。构成免疫原的条件有异物性、结构复杂性和一定的物理性状。因此，球形分子较纤维形分子、颗粒性抗原较可溶性抗原的抗原性强。一般制备抗菌免疫血清用疫苗或死菌做基础免疫，而高度免疫选用毒力较强的毒株。选用最适生长的固体或液体培养基做常规培养，液体培养物应在生长菌数高峰期（对数期）收获。活菌抗原则常用16～18 h的新鲜培养液，经纯检无杂菌后方可用于免疫。抗病毒免疫血清的基础免疫可用弱毒，高度免疫常用血毒或脏器强毒，经无菌检验合格后作为抗原使用。

制备抗毒素血清的免疫原多用类毒素，也可根据需要使用毒素或全培养物等。

②免疫程序。一般分为基础免疫和高度免疫2个阶段，基础免疫是先用本病的灭活苗或活苗按预防剂量首免，约7 d或2～3周再用较大剂量抗原免疫1～3次。基础免疫通常1～3次即可，抗原无须过多过强，从而为高度免疫产生有效的回忆应答打下基础。高度免疫常在基础免疫后约2周开始，也有人认为至少应间隔1个月左右。注射抗原为强毒株、免疫剂量逐渐增加。每次注射间隔时间多为5～7 d，注射次数则视血清抗体效价1～10次不等。

注射途径常为皮下注射或肌内多部位注射法，每一注射点的抗原，特别是油佐剂抗原不宜过多。

(3)采血与抗血清提取

①采血。采血必须无菌操作。按程序完成免疫的动物，经检验血清效价符合标准时即可采血。效价低者须加强免疫，若多次免疫血清效价仍不合格者应将动物淘汰。一般血清抗体效价高峰在最后一次免疫后7～11 d，可采用全放血或循环注射后多次采血的方法。动物放血前应禁食，以防血脂过高，但需照常饮水。

②抗血清提取。一般不加抗凝剂。采血量较大时可直接采血于事先用灭菌生理盐水或PBS液湿润过的玻璃筒内，置室温自然凝固2～4 h，当有血清析出时在筒中加入灭菌不锈钢压砣，24 h后用虹吸法将血清吸入灭菌瓶中。也可将血液采入50 mL离心瓶内，在血液自然凝固后离心分离血清。血清加0.5%石炭酸或0.01%硫柳汞溶液防腐，放置数日后再做纯度检验和分装。

(4)免疫血清的检验

免疫血清检验的抽检比例同灭活苗。抽样后除了要做无菌检验外，还要按规定进行安全检验和效力检验。所有血清制品都应为微带乳光的橙黄色或茶色清亮液体，不应有摇不散的絮状沉淀和异物。若有沉淀时，稍加摇动即成轻度均匀浑浊。装量、封口、瓶签亦同时检查。

(5)免疫血清使用的注意事项　将免疫血清注于患病动物体内后可起到治疗作用。为了提高治疗效果，应用血清治疗时，应注意以下几点。

①早期使用。如抗毒素血清能中和外毒素的毒性作用，但此种作用仅限于未和组织细胞结合的外毒素，对于已经结合后产生的组织损害不起作用。因此，进行血清治疗越早越好，从而使毒素在未达到侵害部位之前就被中和而失去毒性。

②途径适当。注射途径以选择吸收较快者为宜。静脉吸收最快，但容易引起过敏性休克，因此应用时要注意预防。另外也可做皮下注射。

③合适用量。要根据动物的体重、年龄和使用目的确定血清用量，一般大动物预防用量为10～20 mL，中等动物5～10 mL，家禽预防用量0.5～1 mL，治疗用量2～3 mL。

④多次足量。应用免疫血清治疗虽然有收效快、疗效高的特点，但效力不持久，故必须多次足量注射方能收到好的效果。

⑤防止过敏。因免疫血清多用马或牛制备，马、牛血清对其他动物具有抗原性，易引起过敏反应，使用时要注意预防，最好用提纯制品。给大动物注射异种血清时，可采取脱敏疗法注射，必要时应准备好抢救措施。

(6)卵黄抗体的制备　目前，国内使用的疫苗还不能完全有效地控制某些鸡病流行，又无相应高免血清，因此，制备高免卵黄抗体进行防治常能收到较好的效果。

以鸡传染性法氏囊病(IBD)为例，制备卵黄抗体应选择健康产蛋鸡群，以免疫原性良好的油佐剂灭活苗对开产前或已开产的蛋鸡每只肌内注射 2 mL，7～10 d 后重复注射 1 次，再过 7～10 d 重复注射 1 次，疫苗剂量适度递增。第 3 次免疫后定期检测卵黄抗体水平，待琼扩效价达 1∶128 时开始收集高免蛋 4℃保存，琼扩效价降到 1∶64 时停止收蛋，高免蛋合格时间大约持续 1 个月。

将高免蛋用 0.5%新洁尔灭溶液浸泡或清洗消毒，再用酒精棉擦拭蛋壳后打开鸡蛋分离蛋黄。根据卵黄抗体琼扩效价水平加入生理盐水稀释，稀释后抗体效价不得低于 1∶(16～32)。加青霉素、链霉素各 1 000 IU(μg/mL)和 0.01%硫柳汞溶液，充分搅拌后分装于灭菌瓶内 4℃保存。每批均需进行效价测定、细菌培养和安全试验等。

(五)变态反应

1. 变态反应概述

变态反应又称为超敏反应，是机体受同一抗原物质再次刺激后引起的病理性免疫应答。表现为机体的生理机能紊乱和组织损伤，轻者出现局部反应，如支气管哮喘、过敏性鼻炎、荨麻疹等，重者能引起过敏性休克，甚至死亡。

(1)变应原　是指引起变态反应的抗原物质，又称为过敏原，可以是完全抗原，也可以是半抗原。完全抗原包括异种动物血清、异体组织细胞、植物细胞或花粉、微生物、寄生虫及其代谢产物、鱼粉和动物毛皮等；半抗原有青霉素、磺胺、奎宁等药物、染料、化学纤维、生漆和多糖等低分子物质，半抗原必须与机体内蛋白质结合成为完全抗原才能使动物致敏。此外，动物正常组织细胞受微生物感染、烧伤、电离辐射和理化因素影响而发生结构和成分改变后，也可以成为变应原；血型抗原也可引起变态反应。变应原可以通过呼吸道，消化道及皮肤黏膜等途径进入动物体内引起变态反应。

(2)机体反应性　动物接触同种变应原后，往往只有少数发生过敏。例如，同时进山伐木的人群中，只有少数出现生漆过敏症状，而大多数人安然无恙。表明变态反应的发生与机体的反应性密切相关。机体的反应性对Ⅰ型变态反应的影响最为突出。以人为例，青霉素对大多数人不引起过敏反应，只有不足 20%的人对其高度敏感而发生Ⅰ型变态反应。此种个体差异的动物称为过敏体质。不过，Ⅱ型和Ⅳ型变态反应的发生与过敏体质关系不大。

参与变态反应的体液因素有 IgE、IgM、IgG 等，介入的细胞有肥大细胞、嗜碱性粒细胞、致敏淋巴细胞、中性粒细胞、单核细胞、嗜酸性粒细胞等，以上细胞在变态反应中可以释放具有生物活性的物质，引起组织损伤或剧烈的全身反应。

2. 变态反应分类

变态反应的临床表现多种多样，通常根据免疫应答造成免疫损伤的机理将其分为 4 个类型：Ⅰ型即过敏反应型、Ⅱ型即细胞溶解型或细胞毒型、Ⅲ型即免疫复合物型、Ⅳ型即迟发型或 T 细胞介导型。

(1)Ⅰ型变态反应　此型变态反应与 IgE 有关，是临床上最常见的一种变态反应，如过敏性体质、支气管哮喘、疫苗(药物、饲料或花粉等)引起的过敏反应。特点是发生反应快、一般不破坏细胞、有遗传倾向、个体间的反应有明显差异。

机体初次接触变应原，在变应原的作用下产生大量 IgE。IgE 具有亲细胞性，其 Fc 段能吸附结合在组织的肥大细胞、血液中嗜碱性粒细胞细胞膜的 Fc 受体上，使机体对该变应原处于致敏状态，此致敏状态可维持半年至数年。当变应原再次进入致敏机体时，则与附着在肥大细胞与嗜碱性粒细胞表面上的 IgE 结合。2 个靠近的 IgE 分子与 1 个变应原呈搭桥状结合引起 IgE 的 Fc 段构型改变，从而改变靶细胞的稳定性，激活细胞内酶系统，促使细胞内嗜碱性颗粒和颗粒内的各种活性物质的释放，包括组织胺、缓慢反应物质及嗜酸性粒细胞趋化因子、5-羟色胺和过敏毒素等，变应原与 IgE 结合还能兴奋胆碱能神经，释放乙酰胆碱，从而引起毛细血管扩张、通透性增强、皮肤黏膜水肿、血压下降及支气管平滑肌痉挛等过敏反应，临床上可见腺体分泌增多、腹泻、腹痛、哮喘、荨麻疹等，严重时呼吸困难、血压下降和过敏性休克等(图 3-16)。

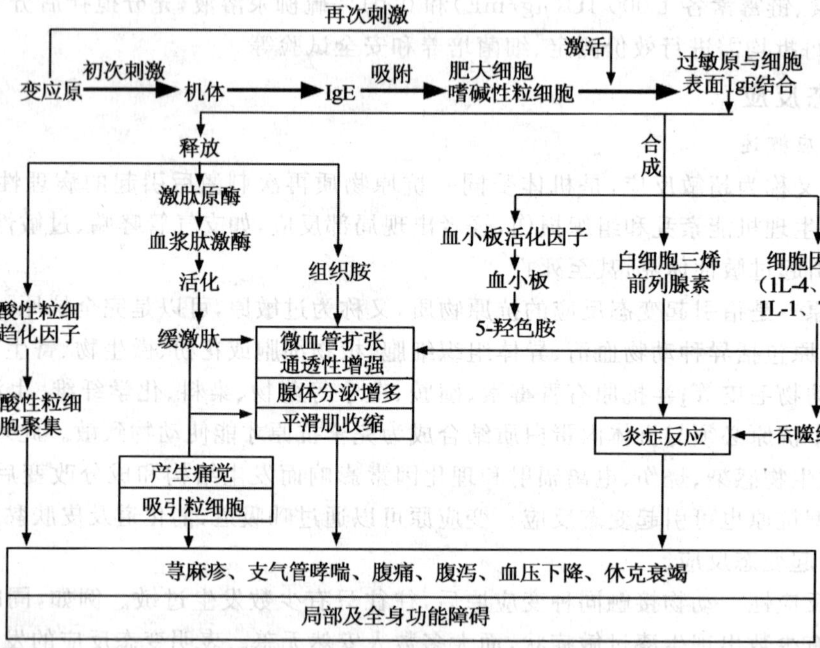

图 3-16　Ⅰ型变态反应发生机制

Ⅰ型变态反应的临床表现有：急性全身性过敏反应和局部变态反应性疾病。前者因动物不同，临床表现也不同，如当牛的受害器官是肺时，则引起病牛咳嗽，呼吸困难，虚脱。后者可由饲料引起，如猪对苜蓿、鱼粉过敏，还有疫苗注射后的过敏反应，有的动物对抗生素如青霉素过敏(发生荨麻疹)等。

(2)Ⅱ型变态反应　Ⅱ型变态反应表现为细胞的溶解或破坏，故称为细胞溶解反应或细胞毒型变态反应。引起Ⅱ型变态反应的变应原可以是细胞本身细胞膜抗原，如红细胞的血型抗原，也可以是吸附到细胞上的抗原，如药物半抗原、荚膜多糖、细菌内毒素脂多糖等，当上述变应原进入机体后，通过不同途径使正常细胞表面带有新的抗原标记即成为靶细胞。Ⅱ型变态反应的发生是由变应原与抗体在靶细胞表面结合而发生的。

变应原能刺激机体产生 IgE 或 IgM，抗体能与靶细胞表面抗原，或靶细胞吸附的表面半抗原结合，或当变应原再次进入机体后，变应原与抗体特异结合，形成抗原-抗体复合物并吸附于靶细胞表面，以后通过 3 条途径使细胞溶解：激活补体系统，引起靶细胞溶解；促进吞噬细胞对靶细胞的吞噬和破坏；K 细胞的杀伤作用，K 细胞表面的 Fc 受体与靶细胞表面抗体的 Fc 段结合，活化 K 细胞破坏并杀死靶细胞(图 3-17)。

Ⅱ型变态反应见于血型不相合的输血、初生幼畜溶血性疾病、青霉素及奎宁等药物引起的溶血性贫血等。

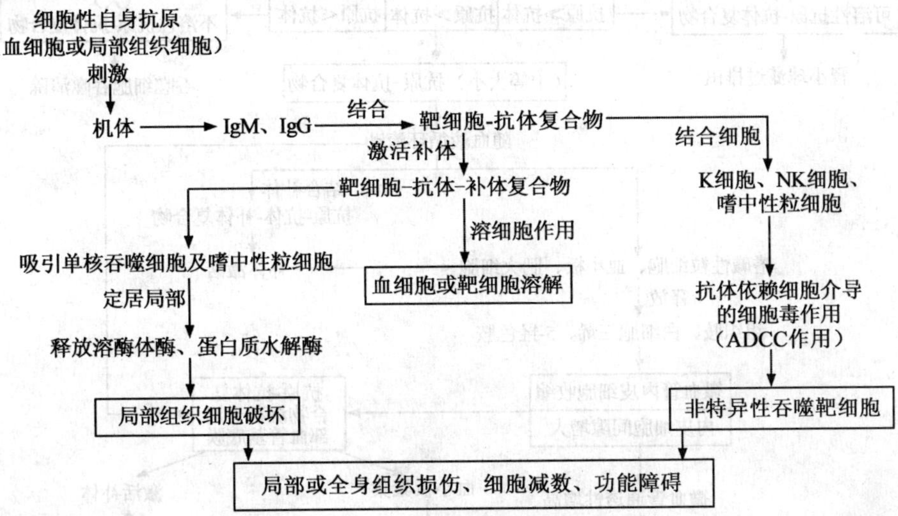

图 3-17　Ⅱ型变态反应发生机制

(3)Ⅲ型变态反应　此型变态反应是由抗原与抗体形成免疫复合物引起的，所以又称为免疫复合物反应。在正常机体内，免疫复合物的形成可以加速对抗原物质的清除，但不一定发生变态反应。只有在某些特定条件下，如形成的免疫复合物不易被清除，可在局部沉积，激活补体，吸引中性粒细胞集聚，从而引起一系列组织损伤。参与Ⅲ型变态的抗体是 IgG 或 IgM、IgA。

抗原抗体结合时，免疫复合物颗粒大小与抗原、抗体两者的比例、性质及抗体的亲和力等密切相关。当抗原与抗体的比例合适时，常形成较大、不溶性、易沉淀的复合物，容易被吞噬细胞吞噬、清除并排出体外；当抗原量大大超过抗体量时，则形成细小的可溶性复合物，容易通过肾小球滤过，随尿液排出体外。以上 2 种情况对机体均无不利影响。只有当抗原量稍微超过抗体量时，形成中等大小的可溶性复合物，既不易被吞噬细胞清除，又不能通过肾小球滤过排出体外，而随血流在肾小球、关节、皮肤等处沉积并发生免疫复合物反应。

肾小球、关节、皮肤等处微血管因血管腔小，迂回曲折，血流缓慢，免疫复合物易被内皮细胞截留。由于免疫复合物激活血小板释放组织胺，增加血管通透性，导致免疫复合物可穿过血管壁沉积于血管壁基底膜上并激活补体系统引起细胞、组织溶解破坏，引起中性粒细胞、单核吞噬细胞到局部吞噬复合物。由于死亡白细胞释放溶酶体酶，损伤血管及邻近组织而引起血管炎、局部水肿、炎性渗出、出血、坏死等免疫损伤。在此过程中，若抗原不再继续存在，炎症损伤将逐步恢复而痊愈；若抗原继续存在，免疫复合物不断形成，则损伤可继续发生或加剧(图 3-18)。

全身性Ⅲ型变态反应如急性血清病，由初次大量接受异种血清后引起，马传染性贫血、犬瘟热等，可能发生肾小球性肾炎为特征的Ⅲ型变态反应。局部性Ⅲ型变态反应，如牛过敏性肺炎，舍饲牛冬季饲喂干草，干草在贮藏过程中因受潮发霉，一些极小的孢子(直径 1 μm)吸入后导致间质性肺炎。

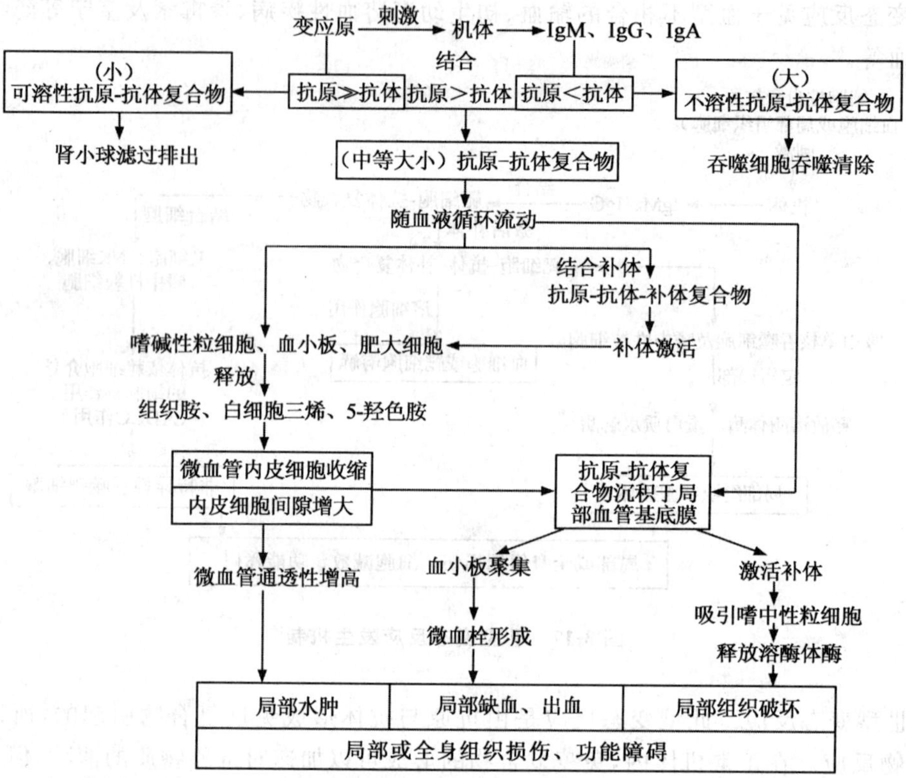

图 3-18　Ⅲ型变态反应发生机制

(4)Ⅳ型变态反应　与上述 3 型变态反应不同,本型变态反应与体液中抗体无关,而是一种细胞免疫的局部反应,并且反应的出现迟于以上 3 型变态反应,故又称迟发型变态反应或 T 细胞介导变态反应。

引起Ⅳ型变态反应的变应原可以是异种蛋白或是以蛋白质为载体结合的半抗原复合物。当机体受到某种变应原刺激时,使淋巴细胞母细胞化,进一步分化成效应性淋巴细胞,使机体致敏,当机体再次接触同一变应原时,效应性淋巴细胞释放多种细胞因子引起变态反应,如淋巴毒素、杀伤性淋巴细胞均能直接杀伤靶细胞(图 3-19)。

临床常见的Ⅳ型变态反应有传染性变态反应、组织移植排斥反应及接触性皮炎等。

结核分枝杆菌、布鲁氏菌、鼻疽杆菌等细胞内寄生菌,在传染过程中,能引起以细胞免疫为主的Ⅳ型变态反应。此种变态反应是以病原微生物或其代谢产物作为变应原,在传染过程中发生的,因此称为传染性变态反应。临床上常利用传染性变态反应来诊断细胞内寄生菌引起的慢性传染病,如利用结核菌素给牛点眼的同时颈部皮内注射,然后根据局部炎症情况判定牛是否感染结核病,从而进行结核病的检疫。结核菌素试验阳性者,表明该动物已感染过结核分枝杆菌,发生了传染性变态反应。利用鼻疽菌素进行鼻疽病的检疫原理也是如此。

接触性皮炎是一种经皮肤致敏的迟发型变态反应。致敏原通常是药物、油漆染料、某些农药和塑料等小分子半抗原,可与表皮细胞内的胶原蛋白和角质蛋白等结合形成完全抗原,致使 T 细胞致敏。当机体再次接触同一变应原后,24 h 即可发生皮肤炎症反应,48～96 h 达高峰,表现出局部红肿、硬节和水疱,严重者可发生剥脱性皮炎。

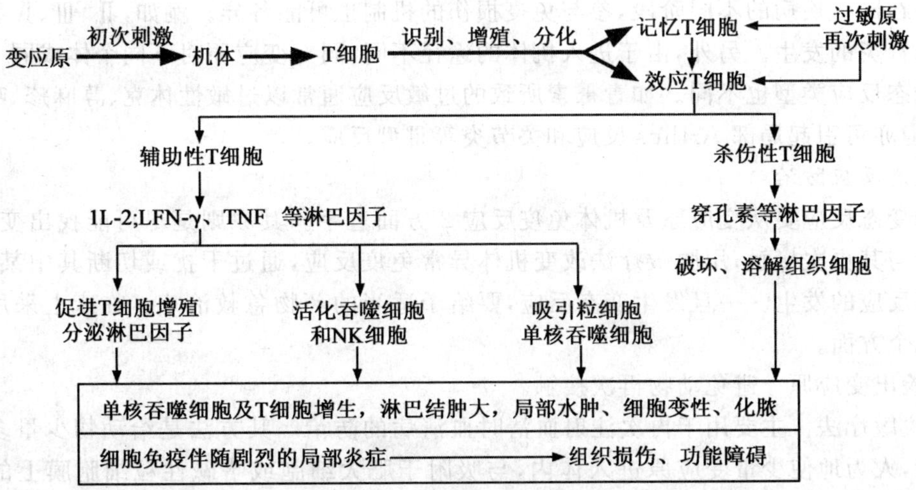

图 3-19 Ⅳ型变态反应发生机制

Ⅳ型变态反应的特点是无抗体和补体参加，而与致敏 T 细胞有关，属细胞免疫范畴。反应发生缓慢，持续时间长，一般于再次接触抗原后 24～48 h 反应达最高峰。

以上 4 型变态反应是根据发生机理和参与反应效应的成分不同而分类(表 3-4)。临床上的实际情况更为复杂，某些变态反应性疾病的机体往往是几种类型同时存在，但以其中某一类型为主，如Ⅰ型反应中所释放的血管活性胺类可增高血管壁的通透性，同时血清中其他抗体和抗原可形成中等大小的复合物沉积于血管壁，引起Ⅲ型变态反应。

表 3-4 变态反应的类型和特点

类型	参加成分		反应速度		特点
	效应分子	效应细胞	开始	反应高峰/h	
Ⅰ型	IgE	肥大细胞 嗜碱性粒细胞 嗜酸性粒细胞 血小板	数分钟内	1/4～1/2	①很快出现反应高峰 ②IgE 为亲细胞性抗体，无补体及淋巴因子参与 ③有功能障碍，无组织损伤 ④有个体差异和遗传倾向
Ⅱ型	IgG IgM 补体	单核巨噬细胞 嗜中性粒细胞 K 细胞 NK 细胞	数小时内		①达到反应高峰较快 ②发生过程中有细胞性抗原 ③有抗体及补体参与，无淋巴因子参与 ④既有功能障碍，又有组织损伤
Ⅲ型	IgG IgM 补体	嗜中性粒细胞 嗜碱性粒细胞 单核巨噬细胞 血小板	数小时内	18	①达到反应高峰较慢 ②由抗原-抗体复合物引起，抗原为可溶性分子 ③有抗体及补体参与，无淋巴因子参与 ④既有功能障碍，又有组织损伤
Ⅳ型	细胞因子	T 淋巴细胞 单核巨噬细胞 粒细胞 NK 细胞	12～24	48～72	①反应的开始及高峰出现极慢 ②无明显个体差异 ③与抗体和补体无关，属细胞免疫 ④既有功能障碍，又有组织损伤

即使在同一疾病的不同阶段，参与免疫损伤的机制也可能各异。例如，Ⅱ、Ⅲ、Ⅳ型均可参与肾小球肾炎的发生。另外，由于进入机体的途径不同，同一变应原对不同个体或同一个体所介导的变态反应类型也不同。如青霉素所致的过敏反应通常以过敏性休克、荨麻疹、哮喘等Ⅰ型为主，但亦可引起局部 Arthus 反应和关节炎等Ⅲ型反应。

3. 变态反应防治

防治变态反应要从变应原及机体免疫反应 2 方面着手。其原则是尽可能找出变应原，使动物避免与其再次接触；用脱敏疗法改变机体异常免疫反应，通过干扰或切断其中某个环节，防止变态反应的发生。一旦发生变态反应，要给予适当的药物急救治疗。临床上采用的防治措施有几个方面。

(1)检出变应原　避免动物再次接触。

(2)脱敏疗法　主要用于再次注射血清时血清病的防治。其方法是给动物少量多次反复注射血清，人为地使少量变应原进入体内，与吸附于肥大细胞或嗜碱性粒细胞膜上的 IgE 结合，发生反应并释放少量组织胺等生物活性物质而不足以发生过敏反应，物质本身又可被血液和组织中的组织胺酶分解。因此，通过反复少量注射可使靶细胞上的 IgE 被大部分或全部脱掉，再一次多量注射血清时就不会发生过敏反应，从而达到脱敏的目的。

(3)适当的药物治疗　动物发生变态反应时应及时用肾上腺素、抗组织胺药物、钙制剂及肾上腺皮质激素等进行治疗。

4. 变态反应诊断

利用变态反应的原理，通过已知微生物或寄生虫抗原在动物机体局部引发的变态反应，能确定动物机体是否已被感染相应的微生物或寄生虫，并能分析动物的整体免疫功能。迟发型变态反应常用于诊断结核分枝杆菌、鼻疽杆菌、布鲁氏菌等细胞内寄生菌的感染。例如，将结核菌素进行皮内注射同时点眼，可以诊断动物是否已经感染结核分枝杆菌。目前，用结核菌素进行皮内注射、点眼诊断是动物结核病的规范化检疫方法。

三、识病原、助防疫

(一)分枝杆菌

分枝杆菌属的共同特点是：各成员均好氧，菌体平直或微弯细长，革兰氏染色阳性，并均具有抗酸染色的特性。细菌无鞭毛和芽孢，菌体内含有大量类脂质成分，对营养要求高，多数菌株生长缓慢。本属菌在自然界广泛分布，许多是人和动物的病原菌。对动物有致病性的主要是结核分枝杆菌(简称结核杆菌，原为结核分枝杆菌人型，现独立成种)、牛分枝杆菌、禽分枝杆菌和副结核分枝杆菌。结核分枝杆菌、牛分枝杆菌、禽分枝杆菌许多特性均相近。

1. 主要特性

结核分枝杆菌为细长、直或稍弯的杆菌，单在、少数成丛，大小为(0.2～0.5) μm×(1.5～4.0) μm。牛分枝杆菌菌体短而粗，禽分枝杆菌最短，呈多形性。在陈旧的培养基或干酪性病灶内的菌体可见分枝现象。革兰氏染色阳性，但革兰氏染色时不易着色，经 Ziexl-Neelsen 氏抗酸染色后，本菌为红色，背景及其他非抗酸菌为蓝色。

本菌为严格需氧菌，营养要求较高，最适温度为 37～37.5℃，禽分枝杆菌可在 42℃生长。3 种分枝杆菌最适 pH 为：结核分枝杆菌 7.4～8.0，牛分枝杆菌 5.9～6.9，禽分枝杆菌 7.2。

常用的培养基有罗杰二氏培养基(内含蛋黄、甘油、马铃薯、无机盐及孔雀绿等)、改良罗杰二氏培养基等。在上述培养基,结核分枝杆菌需 14～15 h 分裂 1 次,如加入 5%～10% CO_2 或 5%的甘油可刺激结核分枝杆菌的生长,但甘油对牛分枝杆菌生长有抑制作用。菌落形成较慢(10～14 d)。在固体培养基上形成黄色菌落,显著隆起,表面粗糙皱缩坚硬,不易破碎,类似菜花状;在液体培养基中,其表面形成厚皱菌膜,培养液一般保持清亮。

本菌因细胞壁含丰富的脂类而表现较强的抵抗力。对干燥、寒冷及一般消毒药具有较强的抵抗力,但对湿热抵抗力弱,60℃经 30 min 失去活力。在水中可存活 5 个月,土壤中存活 7 个月。常用消毒剂需要 4 h 才能将其杀灭,但在 70%乙醇及 10%的漂白粉中迅速死亡,碘化物消毒效果也十分有效,但无机酸、有机酸、碱性和季铵盐类消毒剂不能有效杀灭本菌。

本菌对链霉素、异烟肼、对氨基水杨酸和环丝氨酸等药物敏感,而对常用的磺胺类、青霉素及其他广谱抗生素均不敏感。

2. 致病性

牛分枝杆菌主要引起牛结核病,其他家畜、野生反刍动物、人、灵长目动物、犬、猫等肉食动物均可感染。实验动物中豚鼠、兔有高度敏感性,对小鼠有中等致病力,对家禽无致病性。禽分枝杆菌主要引起禽结核,也可引起猪的局限性病灶。结核分枝杆菌可使人、畜禽及野生动物发生结核病,山羊和家禽对结核分枝杆菌不敏感。牛分枝杆菌和人结核分枝杆菌毒力较强,禽分枝杆菌则较弱。

3. 检查

(1)细菌学诊断　将病料结节切开,制成薄的涂片。乳汁以 2 000～4 000 r/min 离心 40 min,分别取脂肪层和沉淀层涂片。涂片干燥固定后经抗酸染色,如发现红色成丛杆菌时可做出初步诊断。必要时进行细菌的分离培养和动物试验。

(2)变态反应诊断　本法是临床结核病检疫的主要方法。目前所用的诊断液为提纯结核菌素(PPD),诊断方法为皮内试验。

亦有应用间接血凝试验、荧光抗体、ELISA 试剂盒等血清学诊断方法,但变态反应诊断应用得最广泛。

4. 防治

人类广泛采用卡介苗免疫接种,免疫期达 4～5 年。接种卡介苗的牛在 1 年后仍维持变态反应阳性,在用结核菌素检疫时无法与自然感染的牛区别,因而牛场不宜推广此法。

按规定,饲养牛群不接种卡介苗,每年春、秋需进行检疫,结核菌素变态反应检测阳性者需隔离饲养。鉴于其抗体的产生与结核病的正相关性,在检疫时如能将变态反应与 ELISA 结合进行,或采用 PCR 技术可提高检出率。对检出患结核病的动物要扑杀处理。特别贵重的动物可用链霉素、异烟肼、对氨基水杨酸和环丝氨酸等药物治疗。

(二)多杀性巴氏杆菌

为畜禽巴氏杆菌病的病原体,能使多种畜禽发生出血性败血症或传染性肺炎。

1. 主要特性

为两端呈椭圆形的球杆菌,大小为(0.25～0.4) μm×(0.5～2.5) μm,单个存在,有时成双排列。无鞭毛,不形成芽孢,新分离的强毒株具有荚膜,革兰氏阴性。病畜的血液涂片或组织触片经美蓝或瑞氏染色时,可见典型的两极着色。

本菌为需氧或兼性厌氧菌,对营养要求较严格,在普通培养基上生长贫瘠,在加有血液、血清或微量血红素的培养基上生长良好,培养 24 h 后形成灰白色、湿润、边缘整齐、表面光滑闪光的露珠状小菌落。本菌无溶血现象。

多杀性巴氏杆菌抵抗力不强，在干燥的空气中2～3 d死亡，60℃经20 min可被杀死；在3%石炭酸及10%石灰乳中5 min可被杀死。对青霉素、链霉素、四环素、土霉素、磺胺类及许多新的抗菌药物敏感。

2. 类型

本菌主要以菌体抗原和荚膜抗原区分血清型，前者有16个血清型，后者有6个型。1984年Carter提出本菌血清型的标准定名：以阿拉伯数字表示菌体抗原型，大写英文字母表示荚膜抗原型。我国分离的禽多杀性巴氏杆菌以5:A为多，其次为8:A；猪的以5:A和6:B为主。C型菌是犬和猫的正常栖居菌，E型主要引发牛、水牛的流行性出血性败血症（仅见于非洲），F型主要发现于火鸡。

3. 致病性

为畜禽上呼吸道常在菌，一般不致病，属条件性病原。只有在机体抵抗力降低时才引起发病。自然条件下，家畜中以猪最敏感（猪肺疫）；禽类中以鸭最易感，其次是鹅、鸡，致禽霍乱。

4. 检查

(1)镜检　采集新鲜病料（心、肝、脾、淋巴结等）触片，用美蓝或瑞特氏染色液染色，如发现典型两极浓染的卵圆小杆菌即可做初步诊断。

(2)分离培养　将病料接种于血液琼脂上，24 h后形成灰白色、圆形、湿润、露珠状、不溶血的小菌落，取菌落涂片镜检，应为革兰氏阴性小杆菌。

(3)动物试验　用1∶10病料乳剂或24 h肉汤培养液0.2～0.5 mL，皮下或肌内注射于小鼠、家兔或鸡，动物多于24～48 h后死亡。进一步剖检、镜检和分离培养，以期确诊。

5. 防制

定期预防接种是控制巴氏杆菌的有效方法。猪可选用猪肺疫氧化铝甲醛菌和猪肺疫弱毒菌苗，牛用牛出血性败血症氢氧化铝菌苗，禽用禽霍乱弱毒菌苗。发病后及时应用抗猪出败血清和抗出败多价血清，常用于畜禽出血性败血症的治疗，也可用于紧急预防。治疗可选用抗生素、磺胺类、喹诺酮类药物。

◈ 复习思考题

1. 在皮内注射和皮下注射药品有何区别？
2. 简述传染发生的条件。
3. 简述免疫机能的物质基础。
4. 试比较死苗与活苗的优劣。
5. 如何正确保存与使用疫苗。

探索与发现

牛痘疫苗的问世

200多年前，天花作为一种传染病，曾严重威胁着人类的生命。在欧洲，当时由于天花蔓延，人口大量减少，就连荷兰国王威廉二世、奥地利皇帝约瑟、法国国王路易十五以及俄国皇帝彼得二世等知名人物都没能幸免。如何找到防治天花的办法，成为当时世界各国的一大难题。

早在16世纪以前，中国就有“一度得过天花的人就永不得同样病症”的认识。因此，有在幼年时故意使人得天花的做法。也就是有意识地把天花脓汁放在孩子的鼻子里去，使他感染天花，从而不再生此病，俗称“种花”，此种预防接种的方法18世纪经波斯、土耳其传到了英国，可是这种方法是很危险的，不少人因此而丧生。

1766年，英国人琴纳跟随一个医生行医时，收治了不少天花病人。一天，一位农场挤牛奶的女工前来看病，听到医生们在议论寻找防治天花的办法，就说：“前些天天花作乱，但我们农场挤奶女工却没一个得病。有人说，这是我们常接触奶牛，手上常长牛痘，才免去了灾祸。”琴纳听了若有所悟，但另一位医生却说：“这跟防治天花有什么关系，难道让全世界的人都去挤牛奶。”琴纳觉得也有道理，就没有再想这件事。

10年之后，当琴纳成了正式医生，并苦苦探索防治天花的办法时，他偶然想起了挤奶女工的话。于是他专门赶到农场，对挤奶女工进行调查。结果了解到，这些挤奶女工都感染过牛痘，但都没患过天花。因为这些女工在挤牛奶时，无意间都接触过患天花的奶牛的脓液，使她们的手上长出了小脓疱，身体也略感不适，但很快脓疱就消失了，身体也恢复正常。

琴纳从调查研究中认识到，牛痘和天花十分相似，人体中产生的抗牛痘能力也能够预防天花。根据这一推断，琴纳先在动物身上做了试验，取得了预期效果。接着，他又决定在自己的儿子身上做试验。结果，儿子接种牛痘后感染的程度很轻，很快就好了。为了证实种牛痘之后不会染上天花，琴纳又把大量的天花脓液接种到儿子身上，儿子不仅没有染上天花，连稍为不适的现象也没出现。琴纳终于成功了。

琴纳发明的种牛痘法，在当时受到了强烈的反对。但实践反复证明这一方法是有效的，缺乏根据的反对难以成立，终于受到了全世界的欢迎。为奖励琴纳对人类作出的伟大贡献，1802年英国政府奖励给他1万英镑的重金。1806年又奖给他2万英镑。俄国沙皇还赠送给琴纳一个昂贵的宝石戒指，作为永久的纪念。

任务二 免疫常规监测

◈知识目标

认识各免疫的实验原理

◈能力目标

会进行免疫的常规监测

◈主要应用

动物疫病的监测与诊断

一、边做边学 怎样快速检测动物体内的抗体？

(一)凝集试验

1.目的

掌握平板凝集试验和试管凝集试验的操作及结果判定。明确凝集试验在生产中的应用。

2. 材料

玻璃板、25 μL 移液器或滴管、试管架、凝集管、吸管(5 mL、1 mL、0.5 mL)、生理盐水、细玻璃棒或牙签、被检血清、温箱、鸡、鸡白痢全血平板凝集抗原、鸡白痢阳性血清、鸡白痢阴性血清、被检血清、布鲁氏菌平板凝集抗原和试管凝集抗原、布鲁氏菌标准阳性血清和阴性血清、羊布鲁氏菌病待检血清。

3. 方法

(1)鸡白痢快速全血平板凝集试验

①取一块洁净的玻板或白瓷板,划出 3 cm×3 cm 的方块。

②在每个方块的中心滴 1 滴(约 0.02 mL)鸡白痢全血平板凝集抗原。

③用采血针刺破鸡冠或翅静脉采集新鲜血液。

④在抗原滴旁边滴加等量的 1 滴新鲜血液。

⑤用一洁净的细玻璃棒或牙签将抗原与血液混匀,不同检样不能用同一牙签混匀。轻轻摇动,使混合物反应 2 min。

⑥结果。室温下,在 2 min 内出现凝集现象者为阳性;否则即为阴性。

⑦注意事项。每次试验都要设阳性和阴性对照,操作同全血平板凝集试验。对可疑的鸡应根据鸡群以往感染情况做出解释,如鸡群以前为阳性群,则可疑反应应判为阳性。新近感染的鸡,还需在 3～4 周后重新做试验。

(2)布鲁氏菌平板凝集试验

①取一长方形洁净玻璃板,用玻璃铅笔划成若干方格,每格约 4 cm^2,编号。

②分别吸取 25 μL 被检血清、生理盐水、标准阳性血清、标准阴性血清加于不同编号的方格内,每吸一种成分需换一个滴头。

③然后吸取 25 μL 抗原加到玻璃板的每个方格内,用牙签将抗原与血清充分混匀,每混匀一格需更换一根牙签。于室温(15℃以上)静置 4 min 观察结果。如室温过低,可适当加温。

④结果。在对照中的标准阳性血清(+)、标准阴性血清(—)、生理盐水(—)反应正常的前提下,被检血清出现大的凝集片或小的颗粒状物,液体透明判为阳性(+);液体均匀浑浊,无任何凝集物判为阴性(—)。

本法操作简便,容易掌握和判断,适用于大群家畜的检疫。筛选出的阳性反应血清,再做试管凝集试验,以试管凝集的结果为被检血清的最终结果。

(3)布鲁氏菌试管凝集试验

①每份血清用 5 支试管,另取对照管 3 支,置于试管架上。如待检血清多时,对照只需做 1 份。

②按表 3-5 取 0.5%石炭酸生理盐水(检测绵羊和山羊血清,用 10%生理盐水稀释血清和抗原)第 1 管加入 2.3 mL,2～5 管加入 0.5 mL,然后另取吸管吸取被检血清 0.2 mL,加入第 1 管中,并反复吸吹 3 次将血清与生理盐水充分混合均匀,吸出 1.5 mL 弃之,再吸出 0.5 mL 加入第 2 管,混匀后吸出 0.5 mL 加入第 3 管,依此类推至第 5 管,混匀后吸出 0.5 mL 弃去。第 6 管中不加血清,第 7 管中加 1∶25 稀释的布鲁氏菌阳性血清 0.5 mL,第 8 管中加 1∶25 稀释的布鲁氏菌阴性血清 0.5 mL(取阳性血清、阴性血清应另换吸管)。

表 3-5 布鲁氏菌试管凝集的操作方法

试管号	1	2	3	4	5	6	7	8
血清稀释倍数	1∶12.5	1∶25	1∶50	1∶100	1∶200	对照 抗原对照	阳性血清 1∶25	阴性血清 1∶25
0.5%石炭酸生理盐水/mL	2.3	0.5	0.5	0.5	0.5	0.5	—	—
被检血清/mL	0.2	0.5	0.5	0.5	0.5	—	0.5	0.5
1∶20 抗原/mL	0.5	0.5	0.5	0.5	0.5	0.5	0.5	0.5
	弃去1.5				弃去0.5			

③将布鲁氏菌试管凝集抗原用 0.5%石炭酸生理盐水稀释 20 倍，在各管中分别加入 0.5 mL，加完后充分振荡，放入 37℃温箱中 24 h，取出观察并记录结果。

④结果判定。判定结果时用“＋”表示反应的强度。以出现“＋＋”以上凝集现象的最高稀释倍数作为该血清的凝集价（滴度）。

＋＋＋＋：液体完全透明，菌体完全被凝集呈伞状沉于管底，振荡时，沉淀物呈片状、块状或颗粒状，表示菌体 100%凝集。

＋＋＋：液体稍有浑浊，菌体大部分被凝集沉于管底，振荡时情况同上，表示菌体 75%凝集。

＋＋：液体呈淡乳白色浑浊，管底有明显的凝集沉淀，振荡时有块状或小片絮状物，表示菌体 50%凝集。

＋：液体浑浊，不透明，管底有少许凝集。凝集沉淀，表示菌体 25%凝集。

－：液体完全浑浊，不透明，有时管底中央有一部分圆点状沉淀物，振荡时均匀浑浊，表示菌体完全不凝集。

确定血清凝集价（滴度）时，应以出现“＋＋”以上凝集现象的最高稀释度为准。

⑤判定标准。牛、马和骆驼凝集价为 1∶100，猪、羊和犬的凝集价为 1∶50 判为阳性。牛、马和骆驼凝集价为 1∶50，猪、羊和狗凝集价为 1∶25 判为可疑。

可疑反应的家畜，经 3～4 周后再采血重新检查，牛和羊仍为可疑判为阳性。猪和马仍为可疑，而畜群中又没有病例和大批阳性病畜，则判为阴性。

(4)注意事项 家畜布鲁氏菌凝集试验常受到非特异性凝集、不完全抗体或前带现象等的干扰，影响试验结果的正确性。给家畜注射布鲁氏菌疫苗，凝集反应长期不消失。每次需做阳性血清、阴性血清和抗原 3 种对照。被检血清必须新鲜，无溶血现象和腐败气味。分离血清后如不能立即送检，可在每毫升血清中加入 5%石炭酸生理盐水 2 滴。此防腐血清最迟亦应在 15 d 之内检验完毕。

(二)间接血凝试验

1. 材料

96 孔 110°～120°V 型血凝板、10～100 μL 可调微量移液器、加样头、微型振荡器、猪瘟间接血凝抗原（猪瘟正向血凝诊断液）、猪瘟标准阳性血清和阴性血清、被检血清（56℃水浴灭活 30 min），2%兔血清 PBS 液（取 pH 7.6，0.01 mol/L PBS 98 mL，灭能兔血清 2 mL，于 4℃冰箱保存即成 2%NRS 液）。

2. 方法

按表 3-6 进行操作。振荡 1 min 室温下（15℃以上）静置 1.5～2 h。

表 3-6 猪瘟间接血凝试验的操作方法 μL

项目	V 型板孔号/血清稀释倍数							
	1/1∶2	2/1∶4	3/1∶8	4/1∶16	5/1∶32	6/1∶64	7/1∶128	8/对照
2%NRS	50	50	50	50	50	50	50	50
待检血清	50	50	50	50	50	50	50	弃去 50
抗原	25	25	25	25	25	25	25	25

（1）阴性和阳性对照　在血凝板上的第 11 排第 1 孔加 2% NRS 60 μL，取阴性血清 20 μL 加入后混匀，取出 30 μL 弃去。此孔即为阴性血清对照孔。

在血凝板上的第 12 排第 1 孔加 2% NRS 70 μL，第 2 孔至第 7 孔各加 2% NRS 50 μL，取阳性血清 10 μL 加第 1 孔混匀，并从中取出 50 μL 加入第 2 孔混匀后，取 50 μL 加入第 3 孔……直到第 7 孔混匀后弃去 50 μL，该孔的阳性血清稀释度为 1∶512，然后每孔各加抗原 25 μL，此即为阳性血清对照。

（2）判断方法和标准　先观察阴性血清对照孔和 2%NRS 对照孔，红细胞应全部沉入孔底，无凝集现象（－）或呈轻度凝集（＋）为合格；阳性血清对照应呈凝集（＋＋＋）为合格。

在以上 3 孔对照合格的前提下，观察待检血清各孔的凝集程度，以呈凝集（＋＋）的被检血清最大稀释度为其血凝效价（血凝价）。血清的血凝价达到 1∶16 为免疫合格。

＋＋＋＋：100%红细胞凝集。

＋＋＋：75%红细胞凝集。

＋＋：50%红细胞凝集。

＋：25%红细胞凝集。

－：红细胞 100%沉于孔底，完全不凝集。

二、什么是血清学试验？

（一）血清学试验的概念

抗体和相应的抗原在体外一定条件下作用后，能出现肉眼可见的反应。由于抗体主要存在于血清中，所以将体外的抗原抗体反应称为血清学反应。

血清学试验具有特异性强、检出率高、方法简易、反应快速的特点，因此已广泛应用于微生物的鉴定、传染病和寄生虫的诊断。一般可采用抗原或抗体中任何已知的一方检查未知的一方。例如用鸡白痢平板凝集抗原 1 滴与可疑病鸡血 1 滴充分混合，如出现明显的凝集现象即可诊断为患鸡白痢病鸡。

血清学试验根据反应性质不同可分为 4 种类型：凝聚性试验（包括凝集试验和沉淀试验）、标记抗体技术（荧光抗体技术、酶标抗体技术和放射性同位素标记抗体技术等）、补体结合试验以及中和试验（抗血清与病毒中和试验、毒素与抗毒素中和试验）。

(二)血清学试验的一般规律

1.特异性和交叉性

血清学试验具有高度的特异性。一种抗体只能与其相应的抗原发生反应,抗体的此种识别能力主要依靠其末端可变区的氨基酸排列和立体构型,只有抗原决定簇的立体构型和抗体分子的立体构型完全吻合才能发生反应,因此抗体能识别抗原分子的极微小差别。

如抗猪瘟抗体只能与猪瘟病毒结合而不能与其他病毒结合。如果 2 种抗原之间含有部分共同抗原时,则发生交叉反应。例如鼠伤寒沙门氏菌血清能凝集肠炎沙门氏菌。同样,肠炎沙门氏菌血清也能凝集鼠伤寒沙门氏菌。

2.最适比例与带现象

大多数抗体为二价,抗原为多价,因此只有两者比例合适时,才能形成彼此连接的大复合物,血清学反应才出现凝集、沉淀等可见的反应现象(图 3-20)。如果抗原过多或抗体过多,则抗原与抗体的结合不能形成大复合物,抑制可见反应的出现,称为带现象。当抗体过量时,称为前带;抗原过量时,称为后带。为克服带现象,在进行血清学反应时,需要将抗原和抗体做适当稀释,通常是固定一种成分,而稀释另一种成分。如凝集试验时容易因抗体过多而出现前带现象,因而需要将抗体做递进倍比稀释,而固定抗原浓度。

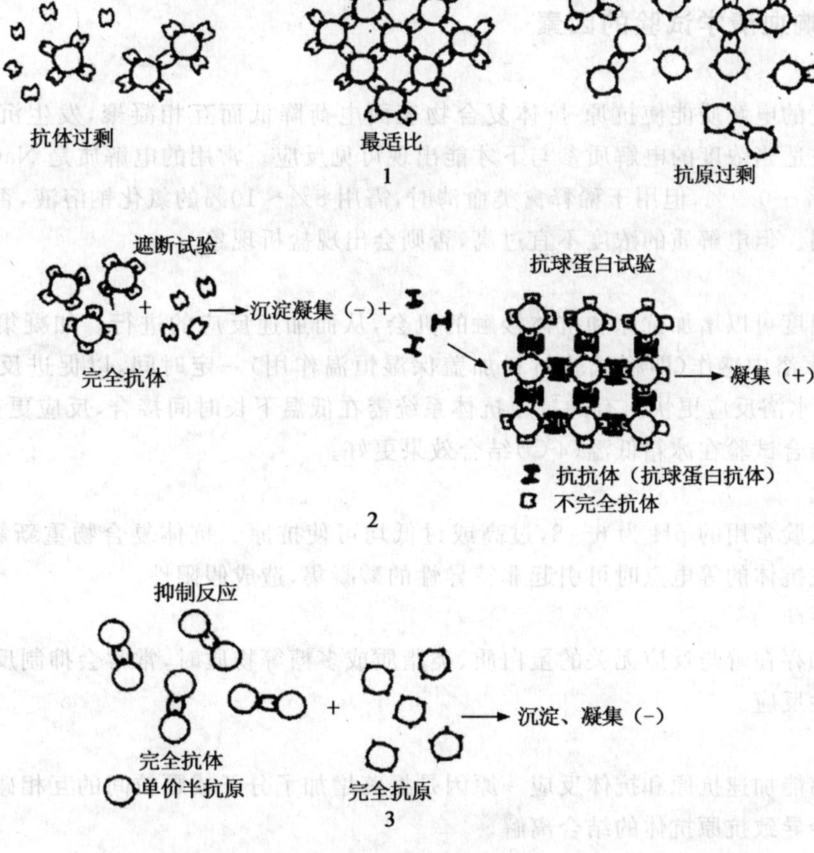

图 3-20 抗原抗体结合的格子学说

1.完全抗原抗体的反应 2.不完全抗原抗体的反应 3.简单半抗原的反应

3. 反应二阶段性

血清学试验可分为2个阶段，但其无严格的界限。第一阶段为抗原与抗体的特异性结合阶段，反应快，几秒钟至几分钟即可，但无可见反应。第二阶段为抗原与抗体反应的可见阶段，表现为凝集、沉淀、补体结合等反应，反应速度较慢，需几分钟、几十分钟或更久。二阶段反应受电解质，温度、pH等的影响。

4. 可逆性

抗原和抗体的结合是分子表面的结合，虽相当稳定，但又是可逆性的。分离的抗原或抗体的性质仍不改变，例如细菌与相应抗体在试管中出现凝集，被凝集的细菌并未死亡，若进行培养，一般仍能生长；毒素与相应抗毒素结合后，毒素被中和，但经稀释或冻融使二者分离，则毒素又重现毒性。

5. 抗体双重性

抗体是一种球蛋白，所以本身又是一种良好的抗原。用IgG免疫异种动物可获得抗IgG抗体，即抗抗体。抗原抗体结合后，此抗抗体又可与抗原-抗体复合物中的抗体结合，形成抗原-抗体-抗抗体大复合物。

6. 敏感性

血清学试验不仅有高度的特异性，而且还具有极高的敏感性，不仅可用于定性，还可用于检测微量的抗原或抗体，灵敏度高，但不同的血清学试验敏感性不同。

(三)影响血清学试验的因素

1. 电解质

适当浓度的电解质能使抗原-抗体复合物表面电荷降低而互相凝聚，发生沉淀或凝集反应。因此需在适当浓度的电解质参与下才能出现可见反应。常用的电解质是NaCl，一般最适浓度是0.85%～0.9%，但用于稀释禽类血清时，需用8%～10%的氯化钠溶液，否则不出现反应或反应微弱。但电解质的浓度不宜过高，否则会出现盐析现象。

2. 温度

较高的温度可以增加抗原和抗体接触的机会，从而加速反应的进行。如凝集和沉淀反应通常在37℃水浴中感作(即将试验材料加盖保湿恒温作用)一定时间，以促进反应现象的出现，如用56℃水浴反应更快。有的抗原抗体系统需在低温下长时间接合，反应更充分，如有的病毒性补体结合试验在冰箱低温(4℃)结合效果更好。

3. 酸碱度

血清学试验常用的pH为6～8，过高或过低均可使抗原一抗体复合物重新解离。如pH值降至抗原或抗体的等电点时可引起非特异性的酸凝集，造成假阳性。

4. 杂质异物

反应中如存在着与反应无关的蛋白质、类脂质或多糖等物质时，常常会抑制反应的进行或引起非特异性反应。

5. 振荡

适当振荡能加速抗原和抗体反应。原因是振荡增加了分子或颗粒间的互相碰撞。但强烈的振荡反而会导致抗原抗体的结合离解。

(四)血清学试验的类型

1. 凝集试验

细菌、红细胞等颗粒性抗原悬液与含有相应抗体的血清混合，在电解质(如0.85%的生理盐水)的参与下，能形成肉眼可见凝集块(抗原-抗体复合物)的现象称为凝集试验。参与反应的抗原、抗体分别称为凝集原、凝集素。

凝集试验的原理:凝集试验的过程可分为2个阶段(沉淀试验与之相同)。第一阶段由于抗原与相应抗体分子表面存在着能相互结合的化学构型，二者相遇后，发生特异性结合，形成抗原-抗体复合物(肉眼看不见)，使之团聚。抗体一般是二价的，可与大分子抗原结合，连接起来形成网格状结构，抗体如同连接抗原分子的桥梁，当桥梁结构数目很多并达到一定量时，即形成团聚物。第二阶段是使上述团聚物沉落下来，电解质能促进团聚物的沉落。因为细菌带负电荷，有利于保持其悬浮状态，当抗原与抗体结合后，负电荷量减少，由于电解质中含有单价阳离子，可以消除复合物所带负电荷而使之减少得更显著，进一步促使团聚的沉落而出现肉眼可见的凝集现象。凝集试验可分为直接凝集试验和间接凝集试验两大类。

(1)直接凝集试验(direct agglutination test) 是指颗粒性抗原与相应的抗体直接结合所发生的凝集反应，简称为凝集试验。可分为玻板法和试管法2种。

①玻板法(或平板法)。是一种定性试验。反应在玻板(或玻片)上进行，将抗原、抗体各1滴在玻板上混合，轻轻倾摇玻板，数分钟后，阳性者抗原凝集成絮片或大颗粒状。此法简便快速，可用于某些传染病的快速诊断，如鸡白痢、鸡霉形体病的全血平板凝集试验、布鲁氏菌病的玻板凝集试验，也可用于细菌的鉴定，如沙门氏菌的鉴定。前者是用已知的抗原检测抗体，后者应用已知的抗体检测抗原。

②试管法。是一种定量试验。将待检血清(或含有抗体的血清)用生理盐水在一系列小试管中连续进行倍比稀释，然后加入等量抗原(细菌悬液)，振荡混合后，置37℃恒温箱中经数小时至24 h后取出观察结果。

阳性反应者，抗原-抗体复合物凝集，管底呈伞状，上液澄清。在阴性反应管中，上液仍混浊，无伞状凝集。以出现50%凝集(++)以上的血清最高稀释倍数为该血清的凝集价(或称滴度)。此法常用于布鲁氏菌病和马副伤寒流产的诊断。

试管凝集试验时，凝集价高的血清在最初1～2管往往由于抗体过剩而出现前带现象。除抗体过剩外，前带现象还可能由单价抗体的干扰引起。

某些细菌如R型细菌，当制成细菌悬液时很不稳定，在没有特异性抗体存在时也可发生凝集，称为自家凝集，简称自凝。此外，某些理化因素也可引起非特异性凝集，如pH降至3.0以下时即可引起抗原悬液的自凝，称为酸凝集。因此，试验时必须设置阳性血清、阴性血清和生理盐水对照。

(2)间接凝集试验(indirect agglutination test) 是指将可溶性抗原(或称胶体状态的抗原，如病原微生物的提出物或其产物)吸附在与免疫无关的颗粒表面，再与相应抗体结合。在有电解质存在的条件下即可发生肉眼可见的凝集现象(图3-21)。吸附抗原所用的颗粒称为载体。常用的载体有红细胞，聚苯乙烯乳胶、活性炭粉、白陶土、离子交换树脂等，其中以红细胞最为常用。将可溶性抗原吸附到载体颗粒表面的过程称为致敏。

将抗原吸附于载体颗粒，然后与相应抗体反应产生的凝集现象，称为正向间接凝集反应，又称为正向被动间接凝集反应。将特异性抗体吸附于载体颗粒表面，再与相应的可溶性抗原结合产生的凝集现象，称为反向间接凝集反应。

①间接红细胞凝集试验。是指以红细胞为载体的凝集试验，简称间接血凝。吸附抗原的红细胞称为致敏的红细胞(或致敏红血细胞)。如果先将相应的抗原与抗体结合，再加入致敏红细胞则不发生上述反应，此种现象称为间接血凝抑制，能够检测出少量抗体，灵敏度是凝集试验的 2～8 倍。

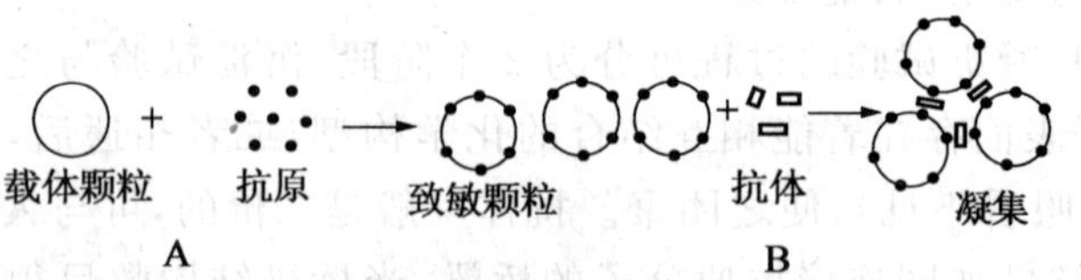

图 3-21　间接凝集反应原理示意图

A. 抗原致敏载体颗粒　B. 已致敏的载体颗粒与相应抗体反应产生凝集

②反向间接红细胞凝集试验。是指将抗体吸附在红细胞上，再与相应抗原进行的凝集反应，简称反向间接血凝。如炭血清凝集、乳胶血清凝集等。此法可直接检测出病畜组织中的病毒抗原或细菌抗原，应用于某些传染病的快速诊断，如口蹄疫、猪水疱病、马沙门氏菌流产等。

③乳胶凝集试验。乳胶又称为胶乳，是聚苯乙烯聚合的高分子乳状液，乳胶微球直径约 0.8 μm，对蛋白质、核酸等大分子物质具有良好的吸附性能，用做载体吸附抗原(或抗体)可检测相应的抗体(或抗原)。本法具有快速简便、保存方便和较为准确等优点。

④协同凝集试验。某些葡萄球菌含有一种 A 蛋白，称为 SPA。SPA 能与人和多种哺乳动物的 IgG 结合。利用此种葡萄球菌做载体吸附抗体，与相应的抗原混合即可发生凝集反应，称为协同凝集试验。本法已广泛应用于传染病的诊断，是一种简易快速的血清学试验。

2. 沉淀试验

可溶性抗原如细菌内、外毒素、菌体裂解液、病毒的可溶性抗原、血清、组织浸出液等，与相应抗体混合，在电解质存在时，经过一定时间，混合液即出现混浊，继而发生沉淀现象称为沉淀试验。参加沉淀试验的抗原称为沉淀原，抗体称为沉淀素。

应用于沉淀试验的抗原可以是完全抗原，如血清蛋白、细菌的外毒素等，也可以是半抗原，如炭疽杆菌荚膜抽出液。沉淀试验的方法主要有环状沉淀试验、琼脂扩散试验和免疫电泳 3 种。

(1)环状沉淀试验　将已知的免疫血清注入特制的小试管内，然后沿管壁徐徐注入等量的待检抗原，如抗原和抗体有相应关系，则在接触面可出现白色沉淀环，即为阳性反应。本法主要用于抗原的定性试验。在兽医上主要用于炭疽的诊断(Ascoli 氏反应)和链球菌的血清型鉴定。法医学上常用此法鉴定血迹，寄生虫学上用来检查媒介昆虫的嗜血习性。做此试验时，所用的抗原和抗体均须十分澄清，否则影响结果的观察。

(2)琼脂扩散试验　简称琼扩，亦称为免疫扩散，是在琼脂凝胶上进行的沉淀试验。琼脂是一种含有硫酸基的酸性多糖体，高温时(98℃)能溶于水，冷却凝固时(45℃)形成凝胶。琼脂凝胶是一种多孔的网状结构，1％琼脂凝胶的孔径约为 85 nm。因为凝胶网孔中充满水分，小于孔径的抗原或抗体分子可在琼脂凝胶中自由扩散，由近及远并形成浓度梯度。当二者在比例适当处相遇时，即可发生沉淀反应。因形成的抗原-抗体复合物为大于凝胶孔径的颗粒，不能在凝胶中继续扩散，因而在凝胶中形成肉眼可见的沉淀带，故称为琼脂凝胶扩散试验。

琼扩可分单扩散和双扩散。单扩散是抗原抗体中一种成分扩散，另一种成分均匀分布于凝固的琼脂凝胶中。而双扩散则是两种成分在凝胶内彼此都扩散，根据扩散的方向不同又分为单向扩散和双向扩散。向一个方向直线扩散者称为单向扩散，向四周辐射扩散者称为双向扩散。故琼脂扩散可分为单向单扩散、单向双扩散、双向单扩散和双向双扩散 4 种类型。其中以双向双扩散应用最广泛。

①双向单扩散。又称为辐射扩散，试验在玻璃板或平皿上进行，用 1.6%～2.0%的琼脂加一定浓度的等量抗血清浇成琼脂凝胶板，厚度为 2～3 mm。在其上打直径为 2 mm 的小孔，孔内滴加相应的抗原液，放入密闭湿盒中扩散 24～48 h。抗原在孔内向四周辐射扩散，在比例适当处与凝胶中的抗体结合形成白色沉淀环。此白色沉淀环的大小随扩散时间的延长而增大，直至平衡为止。沉淀环面积与抗原浓度成正比，因此用已知浓度抗原制成标准曲线即可用以测定抗原的量。

此法在兽医临床已广泛用于传染病的诊断，如鸡马立克氏病的诊断。即将马立克氏病高免血清浇成血清琼脂平板，拔取病鸡新换的羽毛数根，自毛根尖端 1 cm 处剪下插入琼脂凝胶板上，阳性者毛囊中病毒抗原向周围扩散，形成白色沉淀环。

②双向双扩散。此法以 1%琼脂浇成厚 2～3 mm 的凝胶板，在其上按设计图形打圆孔或长方形槽，封底后在相邻孔(槽)内滴加抗原和抗体，饱和湿度下扩散 24～96 h，观察沉淀带。抗原抗体在琼脂凝胶中相向扩散，在两孔间比例最适的位置上形成沉淀带，如抗原抗体的浓度基本平衡时，沉淀带的位置主要决定于两者的扩散系数。但若抗原过多，则沉淀带向抗体孔增厚或偏移；若抗体过多，则沉淀带向抗原孔增厚或偏移。

此法主要用于抗原的比较和鉴定，两个相邻的抗原孔(槽)与其相对的抗体孔之间，各自形成自己的沉淀带。此沉淀带一经形成，就像一道特异性屏障一样，使继续扩散而来的相同抗原抗体只能使沉淀带加浓加厚，而不能再向外扩散，但对其他抗原抗体系统则无屏障作用，它们可以继续扩散。

沉淀带的基本形式有 3 种。两相邻孔为同一抗原时，两条沉淀带完全融合；如二者在分子结构上有部分相同抗原决定簇，则两条沉淀带不完全融合并出现一个叉角；两种完全不同的抗原则形成两条交叉的沉淀带。不同分子的抗原抗体系统可各自形成两条或更多的沉淀带(图 3-22)。

双向双扩散也可用于抗体的检测。检测抗体时，加待检血清的相邻孔应加入标准血清作为对照，以便比较。测定抗体效价时可倍比稀释血清，以出现沉淀带的血清最大稀释度为抗体效价(图 3-23)。

目前此法在兽医临床上广泛用于细菌、病毒的鉴定和传染病诊断，如检测马传染性贫血病(马传贫)、口蹄疫、禽白血病、马立克氏病、禽流感和鸡传染性法氏囊病的琼脂扩散方法已列入国家的检疫规程，成为上述几种疾病的重要检疫方法之一。

(3)免疫电泳　在琼脂扩散基础上应用电泳技术，将二者的优点结合起来，可极大地提高免疫扩散的分辨力和敏感性。在临诊上应用较为广泛的有对流免疫电泳和火箭电泳。

①对流免疫电泳。是将电泳和双相琼脂扩散结合起来的试验。试验时可将可溶性抗原加于阴极端小孔，抗体加于阳极端小孔，然后通电。由于电场可限制抗原、抗体的自由扩散，因而能提高抗原、抗体的局部浓度，加速两者的移动速度。因此，在合适的抗原、抗体比例及一定的离子强度下，以琼脂等为介质，抗原在碱性缓冲液中带负电荷，可由阴极向阳极移动，而抗血清

由于接近等电点，借内渗透（或受电渗的影响）可由阳极向阴极移动，两者相遇后，在短时间（1 h 左右）将形成白色沉淀线（图 3-24）。

试验时，首先制备琼脂凝胶板（免疫电泳需选用优质琼脂或琼脂糖），以 pH8.2～8.6 的巴比妥缓冲液制备 1%～2% 的琼脂浇注凝胶板，厚约 4 mm。待其凝固后，在琼脂凝胶板上打孔，挑去孔内琼脂后，将抗原置负极一侧孔内，抗血清置正极侧孔内。加样后电泳 30～90 min 后观察结果。

沉淀带出现的位置与抗原抗体含量和泳动速度相关。如果抗原抗体含量相当，沉淀带在两孔间呈一条直线；若二者含量和泳动速度差异较大，沉淀带出现在对应孔附近，呈月牙形；如果抗原或抗体含量过高则可使沉淀带溶解。有时抗原量极微，沉淀带不明显，此时可将抗原置 37℃ 中保温数小时，以增加清晰度。

对流免疫电泳有助于快速诊断，而且比琼脂扩散敏感 10～16 倍，现已用于多种传染病，如口蹄疫、猪传染性水疱病等病毒病的快速诊断，但分辨力不高。

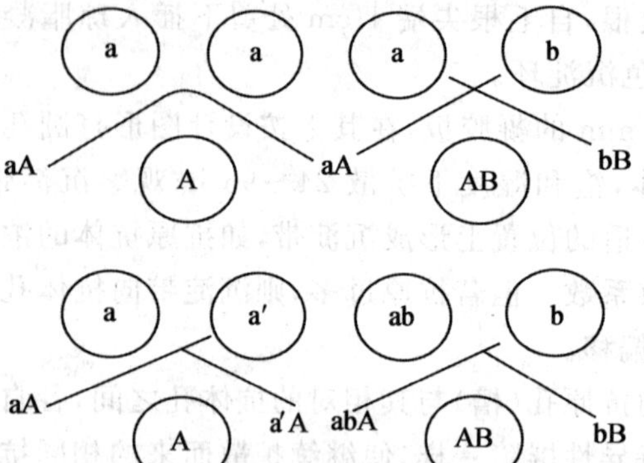

图 3-22　琼脂扩散 4 种基本类型

a、b. 单一抗原
ab. 同一分子上 2 个决定簇
A、B. 抗 a、抗 b 抗体
a′与 a 部分相同的抗原

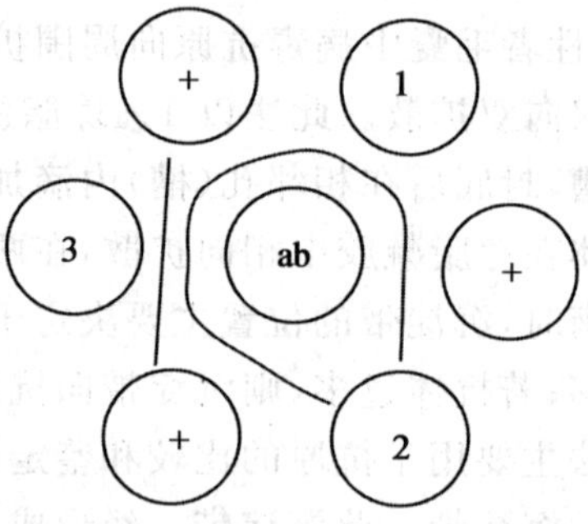

图 3-23　双向双扩散用于检测抗体

ab 为 2 种抗原的混合物
＋为抗 b 的标准阳性血清
1、2、3 为待检血清
结果：1 为抗 b 阳性，2 为阴性，
3 为抗 a、抗 b 双阳性

②火箭免疫电泳。是将辐射扩散与电泳技术相结合的一项检测技术，简称火箭电泳。将 pH 8.2～8.6 的巴比妥缓冲液琼脂融化后，冷至 56℃左右，加入一定量的已知抗血清，浇注成含有抗体的琼脂凝胶板。在板的负极端打一列孔，孔径 3 mm，孔距 8 mm，滴加待检抗原和已知抗原，电泳 2～10 h。电泳时，抗原在含抗血清的凝胶板中向正极迁移，其前峰与抗体接触，形成火箭状沉淀弧。随着抗原继续向前移动，此火箭状峰亦不断向前推移，原来的沉淀弧由于抗原过量而重新溶解。最后抗原抗体达到平衡时，即形成稳定的火箭状沉淀弧（图 3-25）。在试验中由于抗体浓度保持不变，因而火箭沉淀弧的高度与抗原浓度呈正比。本法多用于检测抗原的量（用已知浓度抗原做对比）。

3. 补体结合试验

补体结合试验是应用可溶性抗原，如蛋白质、多糖、类脂、病毒等与相应抗体结合后，其抗原-抗体复合物可以结合补体，但此步反应肉眼不可见，如再加入致敏红细胞（溶血系统或称指示系统），即可根据是否出现溶血反应判定反应系统中是否存在相应的抗原和抗体。参与补体结合反应的抗体称为补体结合抗体。补体结合抗体主要是IgG和IgM。IgA与IgE通常不能结合补体。一般是利用已知抗原检测未知抗体。

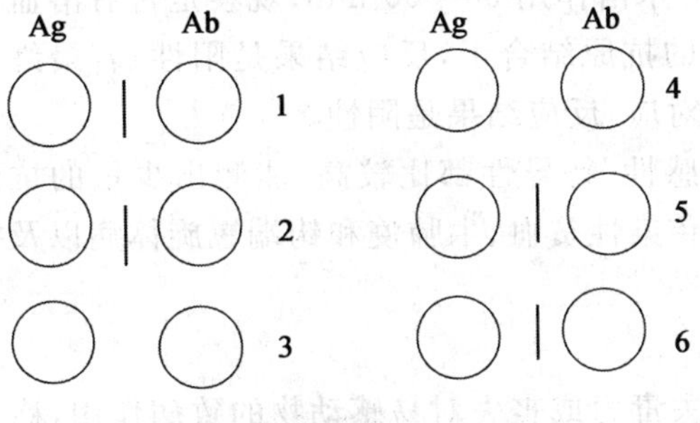

图 3-24 对流免疫电泳示意图

Ag为抗原，Ab抗体

Ab1为阳性参考血清；

Ab4为阴性参考血清；

Ab2、Ab3、Ab5、Ab6为待检血清

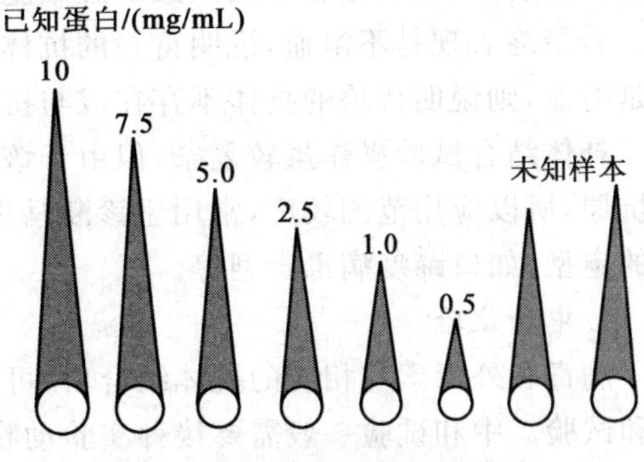

图 3-25 火箭免疫电泳示意图

(1)基本原理 本试验包括2个系统共5种成分：一个系统为检测系统(溶菌系统)，即已知的抗原(或抗体)、被检的抗体(或抗原)和补体；另一个系统为指示系统(致敏红细胞)，包括绵羊红细胞、溶血素和补体。抗原与血清混合后，如果两者是对应的，则发生特异性结合，成为抗原-抗体复合物，此时如果加入补体，由于补体能与各种抗原-抗体复合物结合(但不能单独和抗原或抗体结合)而被固定，不再游离存在。如果抗原、抗体不对应或没有抗体存在，则不能形成抗-原抗体复合物，加入补体后，补体不被固定，依然游离存在。

由于许多抗原是非细胞性的，且抗原、抗体和补体都是用缓冲液稀释得比较透明的液体，补体是否与抗原-抗体复合物结合，肉眼不可见，所以还要加入指示系统。如果不发生溶血现象，说明补体不游离存在，表示溶菌系统中的抗原和抗体是对应的，它们所组成的复合物把补体结合了。如果发生了溶血现象，则表明补体依然游离存在，即表示溶菌系统中的抗原和抗体不相对应，或者两者缺一，因而不能结合补体(图3-26)。

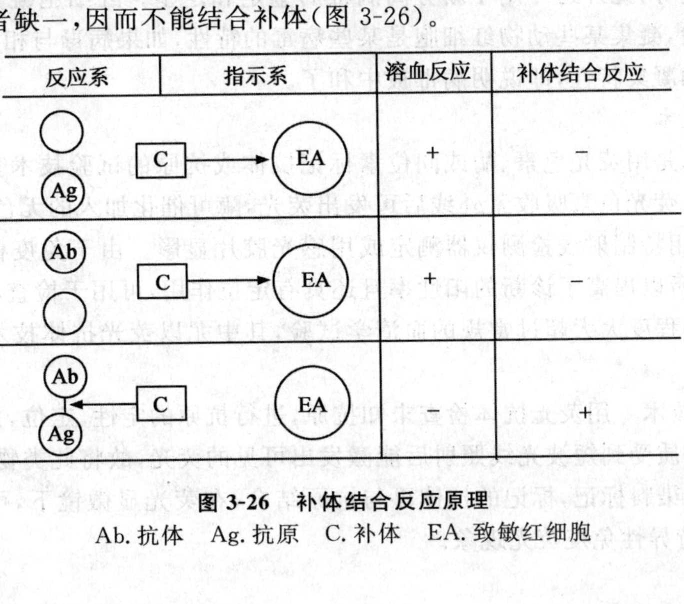

图 3-26 补体结合反应原理

Ab.抗体 Ag.抗原 C.补体 EA.致敏红细胞

(2)基本过程　试验分2步进行。第一步为反应系统作用阶段，由倍比稀释的待检血清加最适浓度的抗原和补体。混合后37℃水浴作用30～60 min或4℃冰箱过夜。第二步为溶血系统作用阶段，在上述管中加入致敏红细胞，置37℃水浴作用30～60 min，观察是否有溶血现象。若最终表现是不溶血，说明待检的抗体与相应的抗原结合了，反应结果是阳性；若最终表现是溶血，则说明待检的抗体不存在或与抗原不相对应，反应结果是阴性。

补体结合试验操作虽较复杂，但由于该方法敏感性、特异性都比较高，能测出少量的抗体或抗原，所以应用范围较广，常用于诊断马鼻疽、马传染性贫血、牛肺疫和钩端螺旋体病以及抗原的定型，如口蹄疫病毒定型等。

4. 中和试验

病毒和外毒素与相应的抗体结合后，可使其失去毒力或丧失对易感动物的致病作用，称为中和试验。中和试验一般需要接种实验动物，但也可以在细胞培养或鸡胚上进行。

(1)毒素和抗毒素中和试验　抗毒素能中和相应的外毒素，使其失去毒力。用类毒素免疫动物后，所产生的抗体称为抗毒素。一般试验方法是将一定量的抗毒素与致死量的毒素混合，在恒温下经过一定的时间作用后注射给实验动物，同时另设不加抗毒素的对照组。如果试验组的动物被保护，而对照组的动物死亡，即证明毒素被相应的抗毒素中和。兽医上常用于产气荚膜梭菌和肉毒梭菌的定型。

做中和试验时，首先要滴定外毒素的毒力标准，过去常用的标准为最小致死量(MLD)，现已逐渐为半数致死量(LD_{50})所代替。

(2)病毒中和试验　病毒免疫动物所产生的抗体，能中和相应病毒的致病作用。在试验时，可以用已知抗体鉴定未知病毒，也可用已知病毒鉴定未知抗体。

①体内中和试验。亦称为保护试验。先对实验动物主动(接种已知疫苗)或被动(接种已知抗血清)免疫，然后用一定量病毒攻击，视动物能否被保护测定结果。

②体外中和试验。将病毒悬液与抗病毒血清按一定比例混合，在一定条件下作用一段时间后接种易感实验动物、鸡胚或细胞培养物，根据接种后能否保护和有无病变判定结果。

病毒中和试验常用于病毒性传染病的诊断，如口蹄疫、猪水疱病、牛病毒性腹泻-黏膜病、牛传染性鼻气管炎等，此外还可用于新分离病毒的鉴定和定型。红细胞凝集抑制试验也是病毒的一种中和试验，凝集某些动物红细胞是某些病毒的特性，如果病毒与相应抗血清混合后而失去了对红细胞的凝集特性，即说明病毒被中和了。

5. 免疫标记技术

免疫标记技术是用荧光色素、酶或同位素标记抗体或抗原的试验技术。通过标记物的存在显示反应结果。荧光色素吸收紫外线后可发出荧光，酶可催化加入的无色底物显色，同位素则具有放射性，可用特制射线检测仪器测定或用感光胶片显影。由于免疫标记技术能测定微量的抗原或抗体，所以提高了诊断的阳性率且还具有定位作用，可用于检查和发现组织中的抗原或抗体。其敏感程度大大超过常规的血清学试验，其中尤以荧光抗体技术和酶标记抗体技术应用比较广泛。

(1)荧光抗体技术　用荧光抗体检查未知抗原，进行抗原的定性、定位，是目前广泛应用的技术之一。某些物质受到短波光线照射后能激发出可见的荧光，故将此类物质称为荧光染料。首先将抗体用荧光染料标记，标记的抗体再与抗原结合，在荧光显微镜下，可以明显地看到抗原-抗体复合物的特异性免疫荧光现象。

可用于标记的荧光色素有异硫氰酸荧光黄(FITC)、四甲基罗丹明(RB200)和罗丹明异硫氰酸罗丹明(TMRITC)。其中最常用的是 FITC,本品为黄色结晶,最大吸收光波长为 490～495 nm,最大发射光波长 520～530 nm,可呈现明亮的黄绿色荧光。FITC 分子中含有异硫氰基,在碱性(pH 9.0～9.5)条件下能与 IgG 分子中的自由氨基结合,形成 FITC-IgG 结合物,此即荧光抗体。

抗体经荧光色素标记后,不影响与抗原的结合能力和特异性。当荧光抗体与相应抗原结合时,就形成了带有荧光性的抗原一抗体复合物,从而可在荧光显微镜下检出抗原的存在。

荧光抗体检查法主要有以下 2 种。

①直接法。用荧光抗体溶液直接染细菌涂片、组织触片或切片、盖玻片细胞培养物等(图 3-27)。洗去未结合的荧光抗体后,在荧光显微镜下进行观察。阳性者可以看到在暗色的背景上,闪亮着黄绿色荧光的细菌或病毒。

②间接法。组织切片或盖玻片细胞培养物等待检样品,先用未标记的免疫血清处理、洗涤后再用抗该免疫血清(特异性球蛋白)的荧光抗体处理(图 3-28)。如使用荧光抗体技术诊断猪瘟、猪传染性胃肠炎、猪丹毒、炭疽和猪的弓形体病等。

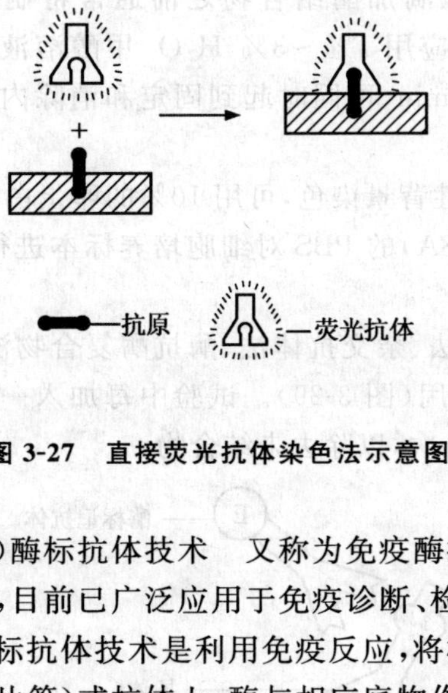

图 3-27 直接荧光抗体染色法示意图

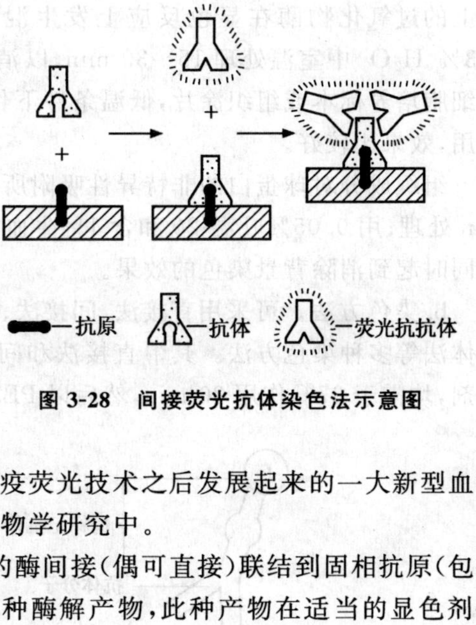

图 3-28 间接荧光抗体染色法示意图

(2)酶标抗体技术 又称为免疫酶技术,是继免疫荧光技术之后发展起来的一大新型血清学技术,目前已广泛应用于免疫诊断、检测和分子生物学研究中。

酶标抗体技术是利用免疫反应,将标记抗体上的酶间接(偶可直接)联结到固相抗原(包括组织切片等)或抗体上,酶与相应底物作用后产生某种酶解产物,此种产物在适当的显色剂作用下即可产生特殊的有色产物。因而可通过底物的颜色反应来判定有无相应的免疫反应发生。颜色反应的深浅与标本中相应抗原(抗体)的量呈正比。此种有色产物可用肉眼或在光学显微镜或电子显微镜下看到,或用分光光度计加以测定。从而将酶化学反应的敏感性和抗原抗体反应的特异性结合起来,用于在细胞或亚细胞水平上示踪抗原或抗体的所在部位,或在微克、纳克水平上测定它们的量。所以,本法既特异又敏感,是目前应用最为广泛的免疫检测方法之一。

用于标记的酶有辣根过氧化物酶(HRP)、碱性磷酸酶、葡萄糖氧化酶等,其中以 HRP 应用最广泛,其次是碱性磷酸酶。HRP 广泛分布于植物界,特别是辣根中含量最高。HRP 是由无色酶蛋白和深棕色铁卟啉构成的一种糖蛋白,其作用底物是过氧化氢。常用的供氢体有邻苯二胺(OPD)和 3,3′二氨基联苯胺(DAB),二者作为显色剂。因为它们能在 HRP 催化 H_2O_2

生成 H_2O 的过程中提供氢，而自身又生成有色产物。

OPD 氧化后形成可溶性产物，呈橙色，最大吸收波长为 492 nm，可用肉眼判定。但 OPD 不稳定，须现用现配，常作为酶联免疫吸附试验中的显色剂。OPD 有致癌性，操作时应予注意。DAB 反应后形成不溶性的棕色物质，可用光学显微镜和肉眼观察，适用于各种免疫酶组织化学染色法。

HRP 可用戊二醛交联法或过碘酸盐氧化法将其标记于抗体分子上制成酶标抗体。生产中常用的酶标抗体技术有免疫酶组织化学染色法和酶联免疫吸附试验两种。

①免疫酶组织化学染色法。又称为免疫酶染色法，简称组化法。该技术是将酶标记的抗体应用于组织化学染色，以检测组织和细胞中或固相载体上抗原或抗体的存在及其分布位置的技术。

a. 标本制备和处理。用于免疫酶染色的标本有组织切片（冷冻切片或低温石蜡切片）、组织压印片、涂片以及细胞培养的单层细胞盖片等。标本的制备和固定与荧光抗体技术相同，但尚要进行一些特殊处理。

用酶结合物做细胞内抗原定位时，由于组织和细胞内含有内源性过氧化酶，可与标记在抗体上的过氧化物酶在显色反应上发生混淆。因此，在滴加酶结合物之前通常将制片浸于 0.3% H_2O_2 中室温处理 15～30 min，以消除内源酶。应用 1%～3% H_2O_2 甲醇溶液处理单纯细胞培养标本或组织涂片，低温条件下作用 10～15 min，可同时起到固定和消除内源酶的作用，效果比较好。

组织成分对球蛋白的非特异性吸附所致的非特异性背景染色，可用 10%的卵蛋白作用 10 min 处理；用 0.05%吐温-20 和含 1%牛血清白蛋白（BSA）的 PBS 对细胞培养标本进行处理，可同时起到消除背景染色的效果。

b. 染色方法。可采用直接法、间接法、抗抗体搭桥法、杂交抗体法、酶抗酶复合物法、增效抗体法等多种染色方法。其中直接法和间接法最为常用（图 3-29）。试验中每加入一种反应试剂，均需于 37℃作用 30 min，然后以 PBS 反复洗涤 3 次，以除去未结合物。

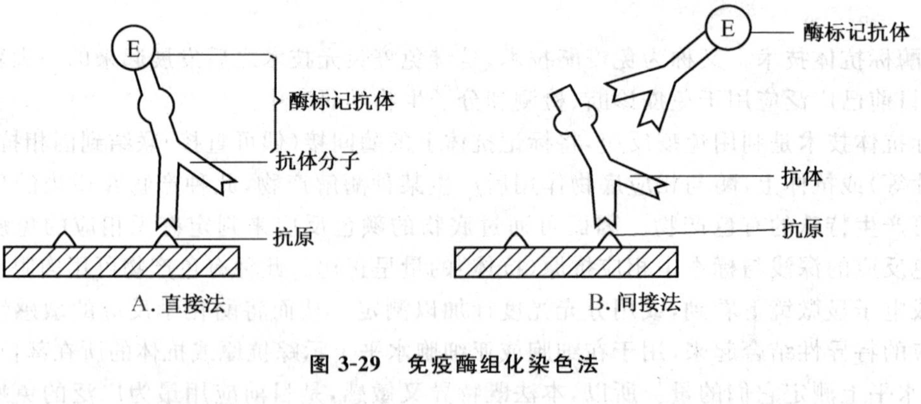

图 3-29　免疫酶组化染色法

直接法：以酶标记抗体直接处理含待检抗原的标本片，洗涤后浸于含 H_2O_2 和 DAB 的显色反应液中作用，然后置普通光学显微镜下观察颜色反应，抗原所在部位呈棕黄色。

间接法：标本片先用未标记的特异性抗血清处理，洗涤后再用酶标记的相应抗球蛋白抗体（抗抗体）处理，洗涤后同上法显色观察，以显示抗原-抗体-抗抗体复合物的存在。

c. 显色反应。免疫酶组化染色中的最后一环是用相应的底物使反应显色。不同的酶所用底物和供氢体不同。同一种酶和底物如用不同的供氢体，则反应物的颜色亦不同。如辣根过氧化物酶，在组化染色中最常用DAB，用前应以0.05 mol/L、pH 7.4～7.6的Tris-HCl缓冲液配成0.5～0.75 mg/mL溶液，加入少量(0.01%～0.03%) H_2O_2 混匀后加于反应物中置室温10～30 min，反应产物应呈深棕色；如用甲萘酚，则反应产物呈橙红色，用4-氯-1-萘酚，则呈浅蓝色或蓝色。

d.标本观察。显色后的标本可在普通显微镜下观察，抗原所在部位DAB显色呈棕黄色。亦可用常规染料做反衬染色，使细胞结构更为清晰，有利于抗原的定位。本法优于免疫荧光抗体技术之处在于不需要应用荧光显微镜，且标本可以长期保存。

②酶联免疫吸附试验(enzyme linked immunosorbent assay，ELISA)。ELISA是应用最广、发展最快的一项新技术。其基本过程是将抗原(或抗体)吸附于固相载体，在载体上进行免疫酶反应，底物显色后用肉眼或分光光度计判定结果。

a.固相载体。有聚苯乙烯微量滴定板、聚苯乙烯球珠等。聚苯乙烯微量滴定板(40孔或96孔板)是目前最常用的载体，小孔呈凹形，操作简便，有利于大批样品的检测。新板在应用前一般无需特殊处理，直接使用或用蒸馏水冲洗干净，自然干燥后备用。一般均一次性使用。如用已用过的微量滴定板需进行特殊处理。

用于ELISA的另一种载体是聚苯乙烯珠，由此建立的ELISA技术又称为微球ELISA。球珠的直径为0.5～0.6 cm，表面经过处理以增强其吸附性能，并可做成不同颜色。此球珠可事先吸附或交联上抗原或抗体制成商品。检测时将小球珠放入特制的凹孔板或小管中，加入待检标本将小珠浸没进行反应，最后在底物显色后比色测定。本法现已有半自动化装置，用以检验抗原或抗体，效果良好。

b.载体的包被。是指将抗原或抗体吸附于固相表面的过程，又称为载体的致敏。用于包被的抗原或抗体必须能牢固地吸附在固相载体的表面，并保持其免疫活性。大多数蛋白质可以吸附于载体表面，但吸附能力不同。可溶性物质或蛋白质抗原，如病毒蛋白、细菌脂多糖、脂蛋白、变性的DNA等均较易包被成功。较大的病毒、细菌或寄生虫等难以吸附，需要将其用超声波打碎或用化学方法提取抗原成分才能供试验用。

用于包被的抗原或抗体需纯化，纯化抗原和抗体是提高ELISA敏感性与特异性的关键。抗体最好用亲和层析和DEAE纤维素离子交换层析方法提纯。有些抗原含有多种杂蛋白，须用密度梯度离心等方法除去，否则易出现非特异性反应。

蛋白质(抗原或抗体)很易吸附于未使用过的载体表面，适宜的条件更有利于该包被过程。包被的蛋白质数量通常为1～10 μg/mL。高pH和低离子强度缓冲液一般有利于蛋白质的包被，通常用0.1 mol/L、pH 9.6的碳酸盐缓冲液做包冲液。一般包被均在4℃过夜，也有在37℃经2～3 h达到最大反应强度。包被后的滴定板置于4℃冰箱可储存3周。如用真空塑料封口，于－20℃冰箱可储存更长时间。使用时应充分洗涤。

c.洗涤。在整个ELISA试验过程中需进行多次洗涤，目的是防止重叠反应，避免引起非特异吸附现象。因此，洗涤必须充分。通常采用含助溶剂吐温-20(最终浓度为0.05%)的PBS做洗涤液。洗涤时，先将前次加入的溶液倒空并吸干，然后加入洗涤液洗涤3次，每次30 min后倒空，并用滤纸吸干。

d.试验方法。ELISA的核心是利用抗原、抗体的特异性吸附，在固相载体上一层层地叠加，可以是2层、3层甚至多层。整个反应都必须在抗原、抗体结合的最适条件下进行。每层试剂均稀释于最适合抗原、抗体反应的稀释液中(0.01～0.05 mol/L、pH 7.4 的 PBS 加吐温-20 至 0.05%、10%犊牛血清或 1%的 BSA),加入后置 4℃过夜或 37℃经 1～2 h,每加一层反应后均需充分洗涤。阳性和阴性应有明显区别。阳性血清颜色深,阴性血清颜色浅,二者吸收值比值最大时的浓度为最适浓度。试验方法主要有以下几种(图 3-30)。

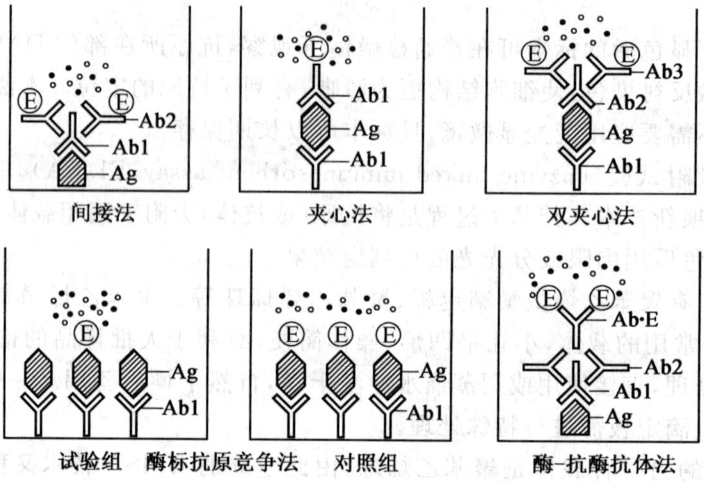

图 3-30 酶联免疫吸附试验方法

Ag. 抗原　Ab1. 特异性抗体　Ab2. 抗抗体

Ab3. 用另一种动物制备的特异性抗体

E. 酶　Ab・E. 酶与抗酶抗体复合物

黑色小点为底物酶解后的色素,白色小环为未被酶解的底物

间接法:用于测定抗体。用抗原包被固相载体,然后加入待检血清样品,经孵育一定时间后,若待检血清中含有特异性抗体,即与固相载体表面的抗原结合形成抗原-抗体复合物。洗涤除去其他成分,再加上酶标记的抗抗体,反应后洗涤,加入底物,在酶的催化作用下底物发生反应,产生有色物质。样品中含抗体越多,出现颜色越快越深。

夹心法:又称为双抗体法,用于测定大分子抗原。将纯化的特异性抗体包被于固相载体,加入待检抗原样品,孵育后洗涤,再加入酶标记的特异性抗体,洗涤除去未结合的酶标抗体结合物,最后加入酶的底物显色,颜色的深浅与样品中的抗原含量成正比。

双夹心法:用于测定大分子抗原。此法是采用酶标抗抗体检测多种大分子抗原,它不仅不必标记每种抗体,还可提高试验的敏感性。将抗体(如豚鼠免疫血清 Ab1)吸附在固相载体上,洗涤除去未吸附的抗体,加入待测抗原样品(Ag),使之与固相载体上的抗体结合,洗涤除去未结合的抗原,加入不同种动物制备的特异性相同的抗体(如兔免疫血清 Ab2),使之与固相载体上的抗原结合,洗涤后加入酶标记的抗 Ab2 抗体(如羊抗兔球蛋白 Ab3),使之结合在 Ab2 上。结果形成 Ab1-Ag-Ab2-Ab3-HRP 复合物。洗涤后加底物显色,呈色反应的深浅与样品中的抗原量呈正比。

此外,还有酶标抗原竞争法、酶-抗酶抗体法、酶标抗体直接竞争法、酶标抗体间接竞争法等。

e. 底物显色。与免疫酶组织化学染色法不同,本法必须选用反应后的产物为水溶性色素的供氢体，最常用的为邻苯二胺（OPD），生成可溶性的棕色产物（敏感性高），对光敏感，因此要避光进行显色反应。底物溶液应现用现配。底物显色以室温 10～20 min 为宜。反应结束，每孔加浓硫酸 50 μL 终止反应。也常用四甲基联苯胺（TMB），为供氢体，用氢氟酸终止，产物为蓝色（如用浓硫酸终止则为黄色）。

f. 结果判定。ELISA 试验结果可用肉眼观察，也可用 ELISA 测定仪测定样本的光密度（OD）值。每次试验都需设阳性和阴性对照，肉眼观察时，如样本颜色反应超过阴性对照，即判为阳性。用 ELISA 测定仪测定 OD 值，所用波长随底物供氢体不同而异，如以 OPD 为供氢体，测定波长为 492 nm；如以 TMB 为供氢体，测定波长为 650 nm（氢氟酸终止）或 450 nm（硫酸终止）。

定性试验结果通常有 2 种表示方法：以 P/N（阳性孔 OD 值/阴性孔 OD 值）表示，求出该样本的 OD 吸收值与一组阴性样本的吸收值的比值即可。若 P/N≥2 或 3 即判为阳性。或者，若样本的吸收值≥规定吸收值（阴性样本的平均吸收值＋2 标准差）为阳性。

定量结果以终点滴度表示，可将样本稀释，出现阳性（如 P/N≥2 或 3 或吸收值仍大于规定吸收值）的最高稀释度为该样本的 ELISA 滴度。

③斑点酶联免疫吸附试验（Dot-ELISA）。该试验是近几年创建的一项新技术，不仅保留了常规 ELISA 的优点，而且还弥补了抗原或抗体对载体包被不牢的缺点。此法的原理及其步骤与 ELISA 基本相同。不同之处在于：一是将固相载体以硝酸纤维素滤膜、硝酸醋酸混合纤维素滤膜、重氮苄氧甲基化纸等固相化基质膜代替，用以吸附抗原或抗体；二是显色底物的供氢体为不溶性的。结果以在基质膜上出现有色斑点来判定。可采用的方法有直接法、间接法、双抗体法、双夹心法等。

酶标抗体技术具有敏感、特异、简便、快速、易于标准化和商品化等优点，是当前应用最广、发展最快的一项新技术。目前已广泛应用于多种细菌病和病毒病的诊断和检测，且多数是利用商品化的 ELISA 试剂盒进行操作，如猪传染性胃肠炎、牛副结核病、牛结核病、鸡新城疫、牛传染性鼻气管炎、猪伪狂犬病、蓝舌病、蓝耳病、猪瘟、口蹄疫等传染病的诊断和抗体监测均常用此技术。

三、如何利用血清学试验？

血清学试验具有高度的特异性，现已广泛应用于微生物的鉴定、传染病及寄生虫病的诊断和监测。

（一）血清学诊断与检测

1. 疾病的诊断

疾病的诊断主要是寻找致病因素，或者确定发病后特异性产物。微生物及寄生虫分别是传染病和寄生虫病的病原，它们能刺激机体产生特异性抗体。取患病动物组织或血清作为检测材料，利用适当的血清学试验，能够定性或定量地检测微生物或寄生虫抗原，确定其血清型及亚型，或者检测相应抗体，从而对疾病进行确诊。目前，诊断用抗原已从微生物和寄生虫抗原扩展到肿瘤抗原等多种。

通过免疫学诊断，不仅能考查动物个体某一时间点所处的病理发展阶段和免疫应答能力，而且能通过对群体材料的定期检测，揭示全群动物抗体水平的动态变化规律，从而判断群体对某一特定疾病的易感性，对该病在群体中流行的可能性做出评估，即所谓流行病学分析。凝集试验、沉淀试验、中和试验、标记抗体技术等，正在越来越广泛地应用于此类诊断。随着免疫学诊断技术的发展和完善，血清学诊断还可以用来检测植物体内的病毒等微生物抗原，诊断植物疾病。

2. 妊娠的诊断

动物妊娠期间能产生新的激素，并从尿液排出。以该激素作为抗原，将激素抗原或抗激素抗体吸附到乳胶颗粒上，利用间接凝集试验或间接凝集抑制试验，检测孕妇或妊娠动物尿液标本中是否有相应激素存在进行早期妊娠诊断。根据反应类型和条件不同，一般在室温下经过3～20 min就能观察到结果。另外，间接血凝抑制试验、琼脂扩散试验等也可用于妊娠诊断。

3. 物种的鉴定

免疫学技术还可用于揭示不同物种之间抗原性差异的程度，作为分析物种鉴定和生物分类的依据。另外，血清学试验能用于人和动物血型的分类与鉴定。

4. 生物活性物质的超微定量

利用血清学技术，尤其是酶免疫标记技术和放射免疫标记技术，可以检测出纳克（ng，10^{-9}）及皮克（pg，10^{-12}）水平的物质，实现对动物、植物和昆虫体内其他方法难以测出的微量激素、白细胞介素等生物活性物质的超微量测定。

5. 免疫增强药物和疫苗研究

血清学试验还可用于研究疫苗免疫效力和评价免疫增强药物的功效，例如抗肿瘤药物筛选中，需要测定药物对细胞免疫功能的作用。

6. 免疫诊断与高新技术结合

免疫学诊断方法与其他先进技术相结合，还产生了许多新的免疫鉴定技术。例如，与荧光抗体染色法和免疫酶组织化学相结合，可以在细胞水平、亚细胞水平对抗原分子进行精确定位；与分子生物学技术相结合，产生了用于定量分析基因表达产物的免疫转印迹技术等。

（二）常见血清学试验的应用

1. 病毒血凝与血凝抑制试验（以新城疫为例）

（1）目的　掌握病毒的血凝及血凝抑制试验（微量法）操作方法与结果判定，明确其应用价值。

（2）材料　96孔V型微量血凝集反应板、微量吸液器、混合振荡器、新城疫病毒液、新城疫标准阳性血清和阴性血清、pH 7.2 0.01 mol/L PBS（或生理盐水）、1%鸡红细胞悬液、温箱、离心机、天平、注射器。

①pH 7.2 0.01 mol/L PBS的配制（GB/T 19836—2003）。

a. 配制25×PB，称量2.74 g磷酸氢二钠和0.79 g磷酸二氢钠，加蒸馏水至100 mL。

b. 配制1×PBS，量取40 mL 25×PB，加入8.5 g氯化钠，加蒸馏水至1 000 mL。

c. 用氢氧化钠或盐酸调pH至7.2。

d. 灭菌或过滤除菌。

PBS液一经使用，于4℃保存不超过3周。

②1%为红细胞悬液的制法。先用灭菌注射器吸取3.8%枸橼酸钠溶液（其量为所需血量的1/5），从成年健康鸡翅静脉或心脏采血至需要血量，置灭菌离心管内，加pH 7.2 0.01 mol/L PBS为抗凝血的2倍，以2 000 r/min离心3～4 min，如此将红细胞洗涤3～4次，最后一次5 min。每次离心后弃去上清液，并彻底去除白细胞，最后用PBS稀释成1%红细胞悬液。

(3)方法

①微量血凝(HA)试验。按表 3-7 进行。采用 96 孔 V 型血凝板测定病毒血凝价。用微量吸液器吸取 PBS 50 μL,每孔均滴加。然后换滴头吸取 50 μL 病毒滴于第 1 孔中,用吸液器挤 3 次混匀后吸至第 2 孔,依次倍比稀释到第 11 孔,第 11 孔混匀后从中 50 μL 弃去,第 12 孔不加病毒抗原,做对照。

换一吸头吸取 1%鸡红细胞悬液于 1~12 孔,每孔滴加 50 μL。置于振荡器上振荡 1 min。并放室温(18~20℃)下作用 30~40 min,或置 37℃恒温箱中 15~30 min,取出观察结果。

结果判定及记录:

“+”表示红细胞完全凝集。红细胞凝集后完全沉于反应孔底层,呈颗粒状,边缘不整或锯齿状,而上层液体中无悬浮的红细胞。

“—”表示红细胞未凝集。反应孔底部的红细胞没有凝集成一层,而是全部沉淀成小圆点,位于小孔最底端,边缘整齐。

“±”表示部分凝集。红细胞下沉情况介于“+”与“—”之间。

新城疫病毒液能凝集鸡红细胞,但随着病毒液被稀释,其凝集红细胞的作用逐渐变弱。稀释到一定倍数时就不能使红细胞出现明显的凝集,从而出现可疑或阴性结果。能使一定量红细胞完全凝集的病毒最大稀释倍数为该病毒的血凝滴度,或称为血凝价(1 个血凝单位——HAU),如表 3-7 中病毒液的血凝价为 128 倍(2^7)。

表 3-7 病毒血凝试验操作方法 μL

项目	孔号											
	1	2	3	4	5	6	7	8	9	10	11	12
PBS 或生理盐水	50	50	50	50	50	50	50	50	50	50	50	50
新城疫病毒液	50	50	50	50	50	50	50	50	50	50	50	— 弃50
病毒稀释倍数	2^1	2^2	2^3	2^4	2^5	2^6	2^7	2^8	2^9	2^{10}	2^{11}	对照
1%鸡 RBC 悬液	50	50	50	50	50	50	50	50	50	50	50	50
振荡 1 min,室温(18~20℃)下作用 30~40 min,或置 37℃恒温培养箱中作用 15~30 min 观察结果												
结果举例	+	+	+	+	+	+	+	±	±	—	—	—

②微量血凝抑制(HI)试验。采用同样的血凝板,每排孔可测 1 份血清样品。

a. 制备 4 个血凝单位的病毒液。根据 HA 试验结果,确定病毒的血凝价。用 PBS 稀释病毒,使之含 4 个血凝单位的病毒。稀释倍数按下式计算:

$$4\text{个血凝单位病毒的稀释倍数}=\frac{\text{病毒的血凝滴度}}{4}$$

如表 3-7 中测得病毒液的血凝价为 128 倍,则 4 个血凝单位病毒的稀释倍为 32 倍(2^5)。

b. 被检血清的制备。静脉或心脏采血,完全凝固后自然析出或离心得淡黄色的液体即为被检血清。

c. 按表 3-8 操作。同上采用 V 型血凝板,每排孔检查 1 份血清样品。用微量吸液器在 1~11 孔中滴加 PBS 50 μL,第 12 孔加 100 μL。然后换一吸头吸取 50 μL 待检血清,滴加于第 1 孔中,挤压 3~5 次混匀,吸取 50 μL 加入第 2 孔,然后倍比稀释至第 10 孔,将第 10 孔混匀后弃去 50 μL，第 11 孔为病毒对照，第 12 孔为 PBS 或生理盐水对照。

用微量吸液器吸取稀释好的 4 单位病毒稀释液，滴加于 1～11 各孔中 50 μL，混合振荡 1 min。将反应板置于室温下 20 min，或放入 37℃温箱中 5～10 min。

取出反应板，在每孔中各滴加 50 μL 1%的红细胞悬液，置微型振荡器中振荡 15～30 s 混匀。置于 37℃恒温箱中 15～30 min，取出观察判定结果。

表 3-8　病毒血凝抑制试验操作方法

μL

项目	孔号											
	1	2	3	4	5	6	7	8	9	10	11	12
PBS 或生理盐水	50	50	50	50	50	50	50	50	50	50	50	100
待检血清	50	50	50	50	50	50	50	50	50	50 弃50	—	—
待检血清稀释倍数	2^1	2^2	2^3	2^4	2^5	2^6	2^7	2^8	2^9	2^{10}	病毒对照	盐水对照
4 血凝单位的病毒	50	50	50	50	50	50	50	50	50	50	50	—
振荡 1 min，室温（18～20℃）下作用 20 min，或置 37℃恒温培养箱中作用 5～10 min												
1%鸡 RBC 悬液	50	50	50	50	50	50	50	50	50	50	50	50
振荡 15～30 s，置 37℃恒温箱中作用 15～30 min 观察结果												
结果举例	—	—	—	—	—	—	±	±	+	+	+	—

e. 结果判断和记录。

“—”表示红细胞凝集抑制。高浓度的新城疫抗体能抑制新城疫病毒对鸡红细胞的凝集作用，使反应孔中的红细胞呈圆点状沉淀于反应孔底端中央而不出现血凝现象。

“+”表示红细胞完全凝集。随着血清被稀释，血清对病毒血凝作用的抑制减弱，反应孔中的病毒逐渐表现出血凝作用，而最终使红细胞完全凝集，沉于反应孔底层，边缘不整或呈锯齿状。

“±”表示不完全抑制。红细胞下沉情况介于“—”与“+”之间。

以完全抑制 4 个 HAU 抗原的血清最大稀释倍数作为该血清的血凝抑制滴度或血清的血凝抑制效价，如表 9-4 所表示的血清血凝抑制效价为 64（2^6）倍。每次试验需均设新城疫阳性、阴性血清对照孔。

预防鸡新城疫，必须制订合理的免疫程序才能控制以至消灭本病。接种鸡新城疫疫苗时间的确定均要求进行免疫监测。即每隔一定时间，随机抽样进行 HI 抗体滴度的测定。当发现抗体滴度下降至 2^5（HI 微量法）以下时，应立即用鸡新城疫疫苗接种免疫成年鸡。雏鸡新城疫母源抗体 HI 滴度在 2^3 以下时应进行首次免疫接种。

病毒的 HA-HI 试验可用已知血清来鉴定未知病毒，也可用已知病毒检测血清中的抗体效价，在某些病毒病的诊断及疫苗免疫效果检测中应用十分广泛。

2. 琼脂扩散试验

(1)目的　掌握琼脂扩散试验的操作和判定标准，明确此试验在生产中的应用。

(2)材料　纯净琼脂、电炉、玻棒、烧杯、剪刀、平皿、玻片、毛细吸管、微量加样器（带滴头）、打孔器（孔径 4～6 mm）、温箱、湿盒（内垫湿纱布的有盖方盒）、pH 7.2 的 0.01 mol/L PBS 或生理盐水（禽类血清用 8%盐水）、马立克氏病阳性抗原及待检鸡毛囊、鸡马立克氏病标准诊断血清。

(3)方法

①取1%琼脂加热融化后用毛细吸管加入清洁的玻片上或倒入平皿中2.5～3 mm，注意勿倒出气泡。

②冷凝后打孔，先在纸上画好7孔图案，将上述琼脂玻片或平皿置图案上。用打孔器按图形位置打孔并将孔内琼脂块挑出，外周孔径6 mm，中央孔4 mm，孔距3 mm，注意不能损坏孔的边缘。打孔完毕轻轻在火焰上过数次或用小玻棒加热后融封孔底(图3-31)。

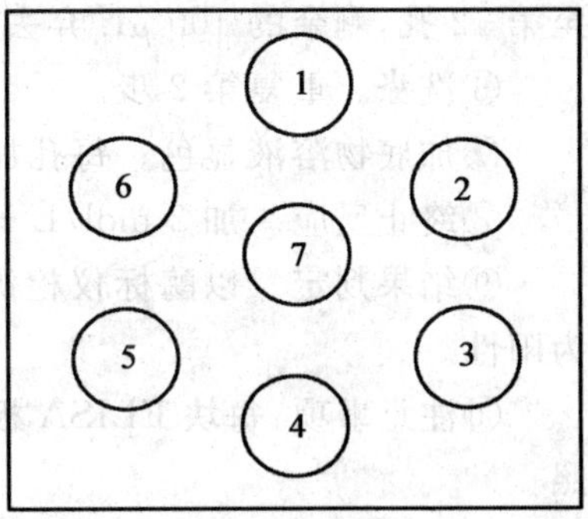

图3-31 双向琼脂扩散打孔示意图

③中央孔加入马立克氏病标准诊断血清，1、4孔加入阳性抗原；其余各孔加待检鸡毛囊。样品用毛细吸管或微量移液器滴加，满孔为度。各样品吸管必须标明，不得混用。加样后置湿盒中，于30～37℃温箱中扩散24 h，观察结果。

④阳性抗原与标准抗血清间有明显致密的沉淀带，若样品抗原的沉淀线与之融合可判为阳性；若待检鸡毛囊孔与标准抗血清间无沉淀带出现则为阴性。

3.酶联免疫吸附试验

(1)目的　掌握ELISA的基本操作步骤，了解猪群猪瘟抗体监测的意义。

(2)材料　酶联检测仪、酶标板、微量加样器(配带滴头)、猪瘟病毒、酶标SPA、猪瘟阳性血清、猪瘟阴性血清、待检血清、pH 9.6碳酸盐缓冲液、洗涤液(PBS-T)、BSA(牛血清白蛋白)、封闭液、稀释液、底物溶液、30% H_2O_2、2 mol/L H_2SO_4 溶液、邻苯二胺(OPD)。

常用试剂的配制：

包被液(0.05 mol/L pH 9.6碳酸盐缓冲液)：Na_2CO_3 1.59 g、$NaHCO_3$ 2.93 g、蒸馏水1 000 mL。

缓冲液(0.01 mol/L pH 7.4 PBS)：NaCl 8.0 g、KH_2PO_4 0.2 g、Na_2HPO_4 2.9 g、KCl 0.2 g、蒸馏水1 000 mL。

洗涤液(0.01 mol/L pH 7.4 PBS-吐温-20)：吐温-20 0.5 mL、0.01 mol/L pH 7.4 PBS 1 000 mL。

封闭液(1% BSA-PBS-T)：BSA 1.0 g、PBS-T 100 mL。

底物缓冲液(pH 5.0磷酸盐-柠檬酸盐缓冲液)：柠檬酸4.665 6 g、Na_2HPO_4 7.298 8 g、蒸馏水1 000 mL。

底物溶液(临用前新鲜配制，配后立即使用)：邻苯二胺40 mg、30% H_2O_2 0.15 mL、底物缓冲液100 mL。

终止剂(2 mol/L H_2SO_4 溶液)：H_2SO_4 22.2 mL、蒸馏水177.8 mL。

(3)方法　PPA-ELISA检测猪瘟抗体效价。

①包被。用pH 9.6碳酸盐缓冲液稀释猪瘟病毒抗原至1 μg/ mL，以微量加样器每孔加样100 μL，置湿盒内37℃包被2～3 h。

②洗涤。用洗涤液(PBS-T)将反应板洗涤3次，每次5 min，甩干。

③封闭。以微量加样器在每孔内加封闭液200 μL，置湿盒内37℃封闭3 h。

④洗涤。重复第2步。

⑤加待检血清。以微量加样器在每孔内加100 μL稀释液，然后在酶标板的第1孔加

100 μL 待检血清，以微量加样器反复吹吸几次混匀后，吸 100 μL 加至第 2 孔，依次倍比稀释至第 12 孔，剩余的 100 μL 弃去，置湿盒内 37℃作用 2 h。

⑥洗涤。重复第 2 步。

⑦加底物溶液显色。每孔加入新配制的底物溶液 100 μL，37℃避光显色 10 min。

⑧终止反应。加 2 mol/L H_2SO_4 溶液终止反应，每孔 50 μL。

⑨结果判定。以酶标仪检测样品的 A_{490}，检测之前，先以空白孔调零，当 P/N≥2.1 即判为阳性。

⑩注意事项：每块 ELISA 板均需在最后一排的后 3 孔设立阳性对照、阴性对照和空白对照。

4. 免疫荧光技术

(1)目的　了解荧光抗体的染色及镜检方法，明确此试验的实际应用。

(2)材料　荧光显微镜、冰冻切片机、载玻片、染色缸、0.01 mol/L pH 7.2 PBS、pH 9.0～9.5 碳酸盐缓冲甘油（配制：Na_2CO_3 0.6 g、$NaHCO_3$ 3.7 g、蒸馏水 100 mL。混合后取该缓冲液 1 份加 9 份甘油即成）、丙酮、猪瘟荧光抗体、疑似猪瘟的新鲜病料（淋巴结、肾、扁桃体等）。

(3)方法

①标本制备。

a. 制片。取疑似猪瘟病料的组织块无菌剪成适当大小，制成压印片或冰冻切片，吹干。

b. 固定与洗涤。将吹干的标本片立即放入纯丙酮中固定 15 min，取出后放入 0.01 mol/L pH 7.2 PBS 中，轻轻漂洗 3～4 次，每次 3～4 min，取出吹干。如不能及时染色，可用塑料纸包好，放入低温冰箱中保存。

②直接染色法。

a. 荧光抗体染色。在晾干的标本片上滴加猪瘟荧光抗体，放湿盒内置 37℃染色 30 min。

b. 洗涤、封片。取出标本片，放入 0.01 mol/L pH 7.2 PBS 液中，轻轻漂 3～4 次，每次 3～4 min，再用 pH 9.0～9.5 碳酸盐缓冲甘油封片。染色后应尽快镜检。

c. 对照设置。将猪瘟阳性标本、阴性标本固定后，以猪瘟荧光抗体染色、封片后镜检。

自发荧光对照：以 PBS 代替荧光抗体染色。

抑制试验对照：标本上加未标记的猪瘟抗血清，37℃于湿盒中 30 min 后，PBS 漂洗，再加标记抗体，染色同上。

d. 镜检。将染色好的标本片置激发光为蓝紫光或紫外光的荧光显微镜下观察。先用低倍物镜选择适当的标本区，然后换高倍物镜观察。

e. 结果判定。阳性对照应呈黄绿色荧光，而阴性对照、猪瘟自发荧光对照和抑制试验对照组应无荧光。

标本判定标准：

＋＋＋＋：黄绿色闪亮荧光。

＋＋＋：黄绿色的亮荧光。

＋＋：黄绿色荧光较弱。

＋：仅有暗淡的荧光

－：无荧光。

③间接染色法。

a. 一抗作用。在晾干的标本片上滴加猪瘟抗体(用兔制备),置湿盒,37℃作用 30 min。洗涤,同直接法作用。

b. 二抗染色。滴加羊抗兔荧光抗抗体,置湿盒,37℃作用 30 min。洗涤、晾干、镜检同直接法。

c. 对照设置。应设自发荧光对照、阴性兔血清对照、已知阳性对照和阴性对照。

d. 结果判定。观察和结果记录同直接法,除阳性对照外,所有对照应无荧光。

(4)注意事项

①本试验应设阳性标本、阴性标本对照等,以确证其特异性。

②可疑急性猪瘟病例,取淋巴结、扁桃体效果最好;病程较长,应同时采用肾脏效果较好。部位要准确。

③所采集的病料,在无速冻保存的条件时,应尽可能早作压印片或冰冻切片。

四、识病原、助防疫

(一)布鲁氏菌

布鲁氏菌(Brucella)是多种动物和人布鲁氏菌病的病原,不仅危害畜牧生产,而且严重损害人类健康。根据生物学特性、抗原构造等,可分为羊布鲁氏菌、牛布鲁氏菌、猪布鲁氏菌、犬布鲁氏菌、沙林鼠布鲁氏菌和绵羊布鲁氏菌。

1. 主要特性

细菌呈球形、球杆形或短杆形,新分离菌趋向球形。大小为(0.5～0.7) μm×(0.6～1.5) μm。多单在,很少成双、短链或小堆状。不形成芽孢、荚膜和鞭毛,不运动。革兰氏阴性,姬姆萨染色呈紫色。本菌为专性需氧菌,对营养要求较高.在含有肝浸液、血液、血清及葡萄糖等培养基上生长良好,其中牛型流产布鲁氏菌与马耳他布鲁氏菌初次培养时须在含 5%～10%CO_2 中才能生长。本菌生长缓慢,初次培养约 5～10 d 才能看到菌落。血清肝汤琼脂培养 2～3 d 后形成湿润、闪光、无色、圆形、隆起、边缘整齐的小菌落。血液琼脂培养 2～3 d 后形成灰白色、不溶血的小菌落。

布鲁氏菌在自然界中抵抗力较强。在污染的土壤和水中可存活 1～4 个月,皮毛上存活 2～4 个月,鲜乳中 8 d,粪便中 120 d,流产胎儿中至少 75 d,子宫渗出物中 200 d。在直射阳光下可存活 4 h。但对湿热的抵抗力不强,60℃加热 30 min 或 75℃加热 5 min 即被杀死,煮沸立即死亡。对消毒剂的抵抗力不强,2%石炭酸、来苏儿、火碱溶液或 0.1%升汞可于 1 h 内杀死本菌;5%新鲜石灰乳 2 h 或 1%～2%福尔马林 3 h 可将其杀死,0.5%洗必泰或 0.01%度米芬、消毒净或新洁尔灭,5 min 内可杀死本菌。

2. 致病性

本菌可产生毒性较强的内毒素。羊布鲁氏菌内毒素毒力最强,猪布鲁氏菌次之,牛布鲁氏菌较弱。在自然条件下,除羊、牛、猪对本菌敏感外,还可传染马、骡、水牛、骆驼、鹿、犬和猫等。通过皮肤、消化道、呼吸道、眼结膜等途径传播,引起母畜流产,公畜睾丸炎、关节炎等。本菌感染多为慢性,症状多不明显,致死率低,但较长时间经乳、粪、尿和子宫分泌物排菌,传染人畜,危害较大。实验动物中豚鼠最敏感,家兔、小鼠则有抵抗力。人对布鲁氏菌易感,羊布鲁氏菌对人的致病力最大，表现长期发热(波浪热)、关节炎、睾丸炎等，是兽医的一种职业病。

3. 检查

本菌所致疾病症状复杂，多不典型，难与其他疾病区别，故微生物检查较为重要。主要采用细菌学诊断、血清学诊断、变态反应诊断。

(1)细菌学诊断　取流产胎儿的胃内容物、肺、肝和脾以及流产胎盘和羊水等作为病料直接涂片。做革兰氏和科兹洛夫斯基染色镜检。若发现革兰氏阴性、柯氏染色法为红色的球状杆菌或短小杆菌，即可做出初步的疑似诊断。必要时选择适宜培养基进行细菌的分离培养和动物接种。

(2)血清学诊断　动物在感染布鲁氏菌 7～15 d 可出现抗体，检测血清中的抗体是布鲁氏菌病诊断和检疫的主要手段。最常用的方法是平板凝集试验和试管凝集试验。也可进行补体结合试验、间接血凝试验和乳汁环状试验。

(3)变态反应诊断　家畜感染布鲁氏菌 20～25 d 后，常可出现变态反应阳性，并且持续时间较长，我国通常用注射布鲁氏菌水解素来诊断绵羊和山羊布鲁氏菌病，但此法不宜作为早期诊断。

凝集反应、补体结合反应、变态反应出现的时间各有特点，即动物感染布鲁氏菌后，首先出现凝集反应，保持时间较短；其次出现补体结合反应，保持时间较长；最后出现变态反应，保持时间也较长。在感染初期阶段，凝集反应常为阳性，补体结合反应为阳性或阴性，变态反应则为阴性。到后期慢性或恢复阶段，则凝集反应和补体结合反应均转为阴性，仅变态反应呈现阳性。因此有人主张，为了彻底清除病原，应同时使用 3 种方法综合诊断。

4. 防制

目前我们国家预防布鲁氏菌病的疫苗有 2 种，一种是羊型 5 号(M_5)弱毒活菌苗，对牛、山羊、绵羊和鹿布鲁氏菌病的预防效果较好(怀孕动物不能用)。另一种是猪型 2 号(S_2)弱毒活菌苗，毒力弱，生物性状稳定，免疫原性好，对猪、绵羊、山羊、牦牛、牛等都有较好的免疫效果，可接种任何年龄的动物。甚至可以接种怀孕动物而不引起流产。

疫苗接种虽然有显著效果，但要根除此病，必须严格执行畜群全面检疫及淘汰病畜的综合措施。

(二)猪丹毒杆菌

猪丹毒杆菌在自然条件下，主要使 3～12 个月的猪发生猪丹毒。临床上分急性型(败血症)、皮肤型(皮肤上出现暗红色疹块)和慢性型(关节炎和心内膜炎)3 种。本菌在自然界分布广泛，在猪、羊、鸟类和其他动物的体表、肠腔等处均有寄生。

1. 生物学特性

本菌为纤细的小杆菌，菌体正直或微弯，长 0.5～2.5 μm，宽 0.2～0.4 μm，无鞭毛、荚膜和芽孢。在病料中呈单在、成对或成丛排列。在白细胞内或丛存在，老龄培养或慢性心内膜炎的疣状物中细菌多为弯曲的长丝状。革兰氏阳性，但老龄菌可转变为阴性。

本菌为微需氧菌，生长最适合温度 35～37℃，最适宜的 pH 为 7.4～7.6。普通培养基上生长不良。在含有血清的培养基上生长较好。在血液琼脂中培养 24～26 h 后，光滑型猪丹毒杆菌(采自急性丹毒猪病料分离)形成圆形、边缘整齐、光滑透明的针尖状菌落，且周围带有狭长的草绿色的溶血环(α 溶血)。粗糙型猪丹毒杆菌(采自长期人工培养或慢性丹毒猪的分离)菌落边缘不整齐,表面呈颗粒状,较灰暗而密集。

在加有 1%葡萄糖及 2%~3%甘油的肠汤琼脂上生长良好。肉汤中呈轻度浑浊,在试管底部有少量颗粒样沉淀。明胶穿刺培养 6~10 d,呈试管刷状生长,不液化明胶。

本菌在无芽孢杆菌中抵抗力较强。在干燥环境中存活 3 周,腐败尸体中存活数日,在熏制腌渍的肉品中存活 3 个月,肉汤培养物封存于安瓶中存活 17 年,冷冻干燥保存时间较长。但对热抵抗力不强,50℃经 15 min、70℃经 5 min 即可杀死。但在血块中对热耐受较强,15 cm 厚的肉块须煮沸 2.5 h 才致死。对一般消毒剂抵抗力小,5%石灰酸、1%漂白粉和 0.1%的升汞溶液 5~15 min 都能很快杀死本菌。

2. 致病性

本菌通过消化道感染进入血液,而后定植在局部或引起全身感染。细菌产生的神经氨酸酶是可能的毒力因子,菌株的毒力与该酶的量有相关性,酶的存在有助于菌体侵袭宿主细胞。

猪丹毒杆菌主要使 3~12 月龄猪发病,3~4 周龄的羔羊发生慢性多发性关节炎,禽类也可感染,鸡呈衰弱或下痢等症状,鸭呈败血症经过。实验动物以小白鼠和鸽子最易感,皮下注射病料,于 2~5 d 内败血症死亡。人多因皮肤创伤感染,发生"类丹毒"。

3. 检查

败血型猪丹毒病畜生前耳静脉采血,死后可采取肾、脾、心血、淋巴结,尸体腐败可采取长骨骨髓;疹块型猪丹毒病畜可采取疹块皮肤(最好为病变和健康部交接处皮肤);慢性猪丹毒病畜可采取心脏瓣膜疣增生物和肿胀部关节液。

(1)镜检　取上述病料涂片染色镜检,如发现革兰氏阳性、细长、单在、成对或成丛的纤细小杆菌,特别在白细胞内排列成丛,即可初步诊断。一般以败血型猪丹毒病料检查效果最好,疹块型、慢性型或肉品检查时因菌落不多,效果很差,应作进一步分离培养和动物接种。

(2)分离培养　取病料接种于血琼脂平板,经 24~48 h 培养,观察有无针状菌落,并在周围呈 α 溶血,取此菌落涂片染色镜检,若为革兰氏阳性纤细菌即可诊断为本菌。

(3)动物接种　取病料做成 5~10 倍生理盐水的乳剂或从病料分离的 24 h 的肉汤培养物对小白鼠皮下注射 0.2 mL 于 2~5 d 内死亡。死后取病料涂片染色镜检或接种于血琼脂平板进一步确诊。

4. 防制

定期给猪进行免疫接种,能有效地防治猪丹毒,常用的人工免疫制剂有猪丹毒氢氧化铝甲醛菌落、猪丹毒弱毒冻干菌苗以及猪瘟-猪丹毒-猪肺疫三联苗。治疗一般用青霉素效果良好。

◈ 复习思考题

1. 试述检查鸡新城疫用红细胞凝集抑制试验的判定标准。
2. 简述血清学反应的主要特点与影响因素。
3. 直接凝集试验与间接凝集试验有何异同?
4. 琼脂双向双扩散与双向单扩散试验有何用途?
5. 试述 ELISA 试验的原理、主要方法及应用。

探索与发现

卡介苗的研制成功

1907年秋天的一个下午，法国巴斯德研究所的两位细菌学家——卡默德和介兰(Calmette和Guerin)走在巴黎近郊的马波泰农场的一条小路上做实验，试图把结核杆菌接种到两只公羊身上，但每次都失败了。走着走着，他们发现田里的玉米秆儿很矮，穗儿又小，便关心地问旁边的农场主："这些玉米是不是缺乏肥料呢？"农场说："不是，先生。这玉米引种到这里已经十几代了，可能有些退化了。"

"什么？请您再说一遍！"农场主笑着说："是退化了，一代不如一代啦！"看着匆匆离去的两个人，他觉得很好笑。

卡默德和介兰从玉米的退化马上联想到：如果把毒性强烈的结核杆菌一代代培养下去，它的毒性是否也会退化呢？用已退化了毒性的结核杆菌再注射到人体中，不就可以既不伤害人体，也能使人体产生免疫力了吗？于是他们将有毒力的牛型分枝杆菌(Mb)分离物在5%甘油胆汁马铃薯培养基上培养。足足花了13年的时间，传230代后使致病力完全丧失，获得减毒株，于1921年终于成功培育了被驯服的结核杆菌作为人工疫苗！

1922—1928年，法国有5万多名儿童口服BCG。嗣后采用了其他新的接种方法，如皮内接种、多点针刺、划痕法。1923年以后在全世界广泛使用。1928年将这株细菌取名为卡介菌(bacille Calmette-Guerin，BCG)，用卡介菌制成的活苗称卡介苗(bacille Calmette-Guerin vaccine)。1948年在巴黎召开了全球第一次卡介苗会议，会议正式确认了BCG预防结核病的效果。1974年，WHO将BCG接种纳入扩大免疫计划，全世界已有100多个国家推广使用，已接种超过30亿剂(每年约接种1亿儿童)。

自学成才 其他常见病原微生物

一、马立克氏病病毒

马立克氏病病毒(Marek's disease virus,MDV)是引起鸡马立克氏病的病原体。此病主要以淋巴细胞增生和肿瘤形成为特征,另外,外周神经、性腺、虹膜、各种脏器、肌肉和皮肤发生单核细胞浸润。常使病鸡发生急性死亡、消瘦或肢体麻痹。

(一)主要特性

MDV 是双股 DNA 病毒,属于疱疹病毒科疱疹病毒甲亚科,又称为禽疱疹病毒 2 型,病毒近似球形,为二十面体对称。在机体组织内病毒有 2 种存在形式:一种为病毒颗粒外面无囊膜的裸体病毒,存在于肿瘤组织中,是一种严格的细胞结合型病毒;另一种为有囊膜的完整病毒,存在于羽毛囊上皮细胞中,属非细胞结合型。裸体病毒直径为 80～170 nm,完整病毒直径为 275～400 nm。在细胞内常可看到核内包涵体。

(二)致病性

本病毒可分为 3 个血清型,一般所说的马立克氏病病毒是指血清Ⅰ型,为致瘤性 MDV。血清Ⅱ型为非致瘤性 MDV。血清Ⅲ型为火鸡疱疹病毒(HVT),对火鸡可致产卵下降,对鸡无致病性。

MDV 主要侵害雏鸡和火鸡,1 日龄雏鸡的敏感性比 14 日龄鸡高 1 000 多倍。野鸡、鹌鹑和鹧鸪也可感染。发病后不仅引起大量死亡,耐过的鸡生长不良,是一种免疫抑制性疾病,对养鸡业危害很大。病情复杂,可分为内脏型(急性型)、神经型(古典型)、眼型和皮肤型 4 种类型。致病严重程度与病毒毒株的毒力、鸡的日龄和品种、免疫状况、性别等有很大关系。隐性感染鸡可终生带毒并排毒,其羽毛囊角化层的上皮细胞含有病毒,易感鸡通过吸入此种毛屑感染。病毒不经卵传递。一般认为哺乳动物对本病毒无易感性。

(三)检查

1. 病毒分离

供分离病毒用的首选样品包括肿瘤细胞、肾细胞以及脾或外周血液的白细胞。由于 MDV 在以上组织中是高度细胞结合性的,所以必须用全细胞作为接种物。通常是向细胞悬液中添加保护剂,缓慢冻结,并在－196℃中储存。

2. 病毒培养

雏鸡接种是分离 MDV 最敏感的方法。用腹腔接种途径感染 1 日龄或孵出后 1 周内的易感鸡,接种后经 18～21 d,对试验鸡连同相应的阳性和阴性对照,进行有无感染迹象的检查。感染标志是神经或脏器中有肉眼或显微镜下的病变,在细胞培养物中分离出病毒,在羽毛囊中出现特异性抗原或病毒粒子(荧光抗体试验阳性),血清抗体检测试验(琼扩)呈现阳性结果。为了获得最高的敏感度,试验应至少持续 10 周。

3. 血清学检查

简易方法为琼脂扩散试验；免疫荧光试验等血清学方法可检出病毒；也可用全血白细胞层接种细胞，或接种4日龄鸡胚卵黄囊或绒毛尿囊膜，再做荧光抗体染色或电镜检查做出诊断。

禽白血病病毒往往与本病毒同时存在，要注意鉴别。

（四）防制

由于雏鸡对MDV的易感性高，尤其是1日龄雏鸡易感性最高，所以防制本病的关键在于搞好育雏室的卫生消毒工作，防止早期感染，同时作好1日龄雏鸡的免疫接种工作，加强检疫，发现病鸡立即淘汰。

目前免疫接种常用疫苗有4类：强毒致弱MDV疫苗（如荷兰CVI_{988}疫苗）、天然无致病力疫苗（如SB-1、Z_4苗）、火鸡疱疹病毒疫苗（HVT苗）和双价苗型（血清Ⅰ型＋Ⅱ型、血清Ⅱ型＋Ⅲ型）及三价苗（血清Ⅰ型＋Ⅱ型＋Ⅲ型）。疫苗的使用方法是1日龄雏鸡颈部皮下注射。

生产中应用的MDV疫苗除HVT苗以外均为细胞结合性疫苗，尚不能冻干，必须在液氮中保存，故运输、保存和使用时均应注意。

二、伪狂犬病病毒

伪狂犬病病毒又称为猪疱疹病毒Ⅰ型，是伪狂犬病的病原体。伪狂犬病以发热、奇痒及脑脊髓炎为主要症状，最后麻痹而死亡的致死性感染。

（一）主要特性

本病毒属于疱疹病毒科疱疹病毒甲亚科成员。完整病毒粒子为圆形，直径为150～180 nm，核衣壳直径为105～110 nm，有囊膜和纤突，基因组为线性双股DNA。伪狂犬病病毒只有1个血清型，但不同毒株在毒力和生物学方面存在差异。本病毒能在多种组织培养细胞内增殖，其中以兔肾和猪肾细胞（包括原代细胞和传代细胞系）最为敏感。另外，病毒还可在鸡胚上生长。

本病毒对外界环境抵抗力很强，于37℃半衰期为7 h，8℃可存活46 d，在25℃的干草、树枝、食物上可存活10 d。56℃经30 min，70℃经10 min，100℃经1 min病毒可失去感染力。对乙醚、氯仿等脂溶剂、福尔马林和紫外线照射等敏感。5%石炭酸经2 min灭活，0.5%～1% NaOH迅速将其灭活。病毒培养物的最适保存温度为－70℃以下，短期保存时，－4℃较－15℃和－20℃冻结保存更好。

（二）致病性

本病毒可感染多种家畜、禽类及野生动物，对小猪危害最为严重，成年猪症状轻微.死亡很少，并常成为隐性带毒者。猪不发生奇痒，但可引起母猪流产，产仔减少。试验动物中，家兔、豚鼠、仓鼠及小鼠等均有易感性。

（三）检查

1. 病毒分离

在发病急性期，用灭菌棉拭子在口咽部取样。病死动物取扁桃体、颈淋巴结和鼻黏膜。收集局部水肿液和该区域的神经干或采集脊髓和脑分离病毒。

(1)鸡胚接种　本病毒能适应鸡胚。接种4 d后，在绒毛尿囊膜上可见白色痘斑性病变，并迅速侵袭整个神经系统，导致胚胎头盖骨突起。

(2)动物接种　病料皮下接种家兔能产生典型的瘙痒症状,2 d后兔舐食接种部位,以后开始狂躁、啃咬局部皮肤。上述症状可持续4～6 d,之后兔卧地不起,表现出阵发性痉挛和呼吸困难直至死亡。

2.血清学检查

应用最广泛的有微量病毒中和试验、酶联免疫吸附试验、乳胶凝集试验、补体结合试验和间接免疫荧光技术等。

(四)防制

用于本病防制的疫苗有弱毒苗、灭活苗和基因工程苗。目前多趋向发展弱毒苗,少数国家推荐基因工程苗。

三、钩端螺旋体

致病性钩端螺旋体是人畜共患传染病钩端螺旋体病的病原体,发病后呈现发热、黄疸、血红蛋白尿等多种症状,是一种重点防治的人畜共患传染病。

(一)主要特性

钩端螺旋体属的螺旋体分为两大群,一群为腐生性钩端螺旋体,无致病性;另一群是寄生性钩端螺旋体,有致病性,可使人和多种动物发病。

钩端螺旋体对热、干燥、阳光等都很敏感,对酸、碱耐受性低,常用消毒药物如0.5%来苏儿、70%酒精、0.5%石炭酸和0.05%福尔马林等均可在5 min内将其杀死。低温、湿润的环境有利于其生存。在非过酸或过碱的水、污泥和土壤中可生存数月之久。对青霉素、金霉素和链霉素较敏感。

(二)致病性

钩端螺旋体常以水作为传播媒介,主要通过损伤的皮肤、眼和鼻黏膜及消化道侵入机体,最后定位于肾脏,并可从尿中排出,被感染的人畜能长期带菌,是重要的传染源。鼠类是其天然寄主和危险的传染源。

致病性钩端螺旋体可引起人和动物发生钩端螺旋体病。病畜表现为发热、黄疸、出血、黏膜水肿、皮肤坏死、血红素尿等症状。易感动物有牛、绵羊、山羊和猪,病畜表现为发热、黄疸、出血、黏膜水肿、皮肤坏死、血红素尿等症状。而犬、水牛、马、驴和家禽的敏感性较低,成年家禽多不表现临床症状,或以一过性临床反应而耐过。此病原体还可使野生动物如狐、水貂、鼠、鼬、狼和蝙蝠等发病。

(三)检查

采取高热期动物血液、脏器,或恢复期肾脏组织、尿液进行暗视野镜检或荧光抗体检查,可发现钩端螺旋体。血清学试验可应用凝集溶解试验和ELISA。应用ELISA检查钩端螺旋体时特异性高,可以检出早期感染动物,因而具有早期诊断意义。

(四)防制

用钩端螺旋体多价苗预防接种可预防本病。在本病流行期间紧急接种,一般能在2周内控制流行。治疗可选用链霉素、土霉素、金霉素、强力霉素等抗菌药物。

四、犬瘟热病毒

犬瘟热病毒(Canine distemper virus,CDV)是引起犬瘟热的病原体。该病是一种高度接触性、致死性传染病。以病犬早期表现双相热、急性鼻卡他,随后以支气管炎、卡他性肺炎、严重的胃肠炎和神经症状为特征。犬瘟热分布广泛,是犬的最重要病毒性疾病。

(一)主要特性

CDV 在分类上属于副黏病毒科麻疹病毒属。单股 RNA 病毒,病毒粒子呈圆形或不整形,有时呈长丝状,大小 150～300 nm,有囊膜和纤突,只有 1 个血清型。

CDV 能适应多种细胞培养物,在犬肾细胞上产生的细胞病变包括细胞颗粒变性和空泡形成,形成巨细胞和合胞体,并在细胞中(偶尔在核内)产生包涵体。

本病毒对紫外线及乙醚、氯仿等有机溶剂敏感。最适 pH 为 7.0,在 pH 为 4.5～9.0 的条件下均可存活。病毒在－70℃可存活数年,冻干可长期保存。对热和干燥敏感,50～60℃经 30 min 即可灭活;3%福尔马林、5%石炭酸以及 3% NaOH 等对本病毒都具有良好的消毒作用。

(二)致病性

犬易感,不同年龄、性别和品种的犬均可感染,以 1 岁以内幼犬最易感。纯种犬和警犬比土种犬易感性高,且病情严重,死亡率高。犬科的其他动物如狼、豺、狐等和鼬科动物如貂、白鼬、水獭等以及浣熊科的动物等对犬瘟热有自然易感性。猴也有易感性。猫属动物可隐性感染,雪貂对本病特别易感,自然发病的病死率常达 100%。人、小鼠、豚鼠、鸡、仔猪和家兔等对本病无易感性。

(三)检查

自然感染病例分离病毒较为困难。组织培养分离病毒可用犬肾细胞、犬肺巨噬细胞和鸡胚成纤维细胞等。另外,取病犬肝、脾、粪便等病料,用电子显微镜可直接观察到病毒粒子,或采用免疫荧光从血液、结膜、瞬膜及肝、脾涂片中检测出 CDV 抗原,也可从肺和膀胱黏膜切片或印片中检出包涵体。

中和试验、补体结合试验、荧光抗体法、琼脂扩散试验、酶标抗体法、酶联免疫吸附试验等血清学诊断都可诊断本病。

(四)防制

患犬瘟热的康复犬能产生坚强持久的免疫力,因此,防治本病的合理措施是免疫接种。我国目前用于预防该病的疫苗有单价苗、三联苗、五联苗以及麻疹苗等多种疫苗。一旦发生犬瘟热,对尚未发病的假定健康动物和受疫情威胁的其他动物,用犬瘟热病毒单克隆抗体或犬瘟热高免血清做紧急接种,待疫情稳定后,再注射犬瘟热疫苗。

五、传染性法氏囊病毒

传染性法氏囊病毒(infectious bursal disease virus,IBDV)是引起传染性法氏囊病的病原体。本病发病突然,传播迅速、发病鸡严重腹泻、极度虚弱;胸肌、腿肌出血,法氏囊明显肿胀、出血,后期萎缩,肾肿大并有尿酸盐沉积。该病可导致幼鸡免疫抑制,是目前严重危害养鸡业的主要疫病之一。

(一)主要特性

本病毒属于双 RNA 病毒科,双 RNA 病毒属。病毒粒子为球形,无囊膜。单层核衣壳,呈六角形二十面体对称,直径为 55～65 nm。本病毒有Ⅰ型和Ⅱ型两个血清型。

鸡胚接种是培养 IBDV 的首选方法,应采用 SPF 或无母源抗体的鸡胚。9～11 日龄鸡胚进行绒毛尿囊膜接种。

IBDV 可在多种细胞上生长,如鸡胚法氏囊细胞、鸡胚成纤维细胞、鸡胚肾细胞等,出现 CPE 及形成大量蚀斑。

IBDV 耐氯仿、乙醚、吐温-80 及胰酶处理。在鸡舍中可存活 2～4 个月,56℃经 5 h、60℃经 30 min 病毒仍有活力,但 70℃经 30 min 可将病毒灭活。高度抗酸(pH 为 2),但对甲醛、过氧化氢、氯胺、复合碘胺类消毒药敏感。

(二)致病性

IBDV 对鸡有很强的致病性,火鸡、鸭和珍珠鸡也可感染。本病毒主要侵害 3～6 周龄的雏鸡,各品种鸡均可感染,而来航鸡更易感。肉用雏鸡的饲养期一般不超过 10 周,故经为常见,受害也最严重,一般发病鸡和有反应的鸡数达 80%～90%,病鸡死亡率一般都在 30%左右,严重的可达 50%～70%。

(三)检查

取病鸡法氏囊、脾脏等组织进行检查。

1. 动物试验

把病料悬液(1∶5)经无菌处理后,5 000 r/min 离心 10 min,取上清液接种无母源抗体雏鸡,用滴鼻或胸肌注射(0.2 mL/只),可成功复制本病。

2. 鸡胚接种

同上取上清液接种 9～11 日龄鸡胚绒毛尿囊膜(SPF 或无母源抗体),接种 3～5 d 可出现死亡。胚胎水肿、出血、肾充血、出血等病变。

3. 琼脂扩散试验

应用含 8%NaCl、pH 为 7.4 的 PBS 液配制 1%琼脂,在培养皿中制备琼脂平板,用 IBDV 阳性、阴性抗原和相应阳性、阴性血清作对照,检测病鸡病料悬液[1∶(5～10)]中的抗原。37℃经 24 h 孵育后,若在待检病料与标准阳性血清孔之间出现清晰沉淀线,并与标准阳性抗原和血清之间形成的沉淀线吻合即为被检阳性。

此外,可用病毒中和试验、ELISA 和 PCR 等进行诊断。

(四)防制

为预防本病,应加强饲养管理,搞好卫生,严格消毒,消灭传染源,切断传播途径,合理使用疫苗和抗体。

本病免疫接种有 2 种疫苗,即活苗和油乳剂灭活苗。一旦发生本病流行,可用 IBD 高免卵黄抗体或高免血清进行紧急接种治疗。

六、鸭疫里氏杆菌

鸭疫里氏杆菌属里氏杆菌属,原名鸭疫巴氏杆菌,是引起雏鸭传染性浆膜炎的病原菌。

(一)主要特性

菌体呈杆状或椭圆形,大小为(0.3～0.5) μm×(0.7～6.5) μm,偶见个别长丝状,长11～24 μm。多单在,少数成双或短链排列。可形成荚膜,无芽孢和鞭毛。瑞氏染色可见两极着色,革兰氏阴性。本菌血清型较为复杂,目前至少发现有21个血清型,我国从京、沪、闽、川等地分离的100多个菌株鉴定结果均属Ⅰ型,近几年亦报道有Ⅱ型等存在。不同血清型及同型不同菌株的毒力有差异。

本菌营养要求较高,普通培养基和麦康凯培养基上不生长。初次分离培养需提供5%～10%的CO_2。在巧克力或胰蛋白胨大豆琼脂(TSA)平板上,CO_2培养箱或烛缸中,37℃培养24～48 h,生长的菌落无色素、椭圆形、微突起、表面光滑、奶油状、直径1～2 mm。在含血清或胰蛋白胨酵母的肉汤中,37℃经48 h培养,呈现上下一致的轻微浑浊,管底有少量沉淀。本菌不发酵葡萄糖、蔗糖,可与多杀性巴氏杆菌区别。

对外界环境抵抗力不强。鲜血琼脂培养物置4℃冰箱保存容易死亡,通常4～5 d应继代1次。对庆大霉素、新霉素、奇霉素、磺胺喹沙林等敏感。但易产生耐药性。

(二)致病性

鸭疫里氏杆菌主要感染雏鸭,尤其是2～3周龄雏鸭易发病,引起急性或慢性的败血症和浆膜炎。表现为眼与鼻孔有分泌物、绿色下痢、共济失调和抽搐;慢性病例表现为斜颈、纤维素性渗出等,生长发育严重受阻。兔和小鼠不敏感。豚鼠腹腔注射大量细菌可致死。

(三)检查

根据临诊症状和剖检变化可作出初步诊断,然后进行微生物学检查。

1. 组织触片染色镜检

取血液、肝脏、脾脏、脑等作涂片,瑞氏染色镜检,发现两极浓染的小杆菌,菌体往往很少且不易与鸭多杀性巴氏杆菌相区别。

2. 分离培养

无菌操作取发病初期病鸭的脑和心血,用巧克力培养基容易分离到本菌。肝、脾分离率低。分离时应同时接种麦康凯培养基,以与大肠杆菌相区别。分离到的细菌进行葡萄糖和蔗糖发酵试验,也可接种小鼠,与多杀性巴氏杆菌区别。

3. 荧光抗体法检查

取上述病料作涂片、固定,用特异性荧光抗体染色,在荧光显微镜下检查,鸭疫里氏杆菌呈黄绿色环状结构,多为单个散在。其他细菌不被荧光抗体染色,因此可与大肠杆菌和巴氏杆菌相区别。

(四)防制

完善饲养管理制度,实行"全进全出",改善育雏条件,特别注意通风、干燥、防寒以及改善饲养密度,勤换垫料。药物防治是控制发病和死亡的一项重要措施,通过药物敏感性试验选用敏感药物混于饲料,防治效果显著。

国内外已研制成功某些血清型的灭活菌苗和弱毒菌苗,具有良好的免疫效果。

七、猪圆环病毒

猪圆环病毒(porcine circovirus,PCV)是一种圆形小颗粒病毒,属圆环病毒科圆环病毒属。PCV-Ⅱ是引起猪断奶后多系统衰竭综合征的病原体。该病主要发生于仔猪，一般在断奶后2～3周开始发病，表现为进行性消瘦，皮肤苍白或黄疸，呼吸急促等。

(一)主要特性

猪圆环病毒呈球形二十面体对称，直径4～26 nm，无囊膜，单股环状DNA病毒，基因组大小约为1.76 kb，为已知的最小动物病毒之一。无血凝活性。

猪圆环病毒对外界抵抗力较强，在酸性环境中可存活较长时间。70℃时可存活15 min，56℃不能将其灭活，氯仿作用亦不失活。

该病毒有两种血清型，即PCV-Ⅰ和PCV-Ⅱ，二者间几无交叉免疫反应。PCV-Ⅰ无致病性，PCV-Ⅱ是本病主要病原。PCV-Ⅱ能够进入猪体巨噬细胞内而不被破坏，并能干扰猪巨噬细胞，改变或抑制其免疫系统，使猪对感染十分敏感，从而直接引起仔猪的多系统衰竭综合征。

猪圆环病毒能在猪源和Vero细胞中生长繁殖，但不产生细胞病变。PCV-Ⅰ和PCV-Ⅱ均可在PK-15细胞上增殖，在细胞质和细胞核中有包涵体且细胞质中数量较多。包涵体呈圆形、大小不一、电子密度较高。

(二)致病性

PCV-Ⅱ及其相关的疾病已在全世界范围内发生与流行。本病毒对猪具有较强的易感性，可经口腔、呼吸道感染不同年龄的猪，常见于6～8周龄的猪，哺乳猪很少发生。少数怀孕母猪感染猪圆环病毒后，可经胎盘垂直感染给仔猪。潜伏期一般为2周。病猪表现为被毛粗乱，扎堆，精神沉郁，食欲减退，呼吸急促，衰竭无力，皮肤苍白，有时可见黄疸。患猪腹泻，进行性消瘦，体表淋巴结肿大。

本病毒常与猪呼吸与繁殖综合征、猪伪狂犬及猪细小病毒等病毒混合感染。

(三)检查

1.病毒分离鉴定

在本病暴发流行时采集样品，制成悬液接种PK-15等细胞，但PCV-Ⅱ在细胞培养中生长却不出现细胞病变，因而常需要应用病毒特异性抗体才能证实病毒的复制。可检查病毒的特异性抗原或特异性抗体。

2.血清学方法

可用间接荧光抗体技术或竞争ELISA方法检测。

(四)防制

目前，国内已研制出PCV-Ⅱ灭活苗用于本病的预防。此外，抗生素疗法和良好的管理有助于控制并发感染。本病的防治主要是加强兽医防疫工作，防止本病传入，加强饲养管理，实行全进全出制，预防并发或继发感染。

八、兔出血症病毒

兔出血症病毒是兔出血性败血症的病原体。本病以呼吸系统出血、实质器官水肿、淤血及出血性变化为特征。本病于1984年初首先在我国江苏等地暴发，随即蔓延到全国多数地区。此后，世界上许多国家和地区也有报道。

(一)主要特性

兔出血症病毒是嵌杯病毒科，兔嵌杯状病毒属的成员。病毒粒子呈球形，直径为32～36 nm，二十面体对称，无囊膜，嵌杯状结构不典型，核心直径为17～23 nm。对乙醚、氯仿和有抵抗力，能够耐受50℃经1 h。

该病毒具有血凝特性，能够凝集人的各型红细胞，肝病料中的病毒血凝价可达10×2^{20}，平均为10×2^{14}。此外也可凝集绵羊、鸡和鹅的红细胞，但凝集能力较弱，不凝集其他动物红细胞。红细胞凝集试验（HA）在pH4.5～7.8的范围内稳定，最适pH为6.0～7.2；如pH低于4.4则会导致溶血，若高于8.5，吸附在红细胞上的病毒将被释放。

只有1种血清型。欧洲野兔综合征病毒与兔出血症病毒抗原性相关，但血清型不同。

（二）致病性

引进的纯种兔和杂交兔比国内本地兔对该病毒易感，毛用兔比肉用兔易感。在自然条件下，只感染年龄较大的家兔，2月龄以下的仔兔自然感染时一般不发病。人工感染3～5日龄初生兔，即使大剂量攻毒亦不发病。未发现野兔自然感染造成的大批死亡，人工感染野兔不发病，但可产生低滴度的特异性血凝抑制抗体[1：(15～140)]。其他动物均无易感性。

（三）检查

兔出血性败血症大多数为最急性或急性型，根据临床症状和病理变化可做出初步诊断，确诊则需经实验室检查。常用的方法为HA-HI试验，也可用ELISA等其他方法进行诊断。

1. 病毒抗原检测

无菌采取病兔的肝、脾、肾及淋巴结等，磨碎后加生理盐水制成1：10的悬液，冻融3次，3 000 r/min离心30 min，取上清液作血凝试验。把待检的上清液连续2倍稀释，然后加入1%人“O”型红细胞，在37℃作用60 min观察结果。也可用荧光抗体试验、琼脂扩散试验或斑点酶联免疫吸附试验检测病料中的病毒抗原。

2. 血清抗体检测

多用于本病的流行病学调查和疫苗免疫效果检测，常用的方法为血凝抑制试验。待检血清56℃经30 min灭活。以能完全抑制红细胞凝集的血清最高稀释度为该血清的血凝抑制效价。也可用间接血凝试验检测血清抗体。

（四）防制

本病的防制除采取严格隔离消毒措施外，用组织灭活疫苗对兔群进行免疫接种是行之有效的措施。高免血清也有较好的预防和治疗效果。

九、猪肺炎支原体

（一）主要特性

猪肺炎支原体具有多形性，以球形、环形和椭圆形为多见，可通过300 nm孔径的滤膜。革兰氏阴性，但着色较难，用姬姆萨染色结果较佳，呈淡紫色。

猪肺炎支原体对营养要求较高，培养基除需加猪血清外，尚须添加水解乳蛋白、酵母浸液等，并需有5%～10%才能生长。在固体培养基上培养9 d，可见针尖大露滴状菌落，边缘整齐、表面粗糙。此外，也可用鸡胚卵黄囊或猪的肺、肾、睾丸等单层细胞培养。

本菌对土霉素、四环素、螺旋霉素等敏感。对外界环境抵抗力不强，在动物体外存活一般不超过36 h，1%氢氧化钠、20%草木灰等均可在数分钟内将其杀死。

(二)致病性

猪肺炎支原体能引起猪气喘病，为慢性呼吸系统疾病。本病死亡率不高，但严重影响猪的生长发育，给养猪业带来严重危害。

(三)检查

本菌主要存在于病猪的肺组织、肺门淋巴结及鼻腔、气管的分泌物中。采集病料时应无菌采取肺脏病变区和正常部交界处组织，将采集的病料研磨成乳剂，通过滤器除去杂菌，选择适宜的培养基进行分离培养，根据该菌菌落特征及菌体特征诊断。进一步地确诊需经血清学试验和动物接种等。

(四)防制

预防本病接种猪气喘病冻干兔化弱毒菌苗，有一定的免疫效果。临床预防和治疗还可选用广谱抗生素，如土霉素、卡那霉素、泰乐菌素等。

十、猪细小病毒

猪细小病毒是引起猪细小病毒病的病原体，亦是导致易感母猪发生繁殖障碍的主要传染病之一。该病分布广泛，在大多数猪场呈地方性流行，严重阻碍养猪业的发展。

(一)主要特性

本病毒属于细小病毒科细小病毒属，形态为圆形或六角形，无囊膜，直径 20～28 nm，典型的二十面立体对称，核酸为单股DNA。本病毒能凝集人“O”型、豚鼠、大鼠、小鼠、猴、猫、鸡的红细胞，其中以凝集豚鼠红细胞效果最好。在凝集鸡红细胞时存在个体差异。不能凝集牛、绵羊、仓鼠、猪的红细胞。该病毒只有一个血清型，与其他细小病毒无抗原关系。

本病毒对外界理化因素有很强的抵抗力，对热具有强大抵抗力，能耐 56℃经 48 h 或 70℃经 2 h，但 80℃经 5 min 加热则丧失感染性和血凝活性；对脂溶剂(如乙醚、氯仿等)有抵抗力；对酸、甲醛蒸气和紫外线均有一定抵抗力；0.5%漂白粉或 NaOH 经 5 min 可将其杀死。

(二)致病性

本病主要侵害母猪，特别是使初产母猪及血清学阴性经产母猪发生流产、产死胎、木乃伊胎、畸形胎、弱仔及屡配不孕等，其他年龄猪感染后不表现明显的临床症状。本病毒可通过病猪口鼻分泌物、粪便等排出体外，污染猪舍，成为主要的传染源。感染公猪的精液亦含有病毒，可通过配种传染给母猪。本病呈地方性或散发性流行，发病猪场如不进行免疫预防，能持续多年甚至十几年不断地发生。

(三)检查

1. 细胞培养分离鉴定病毒

取流产胎儿、死产胎儿或木乃伊胎的肝、肾、肺、睾丸、脑、胎盘及肠系膜淋巴结簸等新鲜病料制成 5～10 倍乳剂，离心取上清液，加双抗处理后接种原代猪胚肾细胞培养。病毒培养 6～36 h 后，细胞形成核内包涵体；培养 24～72 h 出现细胞病变，表现为变圆、脱落或裂解。一般在细胞脱落时收获病毒，再盲传几代。然后将分离的病毒与特异性抗血清进行中和试验和血凝抑制试验加以鉴定。如被接种猪肾细胞不出现细胞病变，则需盲传 2 代，若再不出现病变可判为阴性。

2. 血清学检查

国内外学者对该病的诊断方法进行了大量研究，如病毒分离鉴定；血凝与血凝抑谢试验、ELISA、荧光抗体试验、乳胶凝集试验、核酸探针和 PCR 等。其中血凝与血凝抑谢试验在临床检测中应用较广泛。

（四）防制

1. 疫苗接种

母猪配种前 2 个月左右用灭活油乳剂苗进行注射，可预防本病发生。仔猪母源抗体的持续期为 14～24 周，其抗体效价大于 1：80 时可抵抗本病毒感染。

2. 控制带毒猪进入猪场

在引进种猪时需加强检疫，严防将病猪引进猪场。引种时需隔离观察 2 周后进行 1 次血凝抑制试验，证实为阴性者方可与本场猪混饲。

十一、鸭瘟病毒

鸭瘟病毒可使鸭发生鸭瘟，偶尔也能使鹅发病。病毒主要侵害鸭循环系统、消化系统、淋巴样器官和实质器官，引起头、颈部皮下胶样水肿，消化道黏膜发生损伤、出血、坏死，形成伪膜，肝有特征性出血和坏死。

（一）主要特性

鸭瘟病毒为双股 DNA 病毒，属疱疹病毒科、疱疹病毒甲亚科，又名鸭疱疹病毒Ⅰ型。病毒呈球形，直径为 80～120 nm，呈二十面体对称，有囊膜。病毒颗粒除 DNA 以外，还含有一种必要的脂类。鸭瘟病毒不能凝集动物红细胞，也无红细胞吸附作用。

本病毒可在 8～14 日龄鸭胚中增殖和继代，接种后多在 3～6 d 死亡。人工接种也可使 1 日龄小鸡感染。病毒也能在鸭胚细胞或鸡胚细胞培养物中增殖和继代，引起细胞病变，形成空斑和核内包涵体。

本病毒对外界因素的抵抗力不强。56℃经 10 min 即被灭活，50℃经 90～120 min 也能被灭活，22℃经 30 d 后失去感染能力。含有病毒的肝组织，在－20～－10℃低温中，经 347 d 对鸭仍有致病力。在－7～－5℃环境中，经 3 个月毒力不减。但反复冻融则容易使之丧失毒力。在 pH 7～9 的环境中稳定，但 pH3 或 pH 11 可迅速灭活病毒。70％酒精 5～30 min 或 0.5％漂白粉和 5％石灰水 30 min 即被杀死。病毒对乙醚和氯仿敏感。

（二）致病性

在自然情况下，鸭瘟病毒主要侵害家鸭。各种年龄和品种的鸭均可感染，但番鸭、麻鸭和绵鸭易感性最高，北京鸭次之。在自然流行中，成年鸭和产蛋母鸭发病和死亡较严重，1 月龄以下的雏鸭发病较少。但人工感染时，雏鸭较成年鸭易感，而且死亡率也高。在自然情况下，鹅和病鸭密切接触，也能感染发病，但通常很少形成广泛流行。人工感染雏鹅尤为敏感，死亡率也很高。野鸭和雁对人工感染也有易感性。鸡对鸭瘟病毒的抵抗力较强，但两周龄的雏鸡可以人工感染发病。

（三）检查

一般根据临床症状和病理变化进行初步诊断，实验室诊断可采取肝、脾或脑等病料作组织切片荧光抗体染色，或检查包涵体。必要时可分离病毒作中和试验，即可确诊。

(四)防制

病愈鸭和人工免疫鸭均可获得坚强的免疫力。目前使用的鸭瘟疫苗有鸭瘟鸭胚化弱毒疫苗和鸭瘟鸡胚化弱毒疫苗两种。此外,免疫母鸭可以将免疫力通过鸭蛋传给小鸭,形成天然被动免疫。但免疫力一般不够坚强、持久,不足以抵抗强毒鸭瘟病毒的攻击。

十二、猪痢疾蛇形螺旋体

(一)主要特性

猪痢疾蛇形螺旋体,曾称为猪痢疾密螺旋体,菌体长 6～10 μm,宽约 0.4 μm,多有 4～6 个螺旋,两端尖细。在水中能运动,电镜下可见细胞壁与细胞膜间有 7～9 根轴丝。姬姆萨染色微红色,苯胺染料着色良好。

猪痢疾蛇形螺旋体严格厌氧,最适温度 37～42℃,常用胰酶消化酪蛋白大豆胨血液培养基。培养时厌氧罐内需通入 80%H_2 和 20%CO_2,并以钯为催化剂。在血琼脂上生长良好,呈 β 型溶血,溶血区内无菌落生长。本菌生化反应不活泼,仅能分解少数糖类。

猪痢疾蛇形螺旋体抵抗力较弱,不耐热。在粪便中 5℃存活 61 d,25℃存活 7 d,纯培养物在 4～10℃厌氧环境中存活 102 d 以上,－80℃存活 10 年以上。本菌对一般消毒剂和高温、氧和干燥等均较敏感。

(二)致病性

猪痢疾蛇形螺旋体主要引起断奶仔猪发病,传播迅速,临床表现为黏液性出血性下痢,体重减轻。病变局限于大肠黏膜,表现为卡他性、出血性和坏死性炎症。

(三)检查

1. 镜检

采取感染猪血液、淋巴结、胸腹腔积液、新鲜稀粪、病变结肠或其内容物,制成压滴标本或涂片或用组织切片镜检,以检查螺旋体的存在。检查需采用暗视野显微镜,染色后镜检更易于发现病原。

2. 分离培养及鉴定

采取病料,利用鲜血琼脂培养基进行厌氧培养,根据 β 溶血和螺旋体的形态来确定。血清学试验,尤其是 ELISA 可用于猪群的检疫。

(四)防制

对猪痢疾目前尚无可靠或实用的免疫制剂供预防用。现普遍采用抗生素和化学药物控制此病。培育 SPF 猪、净化猪群是防治本病的主要手段。

十三、小鹅瘟病毒

小鹅瘟病毒可引起初出壳至 1 月龄间的雏鹅发生小鹅瘟,特征为渗出性肠炎、心肌炎和全身性败血病变。本病传播快,病程短,发病率和病死率可高达 91%～100%。

(一)主要特性

本病毒属于细小病毒科细小病毒属的鹅细小病毒;病毒呈球形或六角形:无囊膜,二十面体对称,单股 DNA 病毒;直径为 20～22 nm。本病毒无血凝活性,仅有 1 种血清型。

小鹅瘟病毒在感染细胞的核内复制。初次分离可用鹅胚或番鸭胚或用从它们制得的原代细胞培养。初次分离虽可在鹅胚成纤维细胞上繁殖,但不产生细胞病变。在鹅胚成纤维细胞上适应的病毒能在单层上形成分散的颗粒性细胞病变和发生细胞脱落,并形成合胞体。染色镜检可见核内嗜酸性包涵体。

病毒对外界环境有较强的抵抗力,对乙醚及有机溶剂不敏感,对胰酶与 pH3 的环境稳定;耐热,能抵抗 56℃经 3 h 的加温,在冰冻状态下至少能存活 2 年,对一些消毒药品有较强的抵抗力。

(二)致病性

在自然情况下,本病只发生于 1 月龄以内的雏鹅,莫斯科雏鸭易感染,但不能使雏鸡发病。给雏鸡和本地雏鸭人工大量接种含病毒的鹅胚尿囊液也不能引起发病。若给数月龄的大鹅人工接种则可发病。

(三)检查

病毒分离可取病雏脾、胰和肝匀浆上清,无菌处理后接种 12～15 日龄鹅胚或其原代细胞培养。尿囊腔接种含毒材料可在 5～7 d 内致死鹅胚,收取的尿囊液不凝集红细胞。主要变化为绒毛尿囊膜水肿、胚体皮肤充血、出血、水肿、心肌变性(灰白),肝变性或出现坏死灶。细胞培养在接种后 3～5 d 出现细胞病变,用 HE 染色镜检,可见核内包涵体和合胞体形成。死亡鹅胚或细胞培养中的病毒可用免疫荧光法进一步证实。检查血清中特异性抗体的方法有病毒中和试验、琼脂扩散试验和 ELISA 试验等。

(四)防制

患病或隐性感染而痊愈的鹅能产生坚强的免疫力,用病愈或人工免疫鹅的特异性抗体 0.3 mL 注射给初出壳的雏鹅,可以预防本病的发生。

有本病流行的地区,利用弱毒苗甚至强毒苗免疫母鹅是预防本病最经济有效的方法。但在未发病的受威胁区不得用强毒免疫,以免散毒。免疫母鹅所产后代全部能抵抗自然及人工感染,其效果能维持整个产蛋期。如种鹅未进行免疫,而雏鹅又受到威胁时,也可用雏鹅弱毒苗或抗血清进行紧急接种。

十四、副猪嗜血杆菌

副猪嗜血杆菌主要引起副猪嗜血杆菌病,为格拉泽氏病(Glasser's Disease)或多发性纤维素性浆膜炎和关节炎,简称格氏病。目前,副猪嗜血杆菌病已经在全球范围影响着养猪业的发展,给养猪业带来巨大的经济损失。

(一)主要特征

本病菌属革兰氏阴性,呈球状、球杆状、短杆状或长丝状等多形态性,其中以短杆状为主。兼性厌氧,无鞭毛和芽孢,部分有荚膜。有 15 个以上血清型,其中血清型 4、5 和 13 最为常见(占 70%以上)。该菌生长时严格需要烟酰胺腺嘌呤二核苷酸(NAD 或 V 因子),在血液培养基和巧克力培养基上生长,形成针尖大小、圆形、边缘整齐、扁平、灰白色半透明小菌落,无溶血现象;在葡萄球菌菌苔周围生长良好,形成卫星现象。一般条件下难以分离和培养。

本菌对外界抵抗力不强,干燥环境易灭活。60℃可存活 5～20 min,4℃可存活 7～10 d,常用消毒药可将其杀灭。

(二)致病性

副猪嗜血杆菌病通常只感染猪,多发于冬春气候骤变季节,主要通过空气传播。该病可影响从2周龄到4月龄的青年猪,但以5～8周龄的断奶猪最易感染,很多病理呈非典型症状。该病在健康猪群中发病很快,发病率一般在10%～15%,严重时死亡率可达50%。长途运输、饲料更替、断奶和饲养密度过大等应激因都是引发该病发病的重要因素。临床上以体温升高、关节肿胀、呼吸困难、多发性浆膜炎、关节炎和高死亡率为特征,严重危害仔猪和青年猪的健康。

(三)检查

1.涂片镜检

无菌采取病猪的心血、胸腹腔积水、心包积液、关节积液直接涂片,采取肺、肝、肾、淋巴结触片,干燥固定后分别作革兰氏染色,镜检。

2.分离培养

无菌采集鼻腔、肺脏、胸膜、胸腹腔积水、心包积液、心血、关节液和脑组织等病料,接种于巧克力琼脂平板,37℃培养24 h观察结果并涂片镜检。将分离的细菌分别接种营养肉汤、普通琼脂培养基、血液琼脂平板(置于5%～10%CO_2中),37℃培养24～48 h后,检查其在培养基上的生长表现、菌落特征以及在血液琼脂平板上的溶血情况等。

3.卫星现象检查

在无菌操作台上,将鲜血琼脂平板平分为2部分,用接种环分别挑取上述可疑菌单菌落分别接种。然后,在其中一部分划线接种金黄色葡萄球菌(在生长过程中可合成Ⅴ因子),37℃恒温培养24～48 h。观察其是否在葡萄球菌周围长出“卫星现象”(即在葡萄球菌菌苔附近待测菌菌落生长较大而远侧菌落生长较小甚至不生长),同时观察是否具有溶血现象。

此外,还可通过Ⅴ因子需要试验、PCR和动物接种等方法进行诊断。

(四)防制

1.搞好消毒和饲养管理

彻底清理猪舍卫生,用2%NaOH水溶液喷洒消毒,2 h后用清水冲净,再用复合碘喷雾消毒,连续喷雾消毒4～5 d。减少各种应激,在猪群断奶或运输前后可在饮水中添加电解质和维生素C等,注意保温。

2.采取有效的防治措施

使用疫苗防治是最有效的办法之一。种猪用猪副嗜血杆菌多价灭活苗免疫能有效保护小猪早期发病,降低复发的可能性。由于本病血清型多,当前亦有利用自家苗对此病进行预防。

对病猪要加以隔离,并用敏感抗生素进行治疗,如氟喹诺酮类、头孢类、增效磺胺类、土霉素、四环素和庆大霉素等。为控制本病的发生和耐药菌株的出现,使用抗生素时应先进行药敏试验。

十五、牛放线菌

(一)主要特性

牛放线菌的形态随所处环境不同而异。在培养物中多呈短杆状或棒状,但老龄培养物常呈分枝丝状或杆状,革兰氏阳性。在病灶脓液中可形成硫黄状颗粒。将硫黄状颗粒压平镜检时呈菊花状，菌丝末端膨大，向周围呈放射状排列，颗粒中央部分菌丝为革兰氏阳性，外围菌丝为革兰氏阴性。

牛放线菌为厌氧或微需氧，培养比较困难，最适 pH 7.2～7.4，最适温度37℃，在含1%甘油、1%葡萄糖或1%血清的培养基中生长良好。在甘油琼脂上培养3～4 d后形成露滴状小菌落，初呈灰白色，很快变为暗灰白色，菌落隆起，表面粗糙干燥，紧贴培养基。

本菌无运动性，无荚膜和芽孢。能发酵麦芽糖、葡萄糖、果糖、半乳糖、木糖、蔗糖、甘露糖和糊精，多数菌株发酵乳糖产酸不产气。美蓝还原试验阳性。产生硫化氢，试验阴性，吲哚试验阳性，尿素酶试验阳性。

(二)致病性

本菌主要侵害牛和猪，奶牛发病率较高。牛感染放线菌后主要侵害颌骨、唇、舌、咽、齿龈、头颈皮肤及肺，尤以颌骨缓慢肿大为多见。猪感染后病变多局限于乳房。

(三)检查

放线菌病的临床症状和病变比较特征，不难诊断。必要时，取病料(如脓汁)少许，用蒸馏水稀释，找到其中的硫黄状颗粒，在水中洗净，置于载玻片上并滴加1滴15%KOH溶液，覆以盖玻片用力按压。置显微镜下观察可见菊花形或玫瑰花形菌块，周围有折光性较强的放射状棒状体。如将压片加热固定后进行革兰氏染色，可发现放射状排列的菌丝。结合临床特征即可作出诊断。必要时可作病原分离。

(四)防制

1.防止皮肤黏膜损伤

将饲草、饲料浸软，避免口腔黏膜损伤；及时处理皮肤创伤，以防止放线菌菌丝和孢子的侵入。

2.手术治疗

利用手术切除放线菌硬结及瘘管，用碘酊纱布填充新创腔，连续内服碘化钾2～4周。结合青霉素、红霉素、林可霉素等抗生素的使用可提高本病治愈率。

◈ 复习思考题

1.马立克氏病病毒的主要特性是什么？
2.简述传染性法氏囊病毒的主要特性及主要诊断方法。
3.猪圆环病毒的主要特征和致病性如何？
4.简述猪细小病毒的主要特性和致病特点。
5.鸭瘟病毒的主要特性是什么？

探索与发现

可食用的植物疫苗

现在我们接种疫苗都是通过吃药或者打针方式，但在不远的将来，我们将会在享受美味佳肴的同时轻轻松松完成接种疫苗工作。

近年来，将外源基因转移到植物细胞中，并由此产生一种经过基因改造新植物的技术已经形成。科学家们正在将先进的植物生物学技术与现代医学研究新进展结合起来,以开拓植物造福于人类的新局面。于是,一个崭新的关于疫苗生产和应用的概念应运而生——可食用疫苗。

可食用疫苗是指疫苗不再是工业生产过程的产物,而是植物性食物的一部分。传统的可食性植物,如番茄、香蕉、苹果、马铃薯、生菜等在进行了转基因之后,将所希望的疫苗成分基因转移到植物果实或叶子中,当人们在吃这些植物性食物的同时,即完成了一次预防接种。这一全新概念意味着预防接种再也无须打针吃药了。

美国科学家自1989年采用转基因技术,在烟草、马铃薯等植物上成功地制造出了乙肝疫苗、预防急性病毒性腹泻的Norwalk病毒疫苗及大肠杆菌疫苗,用上述植物喂饲小鼠后均产生了预防接种效果,小鼠产生相应抗体,从而证实了可食用植物疫苗之可行性。

可食用植物疫苗具备以下主要优点:一是具有诱导IgA的作用而使其在预防和控制黏膜感染疫苗方面更具效果。二是生产此种疫苗可能要比现行疫苗生产更加便宜,因为只需极少或完全不需要纯化处理的繁杂过程。三是在使用上价格低廉且方便,尤其是害怕打针吃药者更为便捷。四是无须经注射或皮肤划痕方式接种,因而更加安全。

目前,我国可食用植物疫苗的研究还刚起步,然而距商业化生产的目标仍然有一段路程。目前主要存在4个方面问题:一是不知能否引起足够的免疫应答。二是不知能否在基因转移可食用植物中持续表达出足够量的抗原,以便在使用合理数量的植物后能产生对疾病安全有效的免疫。三是如何防止疫苗在胃肠道的降解问题。四是无须接种的人吃了含有疫苗的食物后或食用过量后是否安全。尽管可食用植物疫苗在开发过程中有着重重困难,但前景仍是光明的。

附录　培养基与染色液

附录一　常用培养基配方

1. 牛肉膏蛋白胨琼脂培养基(培养细菌用)

牛肉膏 3 g,蛋白胨 10 g,NaCl 5 g,琼脂 15～20 g,水 1 000 mL,pH 7.0～7.2,121℃灭菌 20 min。如配制半固体培养基则加入琼脂 0.6%～0.7%,配制肉汤培养基时不加琼脂(下同)。

2. 高氏(Gause)1 号培养基(培养放线菌用)

可溶性淀粉 20 g,KNO_3 1 g,NaCl 0.5 g,K_2HPO_4 0.5 g,$MgSO_4$ 0.5 g,$FeSO_4$ 0.01 g,琼脂 15～20 g,水 1 000 mL,pH 7.2～7.4,配制时先用少量冷水,将淀粉调成糊状,倒入煮沸的水中,在火上加热,边搅拌边加入其他成分,溶化后补足水分至 1 000 mL,121℃灭菌 20 min。

3. 察氏(Czapack)培养基(培养霉菌用)

蔗糖 30 g,$NaNO_3$ 3 g,K_2HPO_4 1 g,KCl 0.5 g,$MgSO_4 \cdot 7H_2O$ 0.5 g,$FeSO_4$ 0.01 g,琼脂 15～20 g,水 1 000 mL,pH 自然,121℃灭菌 20 min。

4. 马丁氏(Martin)琼脂培养基(分离真菌用)

葡萄糖 10 g,蛋白胨 5 g,$KH_2PO_4 \cdot 3H_2O$ 1 g,$MgSO_4 \cdot 7H_2O$ 0.5 g,1/3 000 孟加拉红(玫瑰红水溶液)100 mL,琼脂 15～20 g,蒸馏水 800 mL,pH 自然,115℃灭菌 20 min。临用前加入 0.03%链霉稀释液 10 mL,使每毫升培养基中含链霉素 30 μg。

5. 乳酸菌培养基

牛肉膏 5 g,酵母浸膏 5 g,蛋白胨 10 g,葡萄糖 10 g,乳糖 5 g,NaCl 5 g,蒸馏水 1 000 mL,pH 6.8,121℃灭菌 30 min。

6. 伊红美蓝培养基(EMB 培养基)

蛋白胨 10 g,乳糖 10 g,K_2HPO_4 2 g,2%伊红水溶液 20 mL,0.5%美蓝水溶液 13 mL,琼脂 20 g,蒸馏水 1 000 mL。pH 7.2～7.4,先调 pH,再加伊红和美蓝溶液,115℃灭菌 20 min。乳糖在高温灭菌易被破坏必须严格控制灭菌温度。

7. 复红亚硫酸钠培养基(远藤氏培养基)

蛋白胨 10 g,乳糖 10 g,K_2HPO_4 3.5 g,琼脂 20～30 g,蒸馏水 1 000 mL,无水亚硫酸钠 5 g 左右,5%碱性复红乙醇溶液 20 mL。

先将琼脂加入 900 mL 蒸馏水中,加热融化,再加入 K_2HPO_4 及蛋白胨,使溶解,补足蒸馏水至 1 000 mL,调 pH 至 7.2～7.4。加入乳糖,混匀溶解后,115℃灭菌 20 min。

称取亚硫酸钠置一无菌空试管中,加入无菌水少许使溶解,再在水浴中煮沸 10 min 后,立刻滴加于 20 mL5％碱性复红乙醇溶液中，直至深红色褪去成淡红为止。将此亚硫酸钠与碱性复红的混合液全部加至上述已灭菌的并仍保持融化状态的培养基中，充分混匀，倒平板，放冰箱备用。贮存时间不宜超过 2 周。

8. 乳糖胆汁液体培养基

蛋白胨 20.0 g，乳糖 5.0 g，胆酸钠 5.0 g，1.6％溴甲酚紫乙醇溶液 1 mL，蒸馏水 1 000 mL，pH7.2～7.4。

将蛋白胨、乳糖、胆盐溶解于 1 000 mL 蒸馏水中，调 pH 至 7.2～7.4，加入 1.6％溴甲酚紫乙醇溶液 1 mL，充分混匀，分装于有倒置杜汉氏小管的试管中，注意小管中不得有气泡，115℃灭菌 20 min。将上述乳糖蛋白胨培养液各营养成分以 2 倍的量加入 1 000 mL 水中，同上法制作即为二倍乳糖胆盐培养液(用于水中大肠菌群检测)。

9. 乳糖蛋白胨半固体培养基(用于水中大肠菌群检测)

蛋白胨 10 g，牛肉膏 5 g，酵母浸膏 5 g，乳糖 10 g，琼脂 5 g，蒸馏水 1 000 mL，pH 7.2～7.4，115℃灭菌 20 min。

蛋白胨 10 g，NaCl 5 g，蒸馏水 1 000 mL，pH 7.6，121℃灭菌 20 min。

10. 糖发酵培养基

蛋白胨水培养基(pH 7.6)1 000 mL，1.6％溴甲酚紫乙醇溶液，1 mL，20％糖溶液(如葡萄糖、乳糖、蔗糖溶液等)10 mL。制作方法如下。

(1)将上述含指示剂的蛋白胨水培养基(pH 7.6)分别装于试管中，在每罐内放一倒置的杜氏(Durham)小管，使充满培养液。

(2)将已分装好的蛋白胨水和 20％的各种糖溶液分别灭菌，蛋白胨水 121℃灭菌 20 min；糖溶液 115℃灭菌 20 min。

(3)灭菌后，每管以无菌操作分别加入 20％的无菌糖溶液 0.5 mL(按每 10 mL 培养基中加入 20％的糖溶液 0.5 mL 则成 1％浓度)。配制用试管必须洗干净，避免结果混乱。

11. 葡萄糖蛋白胨水培养基(M.R 和 V.P 实验用)

蛋白胨 5 g，葡萄糖 5 g，K_2HPO_4 2 g，蒸馏水 1 000 mL，pH 7.0～7.2，115℃灭菌 20 min。

附录二　常用染色液的配制

1. 吕氏(Loeffler)、碱性美蓝染液

A 液：美蓝 0.6 g，95％酒精 30 mL。B 液：KOH 0.01 g，蒸馏水 100 mL。

分别配制 A 液和 B 液，配好后混合即可。

2. 齐氏(Ziehl)石炭酸复红染色液

A 液：碱性复红 0.3 g，95％酒精 10 mL。B 液：石炭酸 5.0 g，蒸馏水 95 mL。

将碱性复红在研钵中研磨后，逐渐加入 95％酒精，继续研磨使其溶解，配成 A 液，将石炭酸溶解于水中，配成 B 液。

混合 A 液及 B 液即成。通常可将此混合液稀释 5～10 倍使用，稀释液易变质失效，一次不宜多配。

3. 革兰氏(Gram)染色液

(1)草酸铵结晶紫染液 A液:结晶紫 2 g,95%酒精 20 mL。B液:草酸铵 0.8 g,蒸馏水 80 mL。混合A、B二液,静置48 h后使用。

(2)卢戈氏(Lugol)碘液 碘片 1.0 g、碘化钾 2.0 g,蒸馏水 300 mL。先将碘化钾溶解在少量水中,再将碘片溶解在碘化钾溶液中,待碘全溶后,加足水分即成。

(3)番红复染液 番红 2.5 g,95%酒精 100 mL。取上述配好的番红酒精溶液 10 mL与 80 mL蒸馏水混匀即成。

4. 芽孢染色液

(1)孔雀绿染液 孔雀绿 5 g,蒸馏水 100 mL。

(2)番红水溶液 番红 0.5 g,蒸馏水 100 mL。

(3)苯酚品红溶液 碱性品红 11 g,无水酒精 100 mL。取上述溶液 10 mL与 100 mL 5%的苯酚溶液混合,过滤备用。

(4)黑色素(nigrosin)溶液 水溶性黑色素 10 g、蒸馏水 100 mL。称取 10 g黑色素溶于 100 mL蒸馏水中,置沸水浴中 30 min后,滤纸过滤两次,补加水到 100 mL,加 0.5 mL甲醛,备用。

5. 荚膜染色液

(1)负染色法

①黑色素水溶液:黑色素 5 g、蒸馏水 100 mL、福尔马林 0.5 mL。将黑色素在蒸馏水中煮沸 5 min,然后加入福尔马林作防腐剂。

②番红染液:与革兰氏染液中番红复染液相同。

(2)黑墨水染色法

①6%葡萄糖水溶液。

②绘图墨汁或黑色素或苯胺黑。

③无水乙醇。

④结晶紫染液。

6. 鞭毛染色液

(1)利夫森(Leifson)染色液

A液:NaCl 1.5 g,蒸馏水 100 mL。B液:单宁酸(鞣酸)3 g,蒸馏水 100 mL。C液:碱性复红 1.2 g,95%乙醇 200 mL。

临用前将A、B、C三液等量混合。分别保存的染液可在冰箱保存几个月,室温可保存几周。但混合液应立即使用。

(2)银染法

A液:单宁酸 5 g,$FeCl_3$ 1.5 g,蒸馏水 100 mL,甲醛溶液(15%)2.0 mL,NaOH溶液(1%)1.0 mL。配好后当日使用,次日效果差,第3天则不宜使用。B液:$AgNO_3$ 2 g,蒸馏水 100 mL。

待$AgNO_3$溶解后,取出 10 mL备用,向其余的 90 mL $AgNO_3$中滴入浓NH_4OH,使之成为很浓厚的悬浮液,再继续滴加NH_4OH,直到新形成的沉淀又重新刚刚溶解为止。再将备用的 10 mL $AgNO_3$，慢慢滴入，则出现薄雾，但轻轻摇动后，薄雾状沉淀又消失，再滴入 $AgNO_3$，直到摇动后仍呈现轻微而稳定的薄雾状沉淀为止。如所呈雾不重，此染剂可使用 1 周，如雾重，则银盐沉淀出，不宜使用。

7.乳酸石炭酸棉蓝染色液

石炭酸 10 g，乳酸(比重 1.21)10 mL，甘油 20 mL，蒸馏水 10 mL，棉蓝 0.02 g。将石炭酸在蒸馏水中加热溶解，然后加入乳酸和甘油，最后加入棉蓝，使其溶解即成。

参考文献

[1] 李舫.动物微生物.北京:中国农业出版社,2007.
[2] 郝民忠.动物微生物.重庆:重庆大学出版社,2007.
[3] 王坤.动物微生物.北京:中国农业出版社,2007.
[4] 葛兆宏.动物微生物学.北京:中国农业出版社,2001.
[5] 吉林省农业学校.动物微生物学.北京:农业出版社,1997.
[6] 欧阳素贞,曹晶.动物微生物.北京:中国农业出版社,2009.
[7] 胡建和,王丽荣,杭柏林.动物微生物学.北京:中国农业科技出版社,2006.
[8] 陆承平.兽医微生物.3版.北京:中国农业出版社,2002.
[9] 殷震.动物病毒学.北京:科学出版社,1998.
[10] 钱存柔.微生物学实验教程.北京:北京大学出版社,1999.
[11] 秦春娥,别运清.微生物及其应用.武汉:湖北科学技术出版社,2008.
[12] 张彦明,佘锐萍.动物性食品卫生学.北京:中国农业出版社,2003.
[13] 黄青云.畜牧微生物学.北京:中国农业出版社,2006.
[14] 万萍.食品微生物基础与实验技术.北京:科学出版社,2004.
[15] 唐丽杰.微生物学实验.哈尔滨:工业大学出版社,2005.
[16] 王道若.微生物学.北京:人民卫生出版社,1995.
[17] 陈玮,董秀芹.微生物学及实验实训技术.北京:化学工业出版社,2007.
[18] 闵航.微生物学.杭州:浙江大学出版社,2005.
[19] 黄秀梨.微生物学.北京:高等教育出版社,2003.
[20] 陈剑虹.环境工程微生物学.武汉:武汉理工大学出版社,2003.
[21] 杨苏声,周俊初.微生物生物学.北京:科学出版社,2004.
[22] 陈华癸.农业微生物学.北京:中国农业出版社,2003.
[23] 郭维烈.实用微生物技术.北京:科学文献出版社,2001.
[24] 胡开辉.微生物学实验.北京:中国林业出版社,2004.